计算机基础与实训教材系列

计算机基础
实例教程 （第四版）
（微课版）

宿琼 编著

清华大学出版社

北京

内 容 简 介

本书由浅入深、循序渐进地介绍计算机各方面基础应用的知识和技巧。全书共分 10 章，分别介绍计算机基础知识，Windows 7 操作系统，计算机网络应用，Word 2010 文档编辑，Excel 2010 表格制作，PowerPoint 2010 演示文稿设计，多媒体技术基础，网页设计与制作，图像的加工与处理，信息安全技术等内容。

本书内容丰富、结构清晰、语言简练、图文并茂，具有很强的实用性和可操作性，是一本适合于高等院校的优秀教材，也是广大初、中级计算机用户的自学参考书。

本书对应的电子课件、实例源文件和习题答案可以到 http://www.tupwk.com.cn/edu 网站下载，也可以通过扫描前言中的二维码下载。

图书在版编目(CIP)数据

计算机基础实例教程：微课版 / 宿琼 编著. —4 版. —北京：清华大学出版社，2019
(计算机基础与实训教材系列)
ISBN 978-7-302-53660-4

Ⅰ.①计…　Ⅱ.①宿…　Ⅲ. ①电子计算机—教材　Ⅳ. ①TP3

中国版本图书馆 CIP 数据核字(2019)第 187473 号

责任编辑：胡辰浩
装帧设计：孔祥峰
责任校对：成凤进
责任印制：沈　露

出版发行：清华大学出版社
　　　　网　　址：http://www.tup.com.cn，http://www.wqbook.com
　　　　地　　址：北京清华大学学研大厦 A 座　　　　邮　编：100084
　　　　社 总 机：010-62770175　　　　邮　购：010-62786544
　　　　投稿与读者服务：010-62776969，c-service@tup.tsinghua.edu.cn
　　　　质 量 反 馈：010-62772015，zhiliang@tup.tsinghua.edu.cn
印 刷 者：北京富博印刷有限公司
装 订 者：北京市密云县京文制本装订厂
经　销：全国新华书店
开　本：190mm×260mm　　印　张：19.5　　插　页：2　　字　数：512 千字
版　次：2009 年 1 月第 1 版　　2019 年 10 月第 4 版　　印　次：2019 年 10 月第 1 次印刷
印　数：1～3000
定　价：59.00 元

产品编号：080638-01

编审委员会

丛书序

计算机已经广泛应用于现代社会的各个领域，如何快速地掌握计算机知识和使用技术，并应用于现实生活和实际工作中，已成为新世纪人才迫切需要解决的问题。基于以上因素，清华大学出版社组织一线教学精英编写了这套"计算机基础与实训教材系列"丛书，以满足大中专院校、职业院校及各类社会培训学校的教学需要。

一、丛书特色

◎ 选题新颖，教学结构科学合理，为计算机教学量身打造

本套丛书注重理论知识与实践操作的紧密结合，全面贯彻"理论→实例→上机→习题"4阶段教学模式，在内容选择、结构安排上更加符合读者的认知习惯，从而达到老师易教、学生易学的目的。丛书完全以大中专院校、职业院校及各类社会培训学校的教学需要为出发点，紧密结合学科的教学特点，由浅入深地安排章节内容，循序渐进地完成各种复杂知识的讲解，使学生能够一学就会、即学即用。

◎ 教学视频，一扫就看，配套资源丰富，全方位扩展知识范围

本套丛书提供书中实例操作的二维码教学视频，读者使用手机微信、QQ 以及浏览器中的"扫一扫"功能，扫描前言里的二维码，即可观看本书对应的同步教学视频。此外，本书配套的素材文件、电子课件和习题答案等资源，可通过在 PC 端的浏览器中下载后使用。

◎ 在线服务，疑难解答，方便老师定制教学课件

本套丛书精心创建的技术交流 QQ 群(101617400)为读者提供便捷的在线交流服务和免费教学资源。老师也可以登录本丛书支持网站(http://www.tupwk.com.cn/edu)下载图书对应的教学课件。

二、读者定位和售后服务

本套丛书为所有从事计算机教学的老师和自学人员而编写，是一套适合于大中专院校、职业院校及各类社会培训学校的优秀教材，也可作为计算机初、中级用户和计算机爱好者学习计算机知识的自学参考书。

为了方便教学，本套丛书提供精心制作的电子课件、素材、源文件、习题答案等相关内容，可在网站上免费下载，也可发送电子邮件至 22800898@qq.com 索取。

此外，如果读者在使用本系列图书的过程中遇到疑惑或困难，可以在丛书支持网站(http://www.tupwk.com.cn/edu)的互动论坛上留言，本丛书的作者或技术编辑会及时提供相应的技术支持。咨询电话：010-62796045。

　　《计算机基础实例教程(第四版)(微课版)》是这套丛书中的一本,该书从教学实际需求出发,合理安排知识结构,由浅入深、循序渐进地讲解计算机的基础知识以及 Office 办公软件等多种软件的使用方法和技巧。全书共分 10 章,主要内容如下。

　　第 1 章介绍计算机的基础知识,包括计算机中的数据、编码,以及计算机系统的组成等。

　　第 2 章介绍 Windows 7 操作系统的基本操作与设置方法。

　　第 3 章介绍计算机网络的基础知识与常见应用。

　　第 4 章介绍使用 Word 2010 制作与排版文档的方法。

　　第 5 章介绍 Excel 2010 的使用方法,包括制作电子表格,使用公式与函数等内容。

　　第 6 章介绍使用 PowerPoint 2010 制作演示文稿的方法。

　　第 7 章介绍多媒体技术的相关知识,包括声音、图形、视频和动画等。

　　第 8 章介绍使用 Dreamweaver 制作网页的方法与技巧。

　　第 9 章介绍使用 Photoshop 软件对计算机图片进行加工与处理的操作方法。

　　第 10 章介绍计算机病毒的原理和防范措施。

　　本书图文并茂、条理清晰、通俗易懂、内容丰富,在讲解每个知识点时都配有相应的实例,方便读者上机实践。同时,为了方便老师教学,我们免费提供本书对应的电子课件、实例源文件和习题答案下载。

本书配套素材和教学课件的下载地址如下。

http://www.tupwk.com.cn/edu

本书同步教学视频的二维码如下。

扫一扫,看视频

扫码推送配套资源到邮箱

　　该书共 10 章,哈尔滨体育学院的宿琼编写了全书。由于作者水平所限,本书难免有不足之处,欢迎广大读者批评指正。我们的邮箱是 huchenhao@263.net,电话 010-62796045。

编　者

2019 年 6 月

推荐课时安排

章 名	重点掌握内容	教学课时
第 1 章 计算机基础知识	计算机的诞生与发展、计算机的分类和应用领域、微型计算机的硬件组成与软件配置、计算机中的数据与编码	3 学时
第 2 章 Windows 7 操作系统	操作系统的基础知识、Windows 7 的基本操作、Windows 7 的文件管理、Windows 7 的系统设置、Windows 7 的磁盘管理	4 学时
第 3 章 计算机网络应用	网络体系结构与网络协议、Internet 的工作机制及协议、IP 地址和域名系统、使用 IE 浏览器、收发电子邮件	3 学时
第 4 章 Word 2010 文档编辑	Word 2010 的基本操作、使用"邮件合并"功能、文本与段落的排版、设置文档页面、在文档中使用文本框与艺术字、设置图文混排	4 学时
第 5 章 Excel 2010 表格制作	Excel 的基础知识、操作工作簿与工作表、输入与编辑数据、使用图表展示数据、使用公式与函数	4 学时
第 6 章 PowerPoint 2010 演示文稿设计	PowerPoint 的基础知识、制作"工作汇报"演示文稿、设置演示文稿动画效果、放映与输出演示文稿的方法	4 学时
第 7 章 多媒体技术基础	多媒体的基本要素及主要特性，数字音频/视频的特征、技术指标，计算机动画的原理，多媒体文件格式和制作方法，多媒体的关键技术，多媒体计算机的系统组成	2 学时
第 8 章 网页设计与制作	Dreamweaver 的基础操作、在网页中插入文本和图像、在网页中插入多媒体元素、创建网页超链接	2 学时
第 9 章 图像的加工与处理	图像文件的基本操作、图像的基本编辑方法、使用选区与抠图常用工具、图像的绘制与修饰	2 学时
第 10 章 信息安全技术	信息安全的基本概念、网络安全技术、计算机病毒的相关知识、网络防火墙的概念	2 学时

注：1. 教学课时安排仅供参考，授课教师可根据情况进行调整。

2. 建议每章安排与教学课时相同时间的上机练习。

目录

计算机基础与实训教材系列

第1章
计算机基础知识

在信息技术飞速发展的今天，计算机已经成为人类工作和生活不可缺少的部分，掌握相应的计算机基础操作，也成为人们在各行各业工作必备的技能。本章将主要讲解计算机的发展历程、组成以及工作原理等基础知识。

本章重点

- 计算机的发展、分类和应用领域
- 计算机中的数据与编码
- 微型计算机的硬件组成与软件配置

1.1 计算机概述

计算机是一种能够存储程序,并按照程序自动、高速、精确地进行大量计算和信息处理的电子机器。科技的进步促使计算机的产生和迅速发展,而计算机的产生和发展又反过来促进科学技术和生产水平的提高。电子计算机的发展和应用水平已经成为衡量一个国家的科学发展、技术水平和经济实力的重要标志。

1.1.1 计算机的诞生

1946 年,世界上第一台电子计算机在美国宾夕法尼亚大学诞生。之后短短的几十年里,电子计算机经历了几代的演变,并迅速地渗透到人类生活和生产的各个领域,在科学计算、工程设计、数据处理以及人们的日常生活中发挥着巨大的作用。电子计算机被公认为是 20 世纪最重大的工业革命成果之一。

1.1.2 计算机的发展

本书中所说的计算机,是指微型计算机,也称个人计算机(Personal Computer,PC)。那么到底什么才是计算机呢?简单地说,计算机就是一种能够按照指令对收集的各种数据和信息进行分析并自动加工和处理的电子设备。

计算机的发展阶段通常以构成计算机的电子器件来划分,至今已经历了四代,目前正在向第五代过渡。每一个发展阶段在技术上都是一次新的突破,在性能上都是一次质的飞跃。下面就来介绍计算机的发展简史。

1. 第一代:电子管计算机(1946—1957 年)

第一代计算机采用的主要原件是电子管,称为电子管计算机,其主要特征如下。

▽ 采用电子管元件,体积庞大、耗电量高、可靠性差、维护困难。

▽ 计算速度慢,一般为每秒钟一千次到一万次运算。

▽ 使用机器语言,几乎没有系统软件。

▽ 采用磁鼓、小磁芯作为存储器,存储空间有限。

▽ 输入输出设备简单,采用穿孔纸带或卡片。

▽ 主要用于科学计算。

2. 第二代:晶体管计算机(1958—1964 年)

晶体管的发明给计算机技术的发展带来了革命性的变化。第二代计算机采用的主要元件是晶体管,称为晶体管计算机。第二代计算机的主要特征如下。

▽ 采用晶体管元件,体积大大缩小、可靠性增强、寿命延长。

▽ 计算速度加快,达到每秒几万次到几十万次运算。

计算机基础与实训教材系列

▽ 提出了操作系统的概念，出现了汇编语言，产生了 FORTRAN 和 COBOL 等高级程序设计语言和批处理系统。

▽ 普遍采用磁芯作为内存储器，磁盘、磁带作为外存储器，容量大大提高。

▽ 计算机应用领域扩大，除科学计算外，还用于数据处理和实时过程控制。

3. 第三代：集成电路计算机(1965—1969 年)

20 世纪 60 年代中期，随着半导体工艺的发展，已制造出集成电路元件。集成电路可以在几平方毫米的单晶硅片上集成十几个甚至上百个电子元件。计算机开始使用中小规模的集成电路元件，第三代计算机的主要特征如下。

▽ 采用中小规模集成电路元件，体积进一步缩小，寿命更长。

▽ 计算速度加快，可达每秒几百万次运算。

▽ 高级语言进一步发展。操作系统的出现，使计算机功能更强，计算机开始广泛应用在各个领域。

▽ 普遍采用半导体存储器，存储容量进一步提高，而体积更小、价格更低。

▽ 计算机应用范围扩大到企业管理和辅助设计等领域。

4. 第四代：大规模、超大规模集成电路计算机(1971 年至今)

随着 20 世纪 70 年代初集成电路制造技术的飞速发展，产生出大规模集成电路元件，使计算机进入了一个崭新的时代，即大规模和超大规模集成电路计算机时代。第四代计算机的主要特征如下。

▽ 采用大规模(Large Scale Integration，LSI)和超大规模集成电路(Very Large Scale Integration，VLSI)元件，体积与第三代相比进一步缩小。在硅半导体上集成了几十万甚至上百万个电子元器件，可靠性更好，寿命更长。

▽ 计算速度加快，可达每秒几千万次到几十亿次运算。

▽ 软件配置丰富，软件系统工程化、理论化，程序设计部分自动化。

▽ 发展了并行处理技术和多机系统，微型计算机大量进入家庭，产品更新速度加快。

▽ 计算机在办公自动化、数据库管理、图像处理、语言识别和专家系统等各个领域大显身手，计算机的发展进入了以计算机网络为特征的时代。

1.1.3　计算机的特点

现代计算机的特点主要有以下几个。

▽ 运算速度快：计算机可以高速、准确地完成各种算术运算。当今计算机系统的运算速度已达到每秒万亿次以上，使大量复杂的科学计算问题得以解决。例如，卫星轨道的计算、大型水坝的计算、24 小时天气预报的计算，过去人工计算需要几年、几十年，如今用计算机计算只需要几分钟就可以完成。

计算机基础与实训教材系列

3

▽ 计算精度高：科学技术的发展特别是尖端科学技术的发展，需要高度精确的计算。计算机控制的导弹之所以能准确地击中预定目标，是与计算机的精确计算分不开的。一般计算机可以有十几位甚至几十位(二进制)有效数字，计算精度可由千分之几到百万分之几，是任何计算工具所望尘莫及的。

▽ 逻辑运算能力强：计算机不仅能进行计算，还具有逻辑运算功能，能对信息进行比较和判断。计算机能把参加运算的数据、程序以及中间结果和最后结果保存起来，并能根据判断的结果自动执行下一条指令以供用户随时调用。

▽ 存储容量大：计算机内部的存储器具有记忆特性，可以存储大量的信息，这些信息，不仅包括各类数据信息，还包括加工这些数据的程序。

▽ 自动化程度高：由于计算机具有存储记忆能力和逻辑判断能力，所以人们可以预先将编好的程序纳入计算机内存，在程序控制下，计算机可以连续、自动地工作，不需要人工干预。

1.1.4　计算机的分类

根据计算机的性能指标，如机器规模的大小、运算速度的高低、主存储容量的大小、指令系统性能的强弱以及机器的价格等，可将计算机分为巨型机、大型机、中型机、小型机、微型机和工作站。

▽ 巨型机：巨型机是指运算速度在每秒万亿次以上的计算机。巨型机运算速度快、存储量大、结构复杂、价格昂贵，主要用于尖端科学研究领域。巨型机目前在国内还不多，我国研制的"银河"计算机就属于巨型机。

▽ 大、中型机：大、中型机通常用在国家级科研机构以及重点理工科类院校。

▽ 小型机：小型机通常用在一般的科研与设计机构以及普通高校等。

▽ 微型机：微型机也称个人计算机(PC)，简称微机，是目前应用最广泛的机型。

▽ 工作站：工作站主要用于图形、图像处理和计算机辅助设计中。

1.1.5　计算机的应用领域

计算机的快速性、通用性、准确性和逻辑性等特点，使它不仅具有高速运算能力，而且还具有逻辑分析和逻辑判断能力。这不仅可以大大提高人们的工作效率，而且现代计算机还可以部分替代人的脑力劳动，进行一定程度的逻辑判断和运算。如今计算机已渗透到人们生活和工作的各个层面中，主要体现在以下几个方面的运用。

▽ 科学计算(数值计算)：是指利用计算机来完成科学研究和工程技术中提出的数学问题的计算。在现代科学技术工作中，科学计算问题是大量的和复杂的。利用计算机的高速计算、大存储容量和连续运算的能力，可以实现人工无法解决的各种科学计算问题。

▽ 信息处理(数据处理)：是指对各种数据进行收集、存储、整理、分类、统计、加工、利用、传播等一系列活动的统称。据统计，80%以上的计算机主要用于数据处理，这类工作的工作量大且范围宽，决定了计算机应用的主导方向。

▽ 自动控制(过程控制)：自动控制是利用计算机及时采集检测数据，按最优值迅速地对控制对象进行自动调节或自动控制。采用计算机进行自动控制，不仅可以大大提高控制的自动化水平，而且可以提高控制的及时性和准确性，从而改善劳动条件、提高产品质量及合格率。目前，计算机过程控制已在机械、冶金、石油、化工、纺织、水电、航天等领域得到广泛的应用。

▽ 计算机辅助技术：是指利用计算机帮助人们进行各种设计、处理等过程，它包括计算机辅助设计(CAD)、计算机辅助制造(CAM)、计算机辅助教学(CAI)和计算机辅助测试(CAT)等。另外，计算机辅助技术还有辅助生产、辅助绘图和辅助排版等。

▽ 人工智能(Artificial Intelligence，AI)：是计算机模拟人类的智能活动，如感知、判断、理解、学习、问题求解和图像识别等。人工智能的研究目标是计算机更好地模拟人的思维活动，计算机将可以完成更复杂的控制任务。

▽ 网络应用：随着社会信息化的发展，通信业也发展迅速，计算机在通信领域的作用越来越大，特别是促进了计算机网络的迅速发展。目前全球最大的网络(Internet,国际互联网)，已把全球的大多数计算机联系在一起。此外，计算机在信息高速公路、电子商务、娱乐和游戏等领域也得到了快速的发展。

1.2　计算机中的数据与编码

数据是计算机处理的对象。在计算机内部，各种信息都必须经过数字化编码后才能被传送、存储和处理。而在计算机中采用什么数制，如何表示数的正负和大小，是学习计算机首先遇到的一个重要问题。

1.2.1　记数制和进位制

数制是用一组固定的符号和统一的法则来表示数值的方法。数制分为非进位记数制和进位记数制两种：按进位的原则进行记数，称为进位记数制，反之就是非进位记数制。

日常生活中大部分是进位记数制，其有几个重要的概念。

▽ 数码：一组用来表示某种数制的符号。如 1、2、3、4、A、B、C、D、E、F 等。

▽ 基数：数制所使用的数码个数称为"基数"或"基"，常用 R 表示，称 R 进制。如二进制数码是 0、1，基数为 2。

▽ 位权：指数码在不同位置上的权值。在进位记数制中，处于不同数位的数码，代表的数值不同。

1. 二进制

二进制的特点如下。

▽ 有两个数码：0、1。

▽ 基数：2。

▽ 逢二进一(加法运算)；借一当二(减法运算)。

▽ 按权展开式。对于任意一个 n 位整数和 m 位小数的二进制数 D，均可按权展开为：

$$D=B_{n-1} \cdot 2^{n-1}+B_{n-2} \cdot 2^{n-2}+\cdots+B_1 \cdot 2^1+B_0 \cdot 2^0+B_{-1} \cdot 2^{-1}+\cdots+B_{-m} \cdot 2^{-m}$$

例如，把$(1101.01)_2$写成展开式，它表示的十进制数为：

$$1\times2^3+1\times2^2+0\times2^1+1\times2^0+0\times2^{-1}+1\times2^{-2}=(13.25)_{10}$$

2. 十进制

十进制的特点如下。

▽ 有 10 个数码：0、1、2、3、4、5、6、7、8、9。

▽ 基数：10。

▽ 逢十进一(加法运算)；借一当十(减法运算)。

▽ 按权展开式。对于任意一个 n 位整数和 m 位小数的十进制数 D，均可按权展开为：

$$D=D_{n-1} \cdot 10^{n-1}+D_{n-2} \cdot 10^{n-2}+\cdots+D_1 \cdot 10^1+D_0 \cdot 10^0+D_{-1} \cdot 10^{-1}+\cdots+D_{-m} \cdot 10^{-m}$$

例如，将十进制数 314.16 写成按权展开式形式。

$$314.16=3\times10^2+1\times10^1+4\times10^0+1\times10^{-1}+6\times10^{-2}$$

3. 八进制

八进制的特点如下。

▽ 有 8 个数码：0、1、2、3、4、5、6、7。

▽ 基数：8。

▽ 逢八进一(加法运算)；借一当八(减法运算)。

▽ 按权展开式。对于任意一个 n 位整数和 m 位小数的八进制数 D，均可按权展开为：

$$D=O_{n-1} \cdot 8^{n-1}+\cdots+O_1 \cdot 8^1+O_0 \cdot 8^0+O_{-1} \cdot 8^{-1}+\cdots+O_{-m} \cdot 8^{-m}$$

例如，八进制数$(317)_8$相当于十进制数为$3\times8^2+1\times8^1+7\times8^0=(207)_{10}$

4. 十六进制

十六进制的特点如下。

▽ 有 16 个数码：0、1、2、3、4、5、6、7、8、9、A、B、C、D、E、F。

▽ 基数：16。

▽ 逢十六进一(加法运算)；借一当十六(减法运算)。

▽ 按权展开式。对于任意一个 n 位整数和 m 位小数的十六进制数 D，均可按权展开为：

$$D=H_{n-1} \cdot 16^{n-1}+\cdots+H_1 \cdot 16^1+H_0 \cdot 16^0+H_{-1} \cdot 16^{-1}+\cdots+H_{-m} \cdot 16^{-m}$$

在 16 个数码中，A、B、C、D、E 和 F 这 6 个数码分别代表十进制的 10、11、12、13、14 和 15，这是国际上通用的表示法。

例如，十六进制数$(3C4)_{16}$代表的十进制数为$3\times16^2+12\times16^1+4\times16^0=(964)_{10}$。

二进制数与其他进制数之间的对应关系如表 1-1 所示。

表 1-1　二进制数与其他进制数之间的对应关系

十进制	二进制	八进制	十六进制	十进制	二进制	八进制	十六进制
0	0	0	0	9	1001	11	9
1	1	1	1	10	1010	12	A
2	10	2	2	11	1011	13	B
3	11	3	3	12	1100	14	C
4	100	4	4	13	1101	15	D
5	101	5	5	14	1110	16	E
6	110	6	6	15	1111	17	F
7	111	7	7	16	10000	20	10
8	1000	10	8				

1.2.2　不同进制数之间的转换

不同进制数之间进行转换应遵循转换原则。其转换原则是：如果两个有理数相等，则有理数的整数部分和分数部分一定分别相等。也就是说，若转换前两数相等，则转换后仍必须相等。

1. 十进制数与二进制数的相互转换

二进制数转换成十进制数

将二进制数转换成十进制数，只要将二进制数用记数制通用形式表示出来，计算出结果，便得到相应的十进制数。

例如，
$$(100110.101)_2=1\times2^5+1\times2^2+1\times2^1+1\times2^{-1}+1\times2^{-3}$$
$$=32+4+2+0.5+0.125$$
$$=(38.625)_{10}$$

十进制数转换成二进制数

整数部分和小数部分分别用不同方法进行转换。

整数部分的转换采用的是除以 2 取余法。其转换原则是：将该十进制数除以 2，得到一个商和余数(K_0)，再将商除以 2，又得到一个新的商和余数(K_1)，如此反复，直到商是 0 时得到余数(K_{n-1})，然后将所得到的各次余数，以最后余数为最高位，最初余数为最低位依次排列，即 K_{n-1} $K_{n-2}\cdots K_1K_0$。这就是该十进制数对应的二进制数。这种方法称为"倒序法"。

例如，将$(123)_{10}$转换成二进制数，结果是$(1111011)_2$。

```
2 | 123 ·············· 余1（K₀）     低位
  2 | 61 ·············· 余1（K₁）
    2 | 30 ············ 余0（K₂）
      2 | 15 ·········· 余1（K₃）
        2 | 7 ·········· 余1（K₄）
          2 | 3 ········ 余1（K₅）
            2 | 1 ······ 余1（K₆）     高位
                0
```

小数部分的转换

小数部分的转换采用的是乘 2 取整法。其转换原则是：将十进制数的小数乘 2，取乘积中的整数部分作为相应二进制数小数点后最高位 K_{-1}，反复乘 2，逐次得到 K_{-2}、K_{-3}、…、K_{-m}，直到乘积的小数部分为 0 或位数达到精确度要求为止。然后把每次乘积的整数部分由上而下依次排列起来($K_{-1}K_{-2}\cdots K_{-m}$)。即是所求的二进制数。这种方法称为"顺序法"。

在十进制数转换为二进制数的过程中，有的时候是转换不尽的，这时只能视情况转换到小数点后的第几位即可。

例如，将十进制数 0.3125 转换成相应的二进制数，结果是$(0.0101)_2$。

```
        0.3125          取整
     ×      2
     (0).6250 ·············· 0 (k₋₁)     高位
     ×      2
     (1).2500 ·············· 1 (k₋₂)
     ×      2
     (1).5000 ·············· 0 (k₋₃)
     ×      2
     (1).0000 ·············· 1 (k₋₄)     低位
```

又如，将$(25.25)_{10}$转换成二进制数。

分析：对于这种既有整数又有小数部分的十进制数，可将其整数和小数部分分别转换成二进制数，然后再把两者连接起来。

转换过程如下：

$(25)_{10}=(11001)_2$　　$(0.25)_{10}=(0.01)_2$

$(25.25)_{10}=(11001.01)_2$

十进制数与其他进制数的相互转换方法同十进制数与二进制数的相互转换方法一样，不同之处是具体数制的进位基数不同。

2. 十进制数与八进制数的相互转换

八进制数转换为十进制数：以 8 为基数按权展开并相加。

十进制数转换为八进制数：整数部分，除 8 取余；小数部分，乘 8 取整。

3. 十进制数与十六进制数的相互转换

十六进制数转换为十进制数：以 16 为基数按权展开并相加。

十进制数转换为十六进制数：整数部分，除 16 取余；小数部分，乘 16 取整。

例如，将 $(525)_{10}$ 转换成十六进制数，结果是 $(20D)_{16}$。

```
16 | 525 ·········· 余D      ↑ 低位
   16 | 32 ········ 余0       |
      16 | 2 ········ 余2     | 高位
          0
```

4. 二进制数与八进制数的相互转换

二进制数转换成八进制数

二进制数转换成八进制数所采用的转换原则是："三位并一位"，即以小数点为界，整数部分从右向左每 3 位为一组，若最后一组不足 3 位，则在最高位前面添 0 补足 3 位，然后将每组中的二进制数按权相加得到对应的八进制数；小数部分从左向右每 3 位分为一组，最后一组不足 3 位时，尾部用 0 补足 3 位，然后按照顺序写出每组二进制数对应的八进制数即可。

例如，将 $(11101100.01101)_2$ 转换为八进制数，结果是 $(354.32)_8$。

```
011 101 100 . 011 010
 3   5   4  .  3   2
```

八进制数转换成二进制数

八进制数转换成二进制数所使用的转换原则是："一位拆三位"，即把一位八进制数写成对应的 3 位二进制数，然后按顺序连接即可。

例如，将 $(541.67)_8$ 转换为二进制数，结果是 $(101100001.110111)_2$。

```
  5    4    1  .  6    7
  ↓    ↓    ↓  .  ↓    ↓
 101  100  001 .  110  111
```

5. 二进制数与十六进制数的相互转换

二进制数转换成十六进制数

二进制数转换成十六进制数所采用的转换原则是："四位并一位"，即以小数点为界，整数部分从右向左每 4 位为一组，若最后一组不足 4 位，则在最高位前面添 0 补足 4 位，然后从左边第一组起，将每组中的二进制数按权相加得到对应的十六进制数，并依次写出即可；小数部分从左向右每 4 位为一组，最后一组不足 4 位时，尾部用 0 补足 4 位，然后按顺序写出每组二进制数对应的十六进制数即可。

例如，将(11101100.01101)₂转换成十六进制数，结果是(EC.68)₁₆。

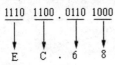

十六进制数转换成二进制数

十六进制数转换成二进制数所采用的转换原则是："一位拆四位"，即把 1 位十六进制数写成对应的 4 位二进制数，然后按顺序连接即可。

例如，将(B41.A7)₁₆转换为二进制数，结果是(101101100011.10100111)₂。

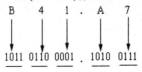

在程序设计中，为了区分不同的进制数，常在数字后加一英文字母作为后缀以示区别。

十进制数，在数字后面加字母 D 或不加字母，如 759D 或 759。

二进制数，在数字后面加字母 B，如 1101B。

八进制数，在数字后面加字母 O，如 175O。

十六进制数，在数字后面加字母 H，如 E7BH。

1.2.3　数据存储的单位

在计算机中，数据存储的最小单位为比特(b)，1b 为 1 个二进制位。

由于 1b 太小，无法用来表示出数据的信息含义，所以又引入了"字节"(B)作为数据存储的基本单位。在计算机中规定，1B 为 8 个二进制位。除字节外，还有千字节(KB)、兆字节(MB)、吉字节(GB)、太字节(TB)。它们的换算关系是：

$1KB = 2^{10}B = 1024B$

$1MB = 2^{20}B = 1024 \times 1024B$

$1GB = 2^{30}B = 1024MB = 1024 \times 1024KB = 1024 \times 1024 \times 1024B$

$1TB = 2^{40}B = 1024GB$

在谈到计算机的存储容量或某些信息的大小时，常常使用上述的数据存储单位。目前个人计算机的内存容量一般为 2~8GB，而硬盘的容量一般为 500GB~1TB。

1.2.4　英文字符编码

由于计算机是以二进制的形式存储和处理的，因此字符也必须按特定的规则进行二进制编码才能进入计算机。字符编码的方法很简单，首先确定需要编码的字符总数，然后将每一个字符按顺序确定编码，编号值的大小无意义，仅作为识别与使用这些字符的依据，字符形式的多少涉及编码的位数，这如同学生在学校中必须有一个学号来唯一地表示某个学生，学校的招生规模，决定了学号的位数。对于西文与中文字符，由于形式的不同，使用不同的编码。

在计算机中，最常用的英文字符编码为 ASCII 码(American Standard Code for Information Interchange，美国信息交换标准代码)，如表 1-2 所示。它原为美国的国家标准，1967 年确定为国际标准。在 ASCII 码中，用 7 个二进制位表示 1 个字符，其排列次序为 $d_6 d_5 d_4 d_3 d_2 d_1 d_0$，$d_6$ 为高位，d_0 为低位，共可以表示 128 个字符。其中 94 个是可以打印或显示的字符，其他的则为不可打印或显示的字符。在 ASCII 码的应用中，也经常用十进制或十六进制表示。在这些字符中，0~9、A~Z、a~z 都是顺序排列的，且小写比大写字母码值大 32，即位值 d_5 为 0 或 1，这有利于大小写字母之间的编码转换。

表 1-2　7 位 ASCII 编码表

$d_3d_2d_1d_0$ ＼ $d_6d_5d_4$	000	001	010	011	100	101	110	111
0000	NUL	DLE	SP	0	@	P	、	p
0001	SOH	DC1	!	1	A	Q	a	q
0010	STX	DC2	"	2	B	R	b	r
0011	ETX	DC3	#	3	C	S	c	s
0100	EOT	DC4	$	4	D	T	d	t
0101	ENQ	NAK	%	5	E	U	e	u
0110	ACK	SYN	&	6	F	V	f	v
0111	BEL	ETB	'	7	G	W	g	w
1000	BS	CAN	(	8	H	X	h	x
1001	HT	EM	)	9	I	Y	i	y
1010	LF	SUB	*	:	J	Z	j	z
1011	VT	ESC	+	;	K	[	k	{
1100	FF	FS	,	<	L	\	l	|
1101	CR	GS	-	=	M	]	m	}
1110	SO	RS	.	>	N	^	n	~
1111	SI	US	/	?	O	_	o	DEL

用户应记住一些特殊的字符编码，例如：

▽ a 字母字符的编码为 1100001，对应的十进制数是 97，十六进制数为 61H；

▽ A 字母字符的编码为 1000001，对应的十进制数是 65，十六进制数为 41H；

▽ 数字 0 的字符编码为 0110000，对应的十进制数是 48，十六进制数为 30H；

▽ 空格的字符编码为 0100000，对应的十进制数是 32，十六进制数为 20H；

▽ LF(换行)控制符的编码为 0001010，对应的十进制数是 10，十六进制数为 0AH；

▽ CR(回车)控制符的编码为 0001101，对应的十进制数是 13，十六进制数为 0DH。

计算机的内部存储与操作常以字节为单位，即以 8 个二进制位为单位。因此一个字符在计算机内实际用 8 位表示。正常情况下，最高位为 0。

提示

ASCII 码只占用了一个字节中低端的 7 位，最高位(第 8 位)为 0。

1.2.5 汉字编码

英文采用不超过 128 种字符的字符集就能满足英文处理的需要，编码容易，而且在一个计算机系统中，输入、内部处理和存储都可以使用同一编码(一般为 ASCII 码)。汉字是象形文字，种类繁多，编码比较困难，而且在一个汉字处理系统中，输入、内部处理、输出对汉字编码的要求不尽相同，因此需进行一系列的汉字编码及转换。计算机对汉字的输入、保存和输出过程是这样的：在输入汉字时，操作者通过键盘输入输入码，通过输入码找到汉字的国标区位码，再计算出汉字的机内码后保存内码。而当显示或打印汉字时，则首先从指定地址取出汉字的内码，根据内码从字模库中取出汉字的字形码，再通过一定的软件转换，将字形输出到屏幕或打印机上，其过程如图 1-1 所示。

图 1-1　汉字信息处理系统模型

1. 输入码

为了能直接使用英文标准键盘进行汉字输入，必须为汉字设计相应的编码。汉字编码方法主要分为 3 类：数字编码、拼音编码和字形编码。

▽ 数字编码：指用一串数字表示一个汉字，如区位码、电报码等。数字编码缺乏规律，难以记忆，通常很少使用。

▽ 拼音编码：拼音编码是以汉语拼音为基础的输入方法，如全拼、智能 ABC 等。拼音编码的优点是学习速度快，容易掌握，但重码率高，打字速度慢。

▽ 字形编码：字形编码是按汉字的形状进行编码，如五笔字型、郑码等。字形编码的优点是平均触键次数少、重码率低，缺点是需要背字根、不易掌握。

2. 国标区位码

为了解决汉字的编码问题，1980 年我国公布了 GB 2312—80 国家标准。在此标准中，共含有 6763 个简化汉字，其中一级汉字 3755 个，二级汉字 3008 个，此外还有 682 个汉字符号，包括西文字母、日文假名和片假名、俄文字母、数字、制表符以及一些特殊的图形符号。在该标准的汉字编码表中，汉字和符号按区位排列，共分为 94 个区，每个区有 94 个位。一个汉字的编码由它所在的区号和位号组成，称为国标区位码。例如，"啊"字在此标准中的第 16 区第 1 位，所以它的区位码为 1601，十六进制表示为 1001H。

3. 机内码

区位码占用两个字节，这两个字节的最高位都是"0"。为了避免汉字区位码与 ASCII 码无法区分，汉字在计算机内的保存采用了机内码，也称汉字的内码。目前占主导地位的汉字机内码是将区码和位码分别加上数 A0H 作为机内码，如"啊"字的区位码的十六进制表示为1001H，而"啊"字的机内码则为 B0A1H。这样汉字机内码的两个字节的最高位均为 1，很容易与西文的 ASCII 码区分。汉字机内码和国标区位码的换算关系是：机内码=区位码 + A0A0H。

> **提示**
>
> 汉字机内码的两个字节的最高位均为 1。

为了统一地表示世界各国的文字，1992 年 6 月，国际标准化组织公布了"通用多 8 位编码字符集"的国际标准 ISO/IEC 10646，简称 UCS(Universal Multiple-Octet Coded Character Set)。UCS 的基本多文种平面与另一工业标准 Unicode(美国的一个民间团体制定的一个 16 位编码的多文种字符集，1990 年推出)相一致。Unicode 用两个字节编码一个字符，可以容纳 65536 个不同的字符，目前已经包括日文、拉丁文、俄文、希腊文、希伯来文、阿拉伯文、韩文和中文共约 29000 个字符，ASCII 字符集只是其中的一个小小的子集。为了适应这一趋势，我国于 1994年正式公布了与 ISO/IEC 10646 相一致的国家标准 GB13000，不久又提出了"扩充汉字机内码规范(GBK)"，从而产生了 GBK 大字符集。目前微软公司(Microsoft)在中国内地销售的 Windows操作系统都使用了 GBK 内码，能统一地表示 20902 个汉字及汉字符号。

4. 字形码

汉字字形码又称为汉字字模，用于汉字在显示屏或打印机输出。汉字字形码通常有两种表示方式：点阵和矢量表示方式。

用点阵表示字形时，汉字字形码指的是这个汉字字形点阵的代码。根据输出汉字的要求不同，点阵的多少也不同。简易型汉字为 16×16 点阵，提高型汉字为 24×24 点阵、32×32 点阵、48×48 点阵等。点阵规模越大，字形越清晰美观，所占存储空间也越大。

矢量表示方式存储的是描述汉字字形的轮廓特征，当要输出汉字时，通过计算机的计算，由汉字字形描述生成所需大小和形状的汉字点阵。矢量化字形描述与最终文字显示的大小、分辨率无关，因此可产生高质量的汉字输出。Windows 中使用的 TrueType 技术就是汉字的矢量表示方式。

1.3　计算机系统的组成

一个完整的计算机系统由硬件系统和软件系统两部分组成。现在的计算机已经发展成一个庞大的家族，其中的每个成员，尽管在规模、性能、结构和应用等方面存在着很大的差别，但是它们的基本结构和工作原理是相同的。

1.3.1 计算机系统概述

计算机系统包括硬件系统和软件系统两大部分，如图 1-2 所示。计算机通过执行程序而运行，计算机工作时软硬件协同工作，二者缺一不可。

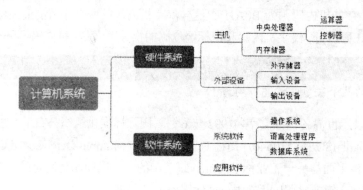

图 1-2　计算机系统的组成

硬件系统是组成计算机系统的各种物理设备的总称，是计算机系统的物质基础，是看得见、摸得着的一些实实在在的有形实体。

计算机的性能，例如运算速度、存储容量、计算精度、可靠性等，很大程度上取决于硬件的配置。只有硬件而没有任何软件支持的计算机称为"裸机"，在裸机上只能运行机器语言程序，使用很不方便，效率也很低，对于一般用户来说几乎是没有用的。

软件指的是使计算机运行需要的程序、数据和有关的技术文档资料。软件是计算机的灵魂，是发挥计算机功能的关键。有了软件，人们可以不必过多地去了解机器本身的结构与原理，可以方便灵活地使用计算机。软件屏蔽了下层的具体计算机硬件，形成一台抽象的逻辑计算机(也称虚拟机)，它在用户和计算机(硬件)之间架起了桥梁。

现代计算机不是一种简单的电子设备，而是由硬件与软件结合而成的一个十分复杂的整体。计算机是支撑软件工作的基础，没有足够的硬件支持，软件无法正常工作。相对于计算机硬件而言，软件是无形的。但是不安装任何软件的计算机，不能进行任何有意义的工作。系统软件为现代计算机系统正常有效地运行提供良好的工作环境；丰富的应用软件使计算机强大的信息处理能力得以充分发挥。

在一个具体的计算机系统中，硬件、软件是紧密相关、缺一不可的，但是对某一具体功能来说，既可以用硬件实现，也可以用软件实现，这就是硬件、软件在逻辑功能上的等效。所谓硬件、软件在功能上的等效是指由硬件实现的操作，在原理上均可以使用软件模拟来实现；同样，任何由软件实现的操作，在原理上也可以由硬件来实现。

在计算机技术的飞速发展过程中，计算机软件随着硬件技术的发展而不断发展与完善，软件的发展又促进了硬件技术的发展。

1.3.2　冯·诺依曼结构

尽管计算机不断发展，但其基本工作原理仍然基于冯·诺依曼原理，其基本思想是存储程序与程序控制。存储程序是指人们必须事先把计算机的执行步骤序列(即程序)及运行中所需的数据，通过一定方式输入并存储在计算机存储器中。程序控制是指计算机运行时能自动地逐一取出程序中的一条条指令，加以分析并执行规定的操作。

冯·诺依曼体系计算机的核心思想是"存储程序"的概念，它的特点如下：

▽　计算机由运算器、存储器、控制器、输入设备和输出设备 5 部分组成。

▽　指令和数据都用二进制代码表示。

▽　指令和数据都以同等地位存放于存储器内，并可按地址寻访。

▽　指令是由操作码和地址码组成的，操作码用来表示操作的性质，地址码用来表示操作数所在的存储器中的位置。

▽　指令在存储器内是顺序存放的。

典型的冯·诺依曼结构计算机是以运算器为中心的。其中，输入设备、输出设备与存储器之间的数据传送都需通过运算器。

现代的计算机已转化为以存储器为中心，如图 1-3 所示，图中实线为控制线，虚线为反馈线，双线为数据线。

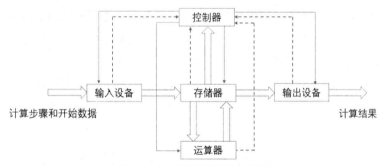

图 1-3　冯·诺依曼计算机框图

1.3.3　计算机硬件系统

1. 存储器

存储器是用来存储数据和程序的部件。

计算机中的信息都是以二进制代码形式表示的，必须使用具有两种稳定状态的物理器件来存储信息。这些物理器件主要有磁芯、半导体器件、磁表面器件等。

存储器分为主存储器和辅存储器。主存可直接与 CPU 交换信息，辅存又叫外存。

主存储器

主存储器(又称为内存储器，简称主存或内存)用来存放正在运行的程序和数据，可直接与运算器及控制器交换信息。按照存取方式，主存储器又可分为随机存取存储器(Random Access Memory，RAM)和只读存储器(Read Only Memory，ROM)两种。只读存储器用来存放监控程序、系统引导程序等专用程序，在生产制作只读存储器时，将相关的程序指令固化在存储器，在正常工作环境下，只能读取其中的指令，而不能修改或写入信息。随机存取存储器用于存放正在运行的程序及所需要的数据，具有存取速度快、集成度高、电路简单等优点，但断电后，信息将自动丢失。

主存储器由许多存储单元组成，全部存储单元按一定顺序编号，称为存储器的地址。存储器采取按地址存(写)取(读)的工作方式，每个存储单元存放一个单位长度的信息。

辅存储器

辅存储器(又称为外存储器，简称为辅存或外存)用来存放多种大信息量的程序和数据，可以长期保持，其特点是存储容量大、成本低，但存取速度相对较慢。外存储器中的程序和数据不能直接被运算器、控制器处理，必须先调入内存储器。目前广泛使用的微型计算机外存储器主要有硬盘、U盘、光盘等。

2. 运算器

运算器是计算机中处理数据的核心部件，主要由执行算术运算和逻辑运算的算术逻辑单元(Arithmetic Logic Unit，ALU)、存放操作数和中间结果的寄存器组以及连接各部件的数据通路组成，用于完成各种算术运算和逻辑运算。

在运算过程中，运算器不断得到主存储器提供的数据，运算后又把结果送回到主存储器保存起来。整个运算过程是在控制器的统一指挥下，按程序中编排的操作顺序进行的。

3. 控制器

控制器是计算机中控制管理的核心部件。主要由程序计数器(PC)、指令寄存器(IR)、指令译码器(ID)、时序控制电路和微操作控制电路等组成，在系统运行过程中，不断地生成指令地址、取出指令、分析指令、向计算机的各个部件发出微操作控制信号，指挥各个部件高速协调地工作。

由于运算器和控制器在逻辑关系和电路结构上联系十分紧密，尤其在大规模集成电路制作工艺出现后，这两大部件往往制作在同一芯片上，因此，通常将它们合起来统称为中央处理器，简称CPU(Central Processing Unit)，是计算机的核心部件。

4. 输入输出设备

输入输出设备(简称I/O设备)又称为外部设备，它是与计算机主机进行信息交换，实现人机交互的硬件环境。

输入设备用于输入人们要求计算机处理的数据、字符、文字、图形、图像、声音等信息，以及处理这些信息所需的程序，并把它们转换成计算机能接受的形式(二进制代码)。常见的输入设备有键盘、鼠标、扫描仪、手写板、光笔、麦克风(输入语音)等。

输出设备用于将计算机处理结果或中间结果，以人们可以识别的形式(如显示、打印、绘图)表达出来。常见的输出设备有显示器、打印机、绘图仪、音响等。

1.3.4　计算机软件系统

软件包括可在计算机中运行的各种程序、数据及其有关文档。通常把计算机软件系统分为系统软件和应用软件两大类。

1. 系统软件

系统软件是维持计算机系统正常运行和支持应用软件运行的基础软件，包括操作系统、计算机语言和数据库管理系统等。

操作系统

为了使计算机系统的所有资源(包括中央处理器、存储器、各种外部设备以及各种软件)协调一致，有条不紊地工作，就必须由一个软件来进行统一管理和统一调度，这种软件称为操作系统(Operating System, OS)。它的功能就是管理计算机系统的全部硬件资源、软件资源及数据资源，使计算机系统所有资源最大限度地发挥作用，为用户提供方便、有效、友善的服务界面。

操作系统是一个庞大的管理控制程序，它大致包括以下 5 个管理功能：进程与处理机管理、作业管理、存储管理、设备管理、文件管理。

计算机语言

计算机语言是程序设计的最重要的工具，它是指计算机能够接受和处理的、具有一定格式的语言。从计算机诞生至今，计算机语言发展经历了以下三个阶段。

▽ 机器语言：机器语言是由 0、1 代码组成的，能被机器直接理解、执行的指令集合。这种语言编程质量高，所占空间小，执行速度快，是机器唯一能够执行的语言，但机器语言不易学习和修改，且不同类型机器的机器语言不同，只适合专业人员使用。

▽ 汇编语言：汇编语言采用助记符来代替机器语言中的指令和数据，又称为符号语言。汇编语言一定程度上克服了机器语言难读难改的缺点，同时保持了其编程质量高、占存储空间小、执行速度快的优点，目前在实时控制等方面的编程中仍有不少应用。汇编语言程序必须翻译成机器语言的目标程序后再执行。

▽ 高级语言：高级语言是一种完全符号化的语言，其采用自然语言(英语)中的词汇和语法习惯，容易为人们理解和掌握；它完全独立于具体的计算机，具有很强的可移植性。用高级语言编写的程序称为源程序，源程序不能在计算机中直接执行，必须将它翻译或解释成目标程序后，才能为计算机所理解和执行。

将源程序翻译成目标程序，其翻译过程有解释和编译两种方式。解释是由解释程序对源程序逐句解释执行，直到程序结束。编译是在编写好源程序后，先用编译程序将源程序翻译成目标程序，再用连接程序将各个目标程序模块以及程序所调用的内部库函数连接成一个可执行程序，最后再运行这个可执行程序。

从源程序的输入到可执行的装入程序的过程如图1-4所示。

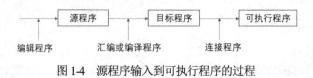

图1-4　源程序输入到可执行程序的过程

高级语言种类繁多，如面向过程的 FORTRAN、PASCAL、C、BISIC 等，面向对象的 C++、Java、Visual Basic、Delphi 等。

数据库管理系统

数据库管理系统是20世纪60年代末产生并发展起来的，它是计算机科学中应用最为广泛并且发展最快的领域之一，主要是面向解决数据处理的非数值计算问题，目前主要用于档案管理、财务管理、图书资料管理及仓库管理等数据处理。

目前，常用的数据库管理系统有 Access、SQL Server、Oracle、Sybase、DB2 等。

2. 应用软件

应用软件也称为应用程序，是专业软件公司针对应用领域的需求，为解决某些实际问题而研制开发的程序，或由用户根据需要编制的各种实用程序。应用程序通常需要系统软件的支持，才能在计算机硬件上有效运行。例如，文字处理软件 Word、电子表格软件 Excel、图片处理软件 Photoshop、网页制作软件 Dreamweaver 等都属于应用软件。

1.3.5　计算机的工作过程

计算机启动后，CPU 首先执行固化在只读存储器(ROM)中的一小部分操作系统程序，这部分程序称为基本输入输出系统(BIOS)，它启动操作系统的装载过程，先把一部分操作系统从磁盘中读入内存，然后再由读入的这部分操作系统装载其他的操作系统程序。装载操作系统的过程称为自举或引导。操作系统被装载到内存后，计算机才能接收用户的命令，执行其他的程序，直到用户关机。程序的执行过程，也就是指令的分析和执行过程。

1. 指令和程序的概念

指令就是让计算机完成某个操作所发出的命令，即计算机完成某个操作的依据。一条指令通常由两部分组成：操作码和操作数。操作码指明该指令要完成的操作，如加、减、乘、除等。操作数是指参加运算的数或数所在的单元地址。一台计算机的所有指令的集合，称为该计算机的指令系统。

程序

使用者根据解决某一问题的步骤，选用一条条指令进行有序的排列。计算机执行了这一指令序列，便可以完成预定的任务。这一指令序列就称为程序，程序即指令的有序集合。显然，程序中的每一条指令必须是所用计算机的指令系统中的指令。因此指令系统是提供给使用者编制程序的基本依据。

2. 计算机执行指令的过程

计算机执行指令一般分为两个阶段。首先将要执行的指令从内存中取出送入 CPU，然后由 CPU 对指令进行分析译码，判断该条指令要完成的操作，向各部件发出完成该操作的控制信号，完成该指令的功能。当一条指令执行完成后就处理下一条指令。一般将第一阶段称为取指周期，第二阶段称为执行周期。

3. 程序的执行过程

计算机在运行时，CPU 从内存读出一条指令到 CPU 内执行，指令执行完成后，再从内存读出下一条指令到 CPU 内执行。CPU 不断地取指令，执行指令，这就是程序的执行过程。

1.4　微型计算机的硬件组成

微型计算机的主要设备指的是构成计算机的主要配件，简单来说，就是计算机主机中必不可少的主板、内存、CPU、硬盘、声卡、显卡以及主机以外的显示器、鼠标和键盘。

1.4.1　中央处理器

在微型计算机中，运算器和控制器被制作在同一块半导体芯片上，称为中央处理器或中央处理单元，简称 CPU，又称微处理器。CPU 采用超大规模集成电路制成，是计算机硬件系统的核心部件。随着计算机技术的进步，微处理器的性能飞速提高。目前最具代表性的产品是 Intel 公司出产的微处理器系列产品，如图 1-5 所示。

时钟频率是衡量 CPU 运行速度的重要指标。它是指时钟脉冲发生器输出周期性脉冲的频率。在整个计算机系统中，它决定了系统的处理速度。此外，微处理器的另外一个重要技术指标就是字长，字长是 CPU 能同时处理二进制数的位数，如 16 位处理器、32 位处理器、64 位处理器。字长越大，处理信息的速度越快。

CPU 的功能就是高速、准确地执行预先安排好的指令，每一条指令完成一次基本的算术运算或逻辑判断。CPU 中的控制器部分从内存储器中读取指令，并控制计算机的各部分完成指令所指定的工作。运算器则是在控制器的指挥下，按指令的要求从内存储器中读取数据，完成各种算术运算和逻辑运算，运算的结果再保存到内存储器中的指定地址。

1.4.2　主板

　　主板是安装在微型计算机主机箱中的一块印刷电路板，如图 1-6 所示。主板是连接 CPU、内存储器、外存储器、各种适配卡、外部设备的中心枢纽。主板上安装有系统控制芯片组、BIOS ROM 芯片、二级 Cache 等部件，提供了 CPU 的插槽和内储存器的插槽及硬盘、打印机、鼠标、键盘等外部设备的接口。接口与插槽都是按标准设计的，可以接入相应类型的部件。在主板上还有多个扩展槽，如 PCI 扩展槽，用于插接各种适配卡，如显卡、声卡、网卡等。

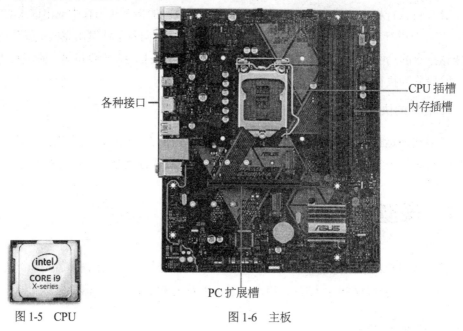

各种接口

CPU 插槽
内存插槽

PC 扩展槽

图 1-5　CPU　　　　　　　　　　图 1-6　主板

　　扩展槽的使用为用户提供了增加可选设备的简易方法。

1.4.3　总线

　　总线(Bus)是计算机内部传输指令、数据和各种控制信息的高速通道，是计算机中各组成部分在传输信息时共同使用的"公路"。计算机中的总线分为内部总线、系统总线和外部总线 3 个层次。

　　▽　内部总线位于 CPU 芯片内部，用于连接 CPU 的各个组成部件。

　　▽　系统总线是指主板上连接计算机中各大部件的总线。

　　▽　外部总线是计算机和外部设备之间的总线，通过该总线和其他设备进行信息与数据交换。

　　如果按总线内传输的信息种类，可以将总线划分以下几种类型。

　　▽　数据总线：用于 CPU 与内存或 I/O 接口之间的数据传输，它的条数取决于 CPU 的字长，信息传送是双向的(可送入 CPU，也可由 CPU 送出)。

▽ 地址总线：用于传送存储单元或 I/O 接口的地址信息，信息传送是单向的，它的条数决定了计算机内存空间的范围大小，即 CPU 能管辖的内存数量。

▽ 控制总线：用于传送控制器的各种控制信息，它的条数由 CPU 的字长决定。

计算机采用开放体系结构，由多个模块构成一个系统。一个模块往往就是一块电路板。为了方便总线与电路板的连接，总线在主板上提供了多个扩展槽与插座，任何插入扩展槽的电路板(如显示卡、声卡等)都可以通过总线与 CPU 连接，这为用户自己组装可选设备提供了方便。微处理器、总线、存储器、接口电路和外部设备的逻辑关系如图 1-7 所示。

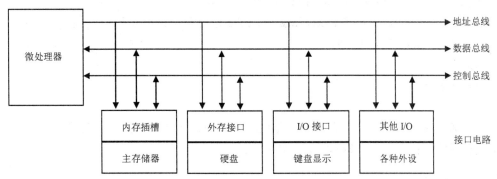

图 1-7 微处理器、总线、存储器、接口电路和外部设备的逻辑关系

目前，微型计算机中出现过的系统总线结构与扩展槽有 ISA 总线、PCI 总线、USB 通用总线、AGP 扩展槽等。

1.4.4 内存储器

1. 内存储器简介

内存储器由半导体电路组成，通过总线与 CPU 相连。它可以保存 CPU 所需要的程序指令和运算所需的数据，也可以保存一些运算中产生的中间结果以及最终结果，通过总线快速地与 CPU 交换数据。

内存储器又分为只读存储器(Read Only Memory，ROM)和随机存储器(Random Access Memory，RAM)两种。ROM 用于永久存放特殊的专门数据。计算机基本输入输出系统(Basic Input Output System，BIOS)的程序就放在 ROM 中。RAM 是可读写的内存储器，计算机运行时大量的程序、数据等信息就是保存在 RAM 中的。

内存空间的大小(一般指 RAM 部分)也称内存的容量，对计算机性能影响很大，容量越大，能保存的数据就越多，从而减少了与外存储器交换数据的频度，因此效率也越高。目前，常见的微型计算机，内存容量一般为 4~8GB。

内存中的数据存取以字节为基本的存取单位，内存中的字节线性排列，因此每一个字节都有其确定的地址。CPU 对数据进行存取时，就是使用指令中提供的内存地址，按照一定的寻址方式实现数据存取。

计算机基础与实训教材系列

RAM 中的数据只在计算机运行中有效，一旦断电，RAM 中的所有程序及数据将会自动丢失，只能在下一次运行计算机时重新装载。

2. 高速缓冲存储器

高速缓冲存储器(Cache)也称高速缓存，是介于 CPU 与内存之间的缓冲器。由于和高速运行的 CPU 数据处理速度相比，内存的数据存取速度太慢，因此在内存和 CPU 之间设置了高速缓存，用来保存下一步将要处理的指令和数据，以及在 CPU 运行的过程中重复访问的数据和指令，从而减少 CPU 直接到速度较慢的内存中访问的次数。

Cache 一般有两级，一级 Cache(Primary Cache)设置在 CPU 芯片内部，容量较小。二级 Cache(Secondary Cache)设置在主板上。

1.4.5　输入设备

输入设备是指把数据和程序输入计算机中的设备。常用的输入设备包括键盘、鼠标、扫描仪、数码摄像头、数字化仪、触摸屏、麦克风等。

1. 键盘和鼠标

键盘是最常见和最重要的计算机输入设备之一，虽然如今鼠标和手写输入设备应用越来越广泛，但在文字输入领域，键盘依旧有着不可动摇的地位，是用户向计算机输入数据和控制电脑的基本工具。

鼠标是微型计算机系统的标准配置，它是一种通过移动光标(Cursor)进而实现选择操作的输入设备。用户可以通过鼠标快速地对屏幕上的对象进行操作。

2. 扫描仪

扫描仪作为一种新型的重要的输入设备，被广泛地应用着。它的作用是将各类文档、相片、幻灯片、底片等上面的图形、文字符号输入计算机中。

扫描仪的外形差别很大，可以分成 4 大类：笔式、手持式、平台式、滚筒式。它们的尺寸、精度、价格各不相同。笔式和手持式扫描仪的精度不太高，但携带方便，一般用于个人台式计算机和笔记本电脑。平台式扫描仪又称为平板扫描仪，其精度适中，常用于日常办公。滚筒式扫描仪是所有扫描仪中最高档的，用于专业印刷领域。

从处理信息后输出的颜色上划分，扫描仪又可以分为黑白(灰阶)和彩色两种。彩色扫描仪输入和输出的信息最多，价格也在不断降低，现在越来越普及了。

3. 数码摄像头

数码摄像头是一种数字视频输入设备，利用光电技术采集影像，通过其内部的电路把代表像素的"点电流"转换成能够被计算机所处理的数字信号。

传感器是组成数码摄像头的重要组成部分，根据元件的不同分为 CCD 和 CMOS。CCD(Charge Coupled Device，电荷耦合元件)是应用在摄影摄像方面的高端技术元件，CMOS(Complementary Metal-Oxide Semiconductor，互补金属氧化物半导体元件)则应用于较低影像品质的产品中，它的优点是制造成本较 CCD 低，功耗也低得多。

1.4.6　输出设备

输出设备是将计算机的处理结果或处理过程中的有关信息交付给用户的设备。常用的输出设备有显示器、打印机、绘图仪、音响等，其中显示器是计算机系统的基本配置。

1. 显示器

显示器通常也被称为监视器，它是一种将一定的电子文件通过特定的传输设备显示到屏幕上再反射到人眼的显示工具。目前常见的显示器为 LCD(液晶显示器)，如图 1-8 所示。

显示器能显示的像素个数叫作分辨率。对于显示器本身，测量分辨率的单位为点距(Dot Pitch)，此值越小，图像越清晰。

图 1-8　液晶显示器

2. 打印机

打印机也是经常使用的输出设备。目前，被广泛使用的打印机主要有以下三种。

▽ 点阵打印机：指的是 24 针打印机，其利用打印钢针按字符的点阵打印出字符。这种打印机的打印速度较慢，分辨率低，噪声大；但是性价比较高，可以打印蜡纸，也可以多层打印。点阵打印机按其打印的宽度分为宽行打印机和窄行打印机两种。

▽ 喷墨打印机：它利用振动或热喷管使带点墨水喷出，在打印纸上绘出文字或图形。喷墨打印机无噪声、重量轻、清晰度高，可以喷打出逼真的色彩图像，但是需要定期更换墨盒，成本较高。目前的喷墨打印机有黑白和彩色两种类型。

▽ 激光打印机：激光打印机实际上是复印机、计算机和激光技术的复合。它应用激光技术在一个光敏旋转磁鼓上写出图形及文字，再经过显影、转印、加热固化等一系列复杂的工艺，最后把文字及图像印在打印纸上。激光打印机无噪声、速度快、分辨率高。目前的激光打印机有黑白和彩色两种类型。

1.4.7 外存储器

外存储器简称外存(又称辅存)。外存主要指那些容量比主存大、读取速度较慢，通常用来存放需要永久保存的或相对来说暂时不用的各种程序和数据的存储器。通常外存不与计算机的其他部件直接交换数据，CPU 不能像访问内存那样，直接访问外存，外存要与 CPU 或 I/O 设备进行数据传输，必须通过内存进行，而且不是按单个数据进行存取，而是成批地进行数据交换。常用的外存有硬盘、光盘等。

1. 硬盘

硬盘是由一张或多张由硬质材料制成的磁盘圆盘，具有很高的精度，连同驱动器一起密闭在外壳中，固定于计算机机箱之内，如图 1-9 所示。

机箱

主板

固定在机箱中的硬盘

图 1-9　硬盘的外观和硬盘的安装位置

硬盘的容量很大，目前市场上常见的硬盘容量一般为 500GB~1TB。硬盘的数据传输速率因传输模式的不同而不同。计算机操作系统常用的各种软件、程序、数据、注册的各种系统信息一般都保存在硬盘中。

硬盘主要由盘片、磁头、盘片转轴、控制电机、磁头控制器、数据转换器、接口、缓存等几部分组成。硬盘中所有的盘片都装载在一个旋转轴上，每张盘片之间是平行的，在每个盘片的存储面上有一个磁头，磁头与盘片之间的距离比头发丝的直径还小，所有的磁头连在一个磁头控制器上，由磁头控制器负责各个磁头的运动。磁头可沿盘片的半径方向运动，加上盘片每分钟几千转的高速旋转，磁头就可以定位在盘片的指定位置上进行数据读写操作。

2. 光盘存储器

光盘存储器是 20 世纪 90 年代中期开始被广泛使用的外存储器，它采用与激光唱片相同的技术，将激光束聚焦成约 1μm 的光斑，在盘面上读写数据。目前使用的大多数为 DVD 光盘存储器(Digital Video Disc-Read Only Memory，DVD-ROM)，其中的信息已经在制造中写入。由于它体积小、重量轻、数据存储量大、易于保存，很受用户欢迎。计算机中用于识别光盘的驱动器称为 DVD-ROM 驱动器，简称为光驱，如图 1-10 所示。

3. 闪盘存储器

闪盘是采用 Flash Memory(闪存)作为存储器的移动存储设备，因其采用 USB 接口，故也称为 U 盘，如图 1-11 所示。与传统的移动存储设备相比，U 盘有以下几个重要特点：

▽ 体积小、重量轻，重量为 15~30g。

▽ 采用 USB 接口，使用时只要插入计算机的 USB 接口中即可，无须打开机箱或使用附加连接线，不用外接电源。

▽ 读写速度较快。

图 1-10　光盘驱动器

图 1-11　U 盘

4. 移动硬盘

移动硬盘主要指采用计算机标准接口(USB/IEEE 1394)的硬盘，其实就是用小巧的笔记本硬盘加上特制的配套硬盘盒构成的一个便携的大容量存储系统。

在计算机的硬件系统中，还包含机箱、电源、网络设备(如网卡、调制解调器)、多媒体设备(如音箱、麦克风)等，这里不再一一介绍。

1.5 微型计算机的软件配置

一台微机应该配备哪些软件，应根据其实际需求来选择。下面将介绍对于一般用户而言，微机上需要配置的常用软件。

操作系统

操作系统是微机必须配置的软件。目前微软公司的 Windows 系列操作系统被广大用户普遍使用。

工具软件

配置必要的工具软件有利于系统管理、保障系统安全，方便传输交互。例如：

▽ 反病毒软件用于尽量减少计算机病毒对资源的破坏，保障系统正常运行，例如瑞星、金山毒霸等。

▽ 压缩工具软件用于对大容量的数据资源压缩存储或备份，便于交换传输，缓解资源空间危机，有利于数据安全，例如 ZIP、WinRAR 等。

▽ 网络应用软件用于网络浏览、资源交流、实时通信等。常用的有腾讯 TT、Foxmail、QQ 等。

办公软件

相对而言，办公软件是应用最广泛的应用软件，可提供文字编辑、数据管理、多媒体编辑演示、工程制图、网络应用等多种功能。例如，Office 系列、金山 WPS 系列等。

程序开发软件

程序开发软件主要指计算机程序设计语言，用于开发各种程序。例如 C/C++、Visual Studio 系列、Java 等。

多媒体编辑软件

多媒体编辑软件主要用于对音频、图像、动画、视频进行创作和加工。常用的有 Cool Edit Pro(音频处理软件)、Photoshop、Flash、Premiere(视频处理软件)等。

工程设计软件

工程设计软件用于机械设计、建筑设计、电路设计等多行业的设计工作，常用的有 AutoCAD、Protel、Visio 等。

各种专用软件

基于不同的工作需求，还有大量的行业专用软件，如"用友"财务软件系统、"北大方正"印刷出版系统、"法高"彩色证卡系统等。

在具体配置微机软件系统时，操作系统是必须安装的，工具软件、办公软件也应该安装，对于其他软件，应根据需要选择安装，也可以事先准备好可能需要的安装软件，在使用时即装即用。

1.6 实例演练

本章的实例演练部分将指导用户启动微型计算机并熟悉鼠标和键盘。

【例 1-1】 启动计算机并练习使用鼠标和键盘。

(1) 检查计算机显示器和主机的电源是否插好后，确定电源插板已通电，然后按下显示器上的电源按钮，打开显示器。

(2) 接下来，按下计算机主机前面板上的电源按钮⏻，如图 1-12 所示，此时计算机主机前面板上的电源指示灯将会变亮，计算机随即将启动，执行系统开机自检程序。

(3) 计算机在启动后，将自动运行监测程序，进入操作系统桌面。

(4) 单击 Windows 系统屏幕左下方的【开始】按钮，在弹出的【开始】菜单中选择【关机】命令，即可执行计算机关闭操作，如图 1-13 所示。

图 1-12 启动计算机

图 1-13 关闭计算机

(5) 此时，若 Windows 系统检测到更新文件，将自动安装更新文件。完成系统更新后，计算机将自动执行关闭操作。

计算机键盘分为主键盘区、功能键区、编辑键区和数字键区，如图 1-14 所示。

功能键区　　　　　　　　　　　　　　　　数字键区

主键盘区　　　　　　　　　　编辑键区

图 1-14 键盘

主键盘区

▽ 制表位键 Tab：快速移动光标到下一个制表位。

▽ 大写锁定键 Caps Lock：在大、小写字母输入状态间切换，灯亮为大写字母输入状态。

▽ 上档键 Shift：输入上档字符或大写字母，如输入"%"，可在按住 Shift 键的同时按数字 5 键。

▽ 快捷键 Alt 和 Ctrl：必须与其他键位配合才能使用，单独使用不起作用。如 Ctrl+ Alt+Del 快捷键用来在 Windows 下结束正在运行的某项任务或重新启动计算机。

▽ 空格键 Space：每按一次输入一个空格字符。

▽ 回车键 Enter：确认或换行。如果在 Word 中按 Enter 键，则增加一个段落。

▽ 退格键 Backspace：删除光标左面的字符。

▽ 取消键 Esc：取消正在进行的操作。

▽ 字母键：按一次输入一个相应的字母。

▽ 数字键：按一次输入相应的数字或数字键上的符号。

▽ Windows 功能键：▦用来打开【开始】菜单，▦用来打开快捷菜单(相当于右击)。

功能键区

F1～F12 这些功能键在不同的软件中功能是不同的，但 F1 通常都是帮助键。

编辑键区

▽ 复制屏幕键 Print Screen：复制整个屏幕到剪贴板。按下 Alt+Print Screen 快捷键，则复制活动窗口到剪贴板。

▽ 插入/改写键 Insert：在插入和改写状态间切换。

▽ 删除键 Delete：删除光标右边的字符。

▽ 移动光标键 Home：快速移动光标到行首。按下 Ctrl+Home 快捷键，可快速将光标移到文章的起始位置。

▽ 移动光标键 End：快速移动光标到行尾。按下 Ctrl+End 快捷键，可快速移动光标到文章的最后位置。

▽ 向前翻页键 Page Up：逐页向前翻页。

▽ 向后翻页键 Page Down：逐页向后翻页。

▽ 光标控制键：上、下、左、右 4 个箭头，分别用来控制光标向 4 个方向移动。

数字键区

数字键区又称小键盘区，包括数字键和编辑键。小键盘左上角有一个数字(或编辑)开关键 Num Lock。当指示灯亮时，表明小键盘处于数字输入状态，这时可以用来输入数字；当指示灯熄灭时，小键盘处于编辑状态。

计算机最为常用的鼠标是带滚轮的三键光电鼠标。它共分为左右两键和中间的滚轮，中间的滚轮也可称为中键，如图 1-16 所示。

使用鼠标时，用手掌心轻压鼠标，拇指和小指抓在鼠标的两侧，再将食指和中指自然弯曲，轻贴在鼠标的左键和右键上，无名指自然落下跟小指一起压在侧面，此时拇指、食指和中指的指肚贴着鼠标，无名指和小指的内侧面接触鼠标侧面，如图 1-16 所示。

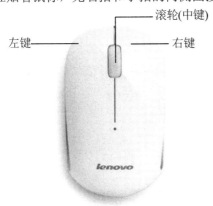

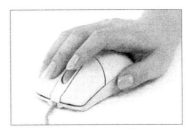

　　　　图 1-15　鼠标的按键　　　　　　　　　　　　图 1-16　手持鼠标的方法

用右手食指轻点鼠标左键并快速释放，此操作通常用于选择对象，称为单击鼠标，如图 1-17 所示。

用右手食指在鼠标左键上快速单击两次，称为双击鼠标，此操作用于执行命令或打开文件等，如图 1-18 所示。

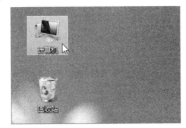

　　　　图 1-17　选择对象　　　　　　　　图 1-18　执行双击操作打开【计算机】窗口

右击指的是用右手中指按下鼠标右键并快速释放，此操作一般用于弹出当前对象的快捷菜单，便于快速选择相关的命令。右击的操作对象不同，弹出的快捷菜单也不同，如图 1-19 所示。

拖动指的是将鼠标指针移动至需要移动的对象上，然后按住鼠标左键不放，将该对象从屏幕的一个位置拖到另一个位置，然后释放鼠标左键，如图 1-20 所示。

　　　　图 1-19　右击弹出的快捷菜单　　　　　　　图 1-20　按住鼠标拖动

计算机基础与实训教材系列

范围选取指的是单击需选定对象外的一点并按住鼠标左键不放,移动鼠标将需要选中的所有对象包括在虚线框中。

1.7 习题

1. 简述计算机的发展史。
2. 计算机有哪些应用领域?
3. 简述现代计算机一般具有哪些重要特点(可通过百度、360 等搜索引擎在网上搜索)。
4. 查看当前计算机的硬盘空间和内存容量。
5. 列举你所用的计算机安装的应用软件有哪几款。

第2章

Windows 7操作系统

　　操作系统是最重要的系统软件，是整个计算机系统的管理与指挥机构，它管理着计算机的所有资源。因此，要熟练使用计算机，就需要了解一些操作系统的基本知识，并掌握一些操作系统的基本操作。

本章重点

- 操作系统的基础知识
- Windows 7 的基本操作
- Windows 7 的文件管理
- Windows 7 的系统设置
- Windows 7 的磁盘管理

二维码教学视频

【例 2-1】 使用标准型计算器

【例 2-2】 使用科学型计算器

2.1 操作系统概述

操作系统(Operating System，OS)是管理计算机硬件与软件资源的计算机程序，同时也是计算机系统的内核与基石。操作系统需要处理如管理与配置内存、决定系统资源供需的优先次序、控制输入输出设备、操作网络与管理文件系统等基本事务。操作系统也提供一个让用户与系统交互的操作界面。

2.1.1 操作系统的概念

操作系统是指控制和管理整个计算机系统的硬件和软件资源，并合理地组织调度计算机的工作和资源分配，以提供给用户和其他软件方便的接口和环境的软件集合。操作系统的4个基本特征是并发性、共享性、虚拟性和异步性。

▽ 并发性：并发性是指两个或多个事件在同一时间间隔内发生。操作系统的并发性是指操作系统中同时存在多个运行着的程序。引入进程的目的是使程序能够并发执行。并发和共享是操作系统最基本的两个特征。

▽ 共享性：共享即资源共享，是指系统中的资源可供内存中的多个并发执行的进程共同使用，可以分为两种资源共享方式：一种是互斥共享方式，即一段时间内仅允许一个进程访问该资源，这样的资源被称为临界资源或是独占资源，例如打印机；另一种是同时访问方式，即一段时间内允许多个进程访问该资源，一个请求分几个时间间隔完成的效果和连续完成的效果相同，例如磁盘设备。

▽ 虚拟性：指把一个物理上的实体变为若干个逻辑上的对应物，包括时分复用技术(如处理器的分时共享)、空分复用技术(如虚拟存储器)。

▽ 异步性：在多道程序环境下，允许多个程序并发执行，但是由于资源有限，进程的执行不一定是连贯到底，而是断断续续地执行。

2.1.2 操作系统的功能

如果把用户、操作系统和计算机比作一座工厂，用户就像是雇主，操作系统是工人，而计算机是机器，其操作系统具备管理处理器、存储器、设备、文件的功能。

▽ 处理器管理：在多道程序的情况下，处理器的分配和运行都以进程(或线程)为基本单位，因而对处理器的管理可以分配为对进程的管理。

▽ 存储器管理：包括内存分配、地址映射、内存保护等。

▽ 文件管理：计算机中的信息都是以文件的形式存在的，操作系统中负责文件管理的部分被称为文件系统，文件管理包括文件存储空间的管理、目录管理和读写保护等。

▽ 设备管理：主要任务是完成用户的 I/O 请求，包括缓冲管理、设备分配、虚拟设备等。

2.1.3　操作系统的分类

微型计算机上常见的操作系统有 DOS、OS/2、UNIX、XENIX、Linux、Windows、Netware 等，大致可分为以下 6 种类型。

▽ 批处理操作系统：批处理是指用户将一批作业提交给操作系统后就不再干预，由操作系统控制它们自动运行。这种采用批量处理作业技术的操作系统称为批处理操作系统。批处理操作系统分为单道批处理系统和多道批处理系统。批处理操作系统不具有交互性，它是为了提高 CPU 的利用率而提出的一种操作系统。

▽ 分时操作系统：它是利用分时技术的一种联机的多用户交互式操作系统，每个用户可以通过自己的终端向系统发出各种操作控制命令，完成作业的运行。分时是指把处理机的运行时间分成很短的时间片，按时间片轮流把处理机分配给各联机作业使用。

▽ 实时操作系统：实时操作系统是为实时计算机系统配置的操作系统。其主要特点是资源的分配和调度首先要考虑实时性然后才是效率。此外，实时操作系统拥有较强的容错能力。

▽ 网络操作系统：网络操作系统是为计算机网络配置的操作系统。在其支持下，网络中的各台计算机能互相通信和共享资源。

▽ 分布操作系统：它是指由多个分散的计算机经互联网络构成的统一计算机系统。其中各个物理的和逻辑的资源元件既相互配合又高度自治，能在全系统范围内实现资源管理，动态地实现任务分配或功能分配，且能并行地运行分布式程序。

▽ 通用操作系统：同时兼有多道批处理、分时、实时处理的功能，或者其中两种以上功能的操作系统。

2.1.4　典型操作系统介绍

操作系统是管理计算机硬件和软件的程序，所有的软件都是按照操作系统程序来开发和运行的。虽然目前操作系统的种类有很多，但常用的就那么几个，下面将分别介绍。

▽ Windows 操作系统：Windows 操作系统是目前被广泛应用的一种操作系统，是由微软公司开发的。常见的有 Windows XP、Windows 7 和 Windows 10。

▽ UNIX 操作系统：UNIX 操作系统是一个强大的多用户、多任务操作系统，支持多种处理器架构，按照操作系统的分类，属于分时操作系统.

▽ Linux 操作系统：Linux 是一套免费使用和自由传播的类 UNIX 操作系统，是一个基于 POSIX 和 UNIX 的多用户、多任务、支持多线程和多 CPU 的操作系统。它能运行主要的 UNIX 工具软件、应用程序和网络协议。

2.2 Windows 7 操作系统概述

Windows 7 是美国微软公司 2009 年推出的个人计算机操作系统，该系统在功能和用户体验上都进一步完善，操作简单、快捷。

2.2.1 Windows 7 操作系统的特征

与之前其他版本的 Windows 系统(例如 Windows XP、Windows 2000)相比，Windows 7 增加了以下一些特征。

1. 增大搜索功能

Windows 7 中增加了文件的搜索范围，不但可以搜索磁盘驱动器中的文件，还可以搜索外部硬盘驱动器、联网计算机和库内的文件，方便快捷。

2. 小工具的改进

Windows 7 提供了灵活的小工具功能，取消了边框设置，常用小程序可以任意添加、随意放置到桌面的任意位置，方便灵活。

3. 触摸控制

针对触摸感应的计算机屏幕，Windows 7 提供多点触控功能，通过手指点击即可实现拖动文件或文件夹、浏览相册等操作。

4. 桌面的变化

Windows 7 桌面新增加了一些功能，丰富了用户体验，大大提高了用户效率。

任务栏窗口缩略预览功能

Windows 7 的任务栏新增了窗口预览功能。将鼠标指针移动到任务栏的图标上，即可弹出当前已打开文件或程序的缩略图预览。用鼠标指向该缩略图，即可全屏预览，方便用户迅速浏览而不需要将文件最大化，提高了效率。

通知区域图标的显示与隐藏

在通知区域中，Windows 7 系统默认将所有活动程序的显示关闭，用户可按自己的需要将指定程序的图标设置为隐藏或者显示。在任务栏右端通知区域单击小三角按钮，在弹出的界面中单击【自定义】选项，进入【通知区域图标】的设置对话框，在该对话框内用户可自由选择在任务栏上出现的图标和通知。每个程序图标包括三个设置选项：显示图标和通知(始终显示)、隐藏图标和通知(始终隐藏)、仅显示通知(有状态变化时显示，如 QQ 信息)，如图 2-1 所示。单击小三角按钮，可以在弹出的列表中选择需要的选项。

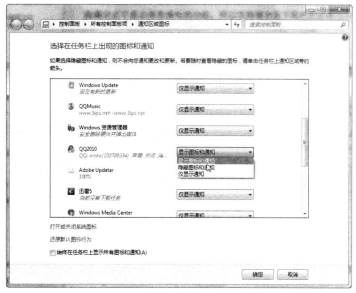

图 2-1　打开【通知区域图标】对话框并设置任务栏出现的图标和通知

跳转列表功能

跳转列表(Jump List)是 Windows 7 系统中出现的新功能，可以帮助用户快速、轻松地访问常用的文档、图片、歌曲或网站等。用鼠标右击 Windows 任务栏上的程序按钮(包括对于已固定到任务栏的程序和当前正在运行的程序)，或者按住鼠标左键将任务栏上的程序按钮往桌面方向拖动，就可以打开跳转列表。此外，单击 Windows 7 桌面左侧的【开始】按钮后，用鼠标单击程序列表某些程序右侧的三角按钮图标，也可以看到跳转列表。

Shake 功能

为了解决用户窗口过多而导致系统桌面眼花缭乱的问题，Windows 7 提供了强大的 Shake 功能。用户只需要单击正在使用的窗口的标题栏，然后按住鼠标左键快速晃动该窗口，其他窗口就会最小化，再次晃动窗口则被最小化的窗口将还原。

智能化的窗口缩放功能

智能化的窗口缩放功能是 Windows 7 新增的功能。

用户若需要将当前窗口最大化，除了单击【最大化/还原】按钮 回 外，Windows 7 还提供了新功能。用户只需要拖动当前窗口至屏幕最上方，窗口将自动最大化；将最大化的窗口向下拖动一些，即可还原。

将鼠标在任务栏右下角的【显示桌面】按钮 上停留 1s，或者按下 Win+空格键，所有窗口将变成透明，只留下边框。另外 Win 键与方向键结合，还可以实现以下功能。

▽　Win+↑：将当前窗口最大化。

▽　Win+↓：将当前窗口还原或窗口最小化。

▽　Win+←：将当前窗口靠左显示。

▽　Win+→：将当前窗口靠右显示。

2.2.2 Windows 7 需要的基本环境

Windows 7 具有强大的功能，它对硬件配置的要求也有很大的提高。微软官方给出的 Windows 7 系统需要的硬件环境如表 2-1 所示。

表 2-1 Windows 7 的配置要求

硬件要求	基本配置	推荐配置
CPU	1000MHz 及以上	2.0GHz 及以上
内存	1GB 及以上	2GB DDR2 以上
安装硬盘空间	至少 16GB(空间或分区)	40GB 以上可用空间
显卡	64MB 共享或独立显存	显卡支持 DirectX 9/WDDM 1.1 或更高版本
其他设备	DVD R/RW 驱动器	同基本配置
其他要求	互联网/电话	同基本配置

2.2.3 Windows 7 的安装过程

Windows 7 操作系统的安装方式可分为光盘启动安装、升级安装、多系统安装和 U 盘启动安装。

1. 光盘启动安装

首先，在计算机 BIOS 中设置启动顺序为光盘优先，然后将 Windows 7 安装光盘插入光驱。计算机从光盘启动后自动运行安装程序。根据屏幕提示，用户即可顺利完成安装。

2. 升级安装

启动早期版本 Windows 操作系统，关闭所有程序。将 Windows 7 光盘插入光驱，系统会自动运行并弹出安装界面，单击【安装 Windows 7】选项进行安装即可。如果光盘没有自动运行，可以双击光盘中的 setup.exe 文件开始安装。

3. 多系统安装

如果用户需要安装一个以上的 Windows 系列操作系统，可按照由低到高的版本顺序安装。例如，安装完其他 Windows 系统后，再安装 Windows 7。

4. U 盘启动安装

在计算机 BIOS 中设置启动顺序为 U 盘优先，然后将制作好的 Windows 7 安装 U 盘插入计算机中，重新启动计算机，然后根据 U 盘启动界面的提示完成安装。

2.3 Windows 7 基本操作

在计算机中安装 Windows 7 系统以后，用户就可以进入 Windows 7 的操作界面了。Windows 7 具有良好的人机交互界面，和以前的 Windows 版本相比，该系统的界面变化相当大。本章将介绍 Windows 7 系统的一些基本操作，使读者能进一步了解其基本功能。

2.3.1 Windows 7 的启动与退出

1. 启动并登录 Windows 7

要操作 Windows 7 系统，首先要启动 Windows 7，在登录系统后才可以进行相关操作。我们先确定主机和显示器接通电源，再按下主机箱上的电源键，方可进入操作系统。

(1) 确定主机和显示器都接通电源，然后按下显示器和主机的电源按钮。

(2) 在启动过程中，计算机会进行自检并进入操作系统，屏幕依次显示如图 2-2 所示。

图 2-2 开始启动 Windows 7

(4) 如果系统设置有密码，则需要输入密码，如图 2-3 所示。

(5) 输入密码后，按下 Enter 键，稍后即可进入 Windows 7 系统的桌面，如图 2-4 所示。

图 2-3 输入密码　　　　　　　　　图 2-4 进入系统

计算机基础与实训教材系列

2. 退出 Windows 7

当不再使用 Windows 7 时，应当及时退出 Windows 7 操作系统，关闭计算机。在关闭计算机前，应先关闭所有的应用程序，以免数据的丢失。

(1) 单击【开始】按钮，在弹出的【开始】菜单中选择【关机】命令，如图 3-4 所示。然后 Windows 开始注销系统，如图 2-5 所示。

图 2-5　执行【关机】命令后注销系统

(2) 如果有更新会自动安装更新文件，安装完成后即会自动关闭系统，如图 2-6 所示。

图 2-6　更新后关机

3. 重启 Windows 7

上文我们所讲的开机方法又叫"冷启动"，是正常状态下启动计算机的方法。然而在使用计算机的过程中，有时会遇到问题需要重新启动计算机，此时我们需要用"热启动"和"复位启动"的方法进行计算机重启。

热启动

单击【开始】按钮，在弹出菜单中的【关机】按钮旁有个 按钮，单击后弹出下拉菜单，选择其中的【重新启动】命令即可。

复位启动

有时计算机运行过程中会出现系统没有反应的情况，这时可以利用复位启动的方法启动计算机：只需按下主机上的 Reset 按钮(通常在电源按钮的下方)，计算机会自动黑屏并重新启动，然后按照正常开机的步骤输入密码、登录系统。

2.3.2　使用桌面、窗口、对话框和菜单

Windows 7 系统由桌面、窗口、对话框和菜单等组成，在学习使用 Windows 7 时，用户有
必要掌握这些对象的使用方法。

1．使用 Windows 7 桌面

启动并登录 Windows 7 后，出现在整个屏幕的区域称为"桌面"，如图 2-7 所示，在
Windows 7 中大部分的操作都是通过桌面完成的。桌面主要由桌面图标、任务栏、快速启动栏
等元素构成。

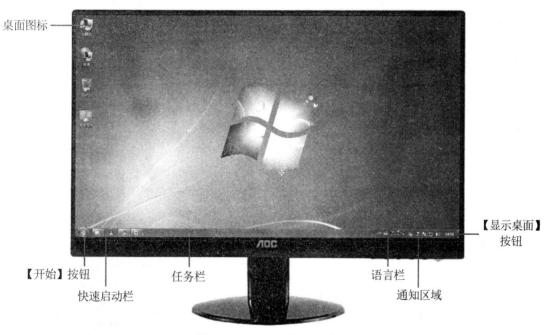

图 2-7　Windows 7 的系统桌面

(1) 操作桌面图标

桌面图标是指整齐排列在桌面上的小图标，由图标图片和图标名称组成。双击图标可以快
速启动对应的程序或窗口。桌面图标主要分成系统图标和快捷图标两种，系统图标是系统桌面
上的默认图标，它的特征是在图标左下角没有◨标志。

添加系统图标

Windows 7 系统刚装好后，默认情况下桌面只有一个"回收站"图标，用户可以选择添加
"计算机""网络"等系统图标，下面介绍添加系统图标的方法。

计算机基础与实训教材系列

(1) 在桌面空白处右击，在弹出的快捷菜单中选择【个性化】命令，如图 2-8 所示，打开【个性化】窗口。

(2) 单击【个性化】窗口左侧的【更改桌面图标】文字链接，如图 2-9 所示，打开【桌面图标设置】对话框。

图 2-8　右键快捷菜单

图 2-9　单击【更改桌面图标】链接

(3) 选中【计算机】和【网络】两个复选框，然后单击【确定】按钮，如图 2-10 所示，即可在桌面上添加这两个图标，如图 2-11 所示。

图 2-10　【桌面图标设置】对话框

图 2-11　添加桌面图标

添加快捷方式图标

快捷方式图标是指应用程序的快捷启动方式，双击快捷方式图标可以快速启动相应的应用程序。下面我们介绍在桌面上添加快捷方式图标的方法。

(1) 单击【开始】按钮，打开【开始】菜单，单击【所有程序】选项，在弹出的下拉列表中选择【附件】选项，找到其中的【画图】程序，如图 2-12 所示。

(2) 右击【画图】程序，在弹出的快捷菜单中选择【发送到】命令，从显示的子菜单中选择【桌面快捷方式】命令，如图 2-13 所示。

图 2-12　【开始】菜单

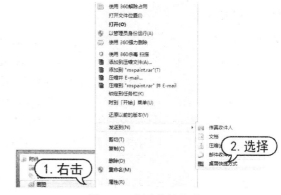

图 2-13　创建快捷方式

(3) 此时，Windows 7 桌面上出现【画图】快捷方式图标。

排列桌面图标

当用户安装了新的程序后，桌面也添加了更多的快捷方式图标。为了让用户更方便快捷地使用图标，可以将图标按照自己的要求排列顺序。排列图标除了用鼠标拖动图标随意安放，用户也可以按照名称、大小、项目类型和修改日期来排列桌面图标。方法如下：

(1) 在桌面空白处右击，在弹出的快捷菜单中选择【排序方式】下的【项目类型】命令；

(2) 此时，桌面上的图标即可按照项目类型的顺序进行排列。

删除桌面图标

如果桌面上的图标太多，用户可以根据自己的需求删除一些不必要放在桌面上的图标。删除了图标，只是把快捷方式给删除了，图标对应的程序并未被删除，用户可以在安装路径或【开始】菜单里运行该程序。

要删除 Windows 7 桌面上的图标，只需要在选中图标后按下 Delete 键即可。

(2) 操作桌面任务栏

任务栏是位于桌面下方的一个条形区域，它显示了系统正在运行的程序、打开的窗口和当前时间等内容，用户通过任务栏可以完成许多操作。任务栏最左边的圆形(球状)的立体按钮便是【开始】按钮，在【开始】按钮的右边依次是快速启动栏(包含 IE 图标和库图标等系统自带程序、当前打开的窗口和程序等)、语言栏(输入法语言)、通知区域(系统运行程序的设置显示和系统时间日期)、【显示桌面】按钮(单击按钮即可显示完整桌面，再单击即会还原)，如图 2-14所示。

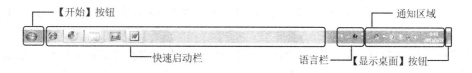

图 2-14　Windows 7 的任务栏

任务栏按钮

Windows 7 系统的任务栏可以将计算机中运行的同一程序的不同文档集中在同一个图标上，如果是尚未运行的程序，单击相应图标可以启动对应的程序；如果是运行中的程序，单击图标则会将此程序放在最前端。在任务栏上，用户可以通过鼠标的各种按键操作来实现不同的功能。

▽ 左键单击：如果图标对应的程序尚未运行，单击鼠标左键即可启动该程序；如果已经运行，单击左键则会将对应的程序窗口放置于最前端。如果该程序打开了多个窗口和标签，左键单击可以查看该程序所有窗口和标签的缩略图，如图 2-15 所示，再次单击缩略图中的某个窗口，即可将该窗口显示于桌面的最前端。

▽ 中键单击：中键单击程序的图标后，会新建该程序的一个窗口。如果鼠标上没有中键，也可以单击滚轮实现中键单击的效果。

▽ 右键单击：右键单击一个图标，可以打开跳转列表，查看该程序历史记录和解锁任务栏以及关闭程序的命令，如图 2-16 所示。

图 2-15 显示程序缩略图

图 2-16 打开跳转列表

任务栏通知区域

通知区域位于任务栏的右侧，其作用与老版本一样，用于显示在后台运行的程序或者其他通知。不同之处在于，老版本的 Windows 中会默认显示所有图标，但在 Windows 7 中，默认情况下这里只会显示最基本的系统图标，分别为操作中心、电源选项(只针对笔记本电脑)、网络连接和音量图标。其他被隐藏的图标，需要单击向上箭头才可以看到。

用户也可以把隐藏的图标在通知区域显示出来：单击向上箭头，在打开的界面中单击【自定义】文字链接，打开如图 2-1 所示的【通知区域图标】对话框，这里列出了在通知区域中显示过的程序图标，打开【行为】下拉列表框，可以设置程序图标的显示方式。

系统时间

系统时间位于通知区域的右侧，同时显示日期和时间，单击该区域会弹出菜单显示日历和表盘，如图 2-17 所示。

单击【更改日期和时间设置】文字链接，还可以打开【日期和时间】对话框，如图 2-18 所示。在该对话框中，用户可以更改时间和日期，还可以设置在表盘上显示多个附加时钟(最多 3 个)，为了确保时间准确无误，还可以设置时间与 Internet 同步。

图 2-17　系统时间

图 2-18　【日期和时间】对话框

【显示桌面】按钮

【显示桌面】按钮位于任务栏的最右端，将光标移动至该按钮上，会将系统中所有打开的窗口都隐藏，只显示窗口的边框，移开光标后，会恢复原本的窗口。

如果单击该按钮，则所有打开的窗口都会被最小化，不会显示窗口边框，只会显示完整桌面。再次单击该按钮，原先打开的窗口则会被恢复显示。

(3) 操作【开始】菜单

【开始】菜单指的是单击任务栏中的【开始】按钮所打开的菜单。通过该菜单，用户可以访问硬盘上的文件或者运行安装好的程序。Windows 7 的【开始】菜单主要分成 5 部分：常用程序列表、【所有程序】列表、常用位置列表、搜索框、关机按钮组，如图 2-19 所示。

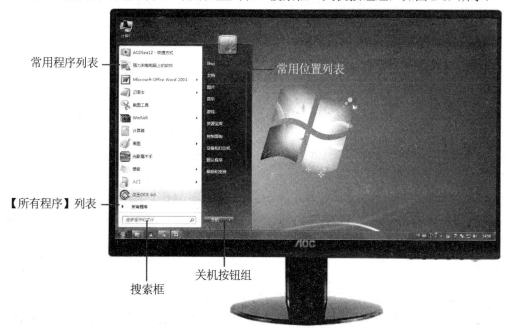

图 2-19　Windows 7 中的【开始】菜单

▽ 常用程序列表：该列表列出了最近频繁使用的程序快捷方式，只要是从【所有程序】列表中运行过的程序，系统会按照使用频率的高低自动将其排列在常用程序列表上。另外，

对于某些支持跳转列表功能的程序(右侧会带有箭头),也可以在这里显示出跳转列表,如图 2-20 所示。

▽ 【所有程序】列表:系统中所有的程序都能在【所有程序】列表里找到。用户只需将光标指向或者单击【所有程序】命令,即可显示【所有程序】列表,如图 2-21 所示。如果光标指向或者单击【返回】命令,则恢复常用程序列表状态。

▽ 搜索框:在搜索框中输入关键字,即可搜索本机安装的程序或文档。

▽ 常用位置列表:该列表列出了硬盘上的一些常用位置,使用户能快速进入常用文件夹或系统设置,比如有【计算机】【控制面板】【设备和打印机】等常用程序及设备。

图 2-20　常用程序列表

图 2-21　【所有程序】列表

▽ 关机按钮组:由【关机】按钮和旁边的█下拉菜单组成,包含关机、睡眠、休眠、锁定、注销、切换用户、重新启动这些系统命令。

2. 使用窗口

窗口是 Windows 系统里最常见的图形界面,外形为一个矩形的屏幕显示框,是用来区分各个程序的工作区域,用户可以在窗口里进行文件、文件夹及程序的操作和修改。Windows 7 系统的窗口操作加入了许多新模式,大大提高了窗口操作的便捷性与趣味性。

(1) 窗口的组成

双击桌面上的【计算机】图标,打开的窗口就是 Windows 7 系统下的一个标准窗口,该窗口的组成部分如图 2-22 所示。

窗口一般分为系统窗口和程序窗口,系统窗口是指如【计算机】窗口等 Windows 7 操作系统窗口;程序窗口是各个应用程序所使用的执行窗口。它们的组成部分大致相同,主要由标题栏、地址栏、搜索栏、工具栏、窗口工作区等元素组成。

标题栏

在 Windows 7 窗口中,标题栏位于窗口的顶端,标题栏最右端显示【最小化】　、【最大化/还原】　、【关闭】　3 个按钮。通常情况下,用户可以通过标题栏来进行移动窗口、改变窗口的大小和关闭窗口操作。

【最小化】是指将窗口缩小为任务栏上的一个图标;【最大化/还原】是指将窗口充满整个屏幕,再次单击该按钮则窗口恢复为原样;【关闭】是指将窗口关闭。

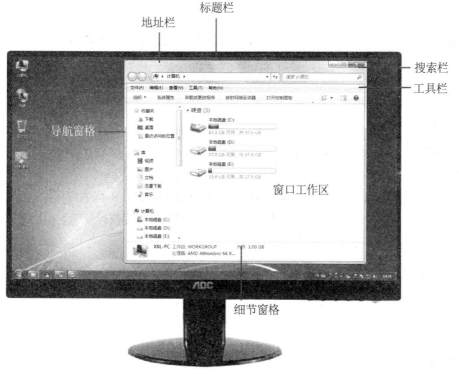

图 2-22　Windows 7 窗口

地址栏

地址栏用于显示和输入当前浏览位置的详细路径信息，Windows 7 的地址栏提供按钮功能，单击地址栏文件夹后的▶按钮，弹出一个下拉菜单，里面列出了与该文件夹同级的其他文件夹，在菜单中选择相应的路径便可以跳转到对应的文件夹，如图 2-23 所示。

用户单击地址栏右端的▼按钮即可打开历史记录，通过该操作，用户可以在曾经访问过的文件夹之间来回切换，如图 2-24 所示。

地址栏最左侧的按钮组为浏览导航按钮，单击其中的【返回】按钮◀可以返回上一个浏览位置；单击【前进】按钮▶可以重新进入之前所在的位置；单击旁边的▼按钮可以列出最近的浏览记录，方便进入曾经访问过的位置。

图 2-23　通过地址栏进行路径跳转

图 2-24　地址栏的历史记录

计算机基础与实训教材系列

搜索栏

Windows 7 窗口右上角的搜索栏与【开始】菜单中的搜索框的作用和用法相同，都具有在计算机中搜索各种文件的功能。搜索时，地址栏中会显示搜索进度情况。

工具栏

工具栏位于地址栏的下方，提供了一些基本工具和菜单任务。它相当于 Windows XP 的菜单栏和工具栏的结合，Windows 7 的工具栏具有智能化功能，它可以根据实际情况动态选择最匹配的选项。

单击工具栏右侧的【更改您的视图】按钮，就可以切换显示不同的视图；单击【显示预览窗格】按钮，则可以在窗口的右侧出现一个预览窗格；单击【获取帮助】按钮，则会出现【Windows 帮助和支持】窗口提供帮助文件。

窗口工作区

窗口工作区用于显示主要的内容，如多个不同的文件夹、磁盘驱动器等。它是窗口中最主要的部分。

导航窗格

导航窗格位于窗口左侧的位置，它给用户提供了树状结构文件夹列表，从而方便用户迅速地定位所需的目标。窗格从上到下分为不同的类别，通过单击每个类别前的箭头，可以展开或者合并，其主要分为收藏夹、库、计算机、网络 4 个大类。

细节窗格

细节窗格位于窗口的最底部，用于显示当前操作的状态及提示信息，或当前用户选定对象的详细信息。

(2) 打开与关闭窗口

打开窗口

在 Windows 7 中打开窗口有多种方式，下面以【计算机】窗口为例进行介绍。

▽ 双击桌面图标：在【计算机】图标上双击鼠标左键即可打开该图标所对应的窗口。

▽ 通过快捷菜单：右击【计算机】图标，在弹出的快捷菜单上选择【打开】命令。

▽ 通过【开始】菜单：单击【开始】按钮，在弹出的【开始】菜单里选择常用位置列表里的【计算机】选项。

关闭窗口

关闭窗口也有多种方式，同样以【计算机】窗口为例进行介绍。

▽ 单击【关闭】按钮：单击窗口标题栏右上角的【关闭】按钮，将【计算机】窗口关闭。

▽ 使用菜单命令：在窗口标题栏上右击鼠标，在弹出的快捷菜单中选择【关闭】命令来关闭【计算机】窗口。

▽ 使用任务栏：在任务栏上的对应窗口图标上右击鼠标，在弹出的快捷菜单中选择【关闭窗口】命令来关闭【计算机】窗口。

(3) 改变窗口大小

上文介绍了窗口的最大化按钮、最小化按钮、关闭按钮的操作，除了这些按钮，用户还可以通过对窗口的拖动来改变窗口的大小，只需将鼠标指针移动到窗口四周的边框或 4 个角上，当光标变成双箭头形状时，按住鼠标左键不放进行拖动即可拉伸或收缩窗口。Windows 7 系统特有的 Aero 特效功能也可以改变窗口大小，下面举例说明。

(1) 双击桌面上的【计算机】图标，打开【计算机】窗口，如图 2-25 所示。

(2) 使用鼠标拖动"计算机"窗口标题栏至屏幕的最上方，当光标碰到屏幕的上方边沿时，会出现放大的"气泡"，同时将会看到 Aero Peek 效果(窗口边框里面透明)填充桌面，如图 2-26 所示，此时松开鼠标左键，【计算机】窗口即可全屏显示。

图 2-25 打开【计算机】窗口

图 2-26 Aero Peek 效果

(3) 若要还原窗口，只需将最大化的窗口向下拖动即可。

(4) 将窗口用拖动标题栏的方式移动到屏幕的最右边，当光标碰到屏幕的右边沿时，会看到 Aero Peek 效果填充至屏幕的右半边，如图 2-27 所示。此时松开鼠标左键，【计算机】窗口大小变为占据一半屏幕的区域，如图 2-28 所示。

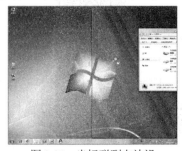
图 2-27 光标碰到右边沿

图 2-28 窗口变化

(5) 同理，将窗口移动到屏幕左边沿也可以将窗口大小变为屏幕靠左边的一半区域。若要还原窗口为原来的大小，只需将窗口向下拖动即可。

(4) 排列窗口

当用户打开多个窗口，需要它们同时处于显示状态时，排列好窗口就会让操作变得很方便。Windows 7 系统中提供了层叠、堆叠、并排 3 种窗口排列方式。其具体设置方法如下。

(1) 打开多个窗口，在任务栏的空白处右击鼠标，从弹出的快捷菜单中选择【层叠窗口】命令。

(2) 此时，打开的所有窗口(除了最小化的窗口)将会以层叠的方式在桌面上显示。

(3) 从弹出的快捷菜单中选择"堆叠显示窗口"命令，则打开的所有窗口(除了最小化的窗口)将会以堆叠的方式在桌面上显示。

(4) 从弹出的快捷菜单中选择"并排显示窗口"命令，则打开的所有窗口(除了最小化的窗口)将会以并排的方式在桌面上显示。

3. 使用对话框和向导

对话框和向导是 Windows 操作系统中的次要窗口，包含按钮和命令，通过它们可以完成特定命令和任务。它们和窗口的最大区别就是没有最大化和最小化按钮，一般不能改变其形状大小。

(1) 对话框

Windows 7 中的对话框多种多样，一般来说，对话框中的可操作元素主要包括命令按钮、选项卡、单选按钮、复选框、文本框、下拉列表框和数值框等，如图 2-29 所示，但并不是所有的对话框都包含以上所有的元素。

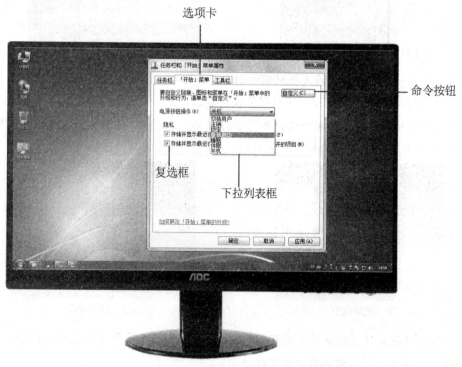

图 2-29 Windows 7 对话框

对话框中各组成元素的作用如下。

▽ 选项卡：对话框内一般有多个选项卡，选择不同的选项卡可以切换到相应的设置页面。

▽ 下拉列表框：下拉列表框在对话框里以矩形框形状显示，里面列出多个选项供用户选择。

▽ 单选按钮：单选按钮是一些互相排斥的选项，每次只能选择其中的一个项目，被选中的圆圈中将会有个黑点，如图 2-30 所示。

▽ 文本框：文本框主要用来接收用户输入的信息，以便正确地完成操作。如图 2-31 所示，【数值数据】选项下方的矩形白色区域即为文本框。

图 2-30　单选按钮

图 2-31　文本框

▽ 复选框：复选框中所列出的各个选项不是互相排斥的，用户可根据需要选择其中的一个或几个选项。当选中某个复选框时，框内出现一个"√"标记，一个选择框代表一个可以打开或关闭的选项。在空白选择框上单击便可选中它，再次单击这个选择框便可取消选中状态。

▽ 数值框：数值框用于输入或选中一个数值。它由文本框和微调按钮组成。在微调框中，单击上三角的微调按钮，可增大数值；单击下三角的微调按钮，可减小数值；也可以在文本框中直接输入需要的数值，如图 2-32 所示。

(2) 向导

Windows 7 有各种各样的向导，用于帮助我们设置系统选项或使用程序。向导的元素和对话框相似，也没有最大化、最小化按钮。在 Windows 7 中依然保留了以前 XP 版本中的【下一步】【取消】按钮，并且保持和 XP 界面一致，依然在向导界面的右下角，而【上一步】按钮则被移动到了向导界面的左上角，如图 2-33 所示。

图 2-32　数值框

图 2-33　向导

4. 使用菜单

菜单是应用程序中命令的集合，一般都位于窗口的菜单栏里，菜单栏通常由多层菜单组成，每个菜单又包含若干个命令。要打开菜单，用鼠标单击需要执行的菜单选项即可。

(1) 菜单的分类

Windows 7 中的菜单大致分为 4 类，分别是窗口菜单、程序菜单、右键快捷菜单以及【开始】菜单。前三类都可以称为一般菜单，【开始】菜单我们在上文介绍过，主要是用于对 Windows 7 操作系统进行控制和启动程序。下面我们主要对一般菜单进行介绍。

窗口菜单

窗口里一般都有菜单栏，单击菜单栏会弹出相应的子菜单命令，有些子菜单还有多级子菜单命令。在 Windows 7 中，用户需要单击【组织】下拉列表按钮，在弹出的下拉列表中选择【布局】|【菜单栏】选项，选中该选项前的复选框，才能显示窗口的菜单栏，如图 2-34 所示。

程序菜单

应用程序里一般包含多个菜单项，如图 2-35 所示为 Word 程序菜单。

图 2-34　窗口菜单

图 2-35　程序菜单

右键菜单

在不同的对象上单击鼠标右键，会弹出不同的快捷菜单。

(2) 菜单的命令

菜单其实就是命令的集合，一般来说，菜单中的命令包含以下几种。

可执行命令和暂时不可执行命令

菜单中可以执行的命令以黑色字符显示，暂时不可执行的命令以灰色字符显示，当满足相应的条件后，暂时不可执行的命令变为可执行命令，灰色字符也会变为黑色字符，如图 2-36 所示。

快捷键命令

有些命令的右边有快捷键，用户通过使用这些快捷键，可以快速直接地执行相应的菜单命令，如图 2-37 所示。

带大写字母的命令

菜单命令中有许多命令的后面都有一个括号,括号中有一个大写字母(为该命令英文第一个字母)。当菜单处于激活状态时，在键盘上按下相应字母，可执行该命令，如图 2-38 所示。

图 2-36　可执行和不可执行命令　　　　　　图 2-37　快捷键命令

带省略号的命令

命令的后面有省略号"…"，表示选择此命令后，将弹出一个对话框或者一个设置向导，这种命令表示可以完成一些设置或者更多的操作，如图 2-39 所示。

图 2-38　带大写字母的命令　　　　　　图 2-39　带省略号的命令

单选和复选命令

有些菜单命令中，有一组命令每次只能有一个命令被选中，当前选中的命令左边出现一个单选标记"•"。选择该组的其他命令，标记"◉"出现在选中命令的左边，原先命令前面的标记"◉"将消失，这类命令称为单选命令。

有些菜单命令中，选择某个命令后，该命令的左边出现一个复选标记"√"，表示此命令正在发挥作用；再次选择该命令，命令左边的标记"√"消失，表示该命令不起作用，这类命令称为复选命令。

子菜单命令

有些菜单命令的右边有一个向右的箭头，当光标指向此命令后，会弹出一个下级子菜单，子菜单通常给出某一类选项或命令，有时是一组应用程序。

(3) 菜单的操作

菜单的操作主要包括选择菜单和撤销菜单，也就是打开和关闭菜单。

选择菜单

使用鼠标选择 Windows 窗口的菜单时，只需单击菜单栏上的菜单名称，即可打开该菜单。在使用键盘选择菜单时，用户可按下列步骤进行操作。

第一步：按下 Alt 键或 F10 键时，菜单栏的第一个菜单项被选中，然后利用左、右方向键选择需要的菜单项。

第二步：按下 Enter 键打开选择的菜单项。

第三步：利用上、下方向键选择其中的命令，按下 Enter 键即可执行该命令。

撤销菜单

使用鼠标撤销菜单就是单击菜单外的任何地方，即可撤销菜单。使用键盘撤销菜单时，可

计算机基础与实训教材系列

以按下 Alt 或 F10 键返回文档编辑窗口，或连续按下 Esc 键逐渐退回到上级菜单，直到返回文档编辑窗口。

2.3.3 使用 Windows 7 的系统帮助

Windows 7 系统自带了很多的帮助文件，所有这些内容都可以通过"开始"菜单中的"Windows 帮助和支持"看到，"Windows 帮助和支持"也可以用 F1 键直接打开，它提供了用户可能遇到的一些问题的解决方案，其中又细分了很多主题，在每个主题下面包含了该主题的相关知识或疑难点。

1. 使用帮助主题

用户在使用帮助主题前，需要先进入"Windows 帮助和支持"，该界面的组成部分是由导航按钮、搜索工具栏、查找答案、Windows 网站的详细介绍等几部分组成，如图 2-40 所示。

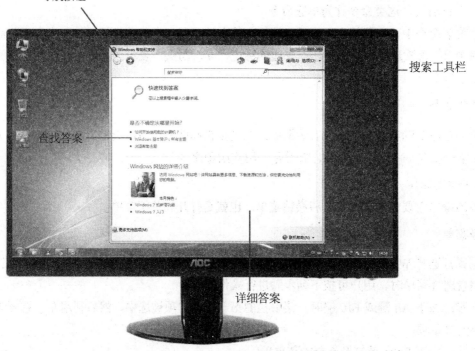

图 2-40 Windows 帮助和支持

若要在 Windows 7 操作系统中选择帮助主题，只需在桌面状态下按下 F1 快捷键，或者在某些窗口的右上角单击 ❷ 按钮即可，用户可以在打开的【Windows 帮助和支持】窗口中获取帮助主题内容。

(1) 在桌面状态下按下 F1 键，打开【Windows 帮助和支持】窗口，如图 3-40 所示。

(2) 在【是否不确定从哪里开始】选项区域中，单击【Windows 基本常识：所有主题】链接，进入【Windows 基本常识：所有主题】界面，如图 2-41 所示。

(3) 在【桌面基础】选项组中，单击【开始菜单(概述)】链接，进入具体的【开始菜单(概述)】窗口，如图 2-42 所示。

(4) 用户可以滚动鼠标滚轮查看具体信息。

图 2-41　所有主题的帮助窗口

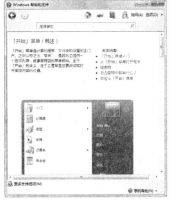
图 2-42　开始菜单的帮助窗口

2. 搜索帮助主题

使用帮助主题里的"搜索"功能可以快速查找所需的帮助信息，用户可以在搜索工具栏里任意输入一个关键字，例如"桌面小工具"文本，然后按 Enter 键即可快速获得帮助主题。单击其中的链接，便可以查看该主题下的帮助信息。

提示

如果用户的计算机已经接入因特网，接入网络后可以直接浏览最新的在线帮助内容。用户可以单击"Windows 帮助和支持"窗口中的"联机帮助"按钮，系统会自动打开网页浏览器，显示微软网站上提供的最新帮助。

2.4　管理文件和文件夹

在使用计算机的过程中，用户可以在 Windows 7 操作系统的帮助下管理系统中的各种资源。这些资源包括各种文件和文件夹资料，文件和文件夹的关系有如现实生活中的书与书柜的关系，而在 Windows 7 中几乎所有的日常操作都与文件和文件夹有关。

2.4.1　计算机中的文件管理

文件是存储在计算机磁盘内的一系列数据的集合，而文件夹则是文件的集合，用来存放单个或多个文件。文件和文件夹都被包含在计算机磁盘内。

磁盘、文件和文件夹三者存在着包含和被包含的关系，下面将分别介绍这三者的相关概念

计算机基础与实训教材系列

和相关关系。

磁盘

所谓磁盘，通常就是指计算机硬盘上划分出的分区，用来存放计算机的各种资源。磁盘由盘符来加以区别，盘符通常由磁盘图标、磁盘名称和磁盘使用信息组成，用大写英文字母加一个冒号来表示，如 E:(简称为 E 盘)。用户可以根据自己的需求在不同的磁盘内存放相应的内容，一般来说，C 盘也就是第一个磁盘分区，用来存放系统文件。各个磁盘在计算机的显示状态如图 2-43 所示，C 盘中是操作系统的安装文件，D 盘通常用于存放安装的应用程序，E 盘用于保存工作学习中使用的文件。

文件和文件夹

文件是各种保存在计算机磁盘中的信息和数据，如一首歌、一部电影、一份文档、一张图片、一个应用程序等。在 Windows 7 系统中的平铺显示方式下，文件主要由文件名、文件扩展名、分隔点、文件图标及文件描述信息等部分组成，如图 2-44 所示。

图 2-43　计算机的各个磁盘　　　　　　图 2-44　文件的组成

文件的各组成部分作用如下。

▽ 文件名：标识当前文件的名称，用户可以根据需求来自定义文件的名称。

▽ 文件扩展名：标识当前文件的系统格式，如图 2-44 中文件扩展名为 doc，表示这个文件是一个 Word 文档文件。

▽ 分隔点：用来分隔文件名和文件扩展名。

▽ 文件图标：用图例表示当前文件的类型，是由系统里相应的应用程序关联建立的。

▽ 文件描述信息：用来显示当前文件的大小和类型等系统信息。

用户给文件命名时，必须遵循以下规则。

▽ 文件名不能用"？""*""/""<""、"等符号。

▽ 文件名不区分大小写。

▽ 文件名开头不能为空格。

▽ 文件或文件夹名称不得超过 128 个字节。

在 Windows 中常用的文件扩展名及其表示的文件类型如表 2-2 所示。

表 2-2　Windows 中常用的文件扩展名

扩展名	文件类型	扩展名	文件类型
avi	视频文件	bmp	位图文件
bak	备份文件	exe	可执行文件
bat	批处理文件	dat	数据文件
dcx	传真文件	drv	驱动程序文件
dll	动态链接库	fon	字体文件
doc	Word 文件	hlp	帮助文件
inf	信息文件	rtf	文本格式文件
mid	乐器数字接口文件	scr	屏幕文件
mmf	mail 文件	ttf	TrueType 字体文件
txt	文本文件	wav	声音文件

文件夹用于存放计算机中的文件，是为了更好地管理文件而设计的。通过将不同的文件保存在相应的文件夹中，可以让用户方便快捷地找到想找的文件。

文件夹的外观由文件夹图标和文件夹名称组成，如图 2-45 所示。

文件夹不但可以存放多个文件也可以创建子文件夹。在 Windows 7 系统中，用户可以逐层进入文件夹，如图 2-46 所示，在窗口的地址栏里记录了用户进入的文件夹层次结构。

图 2-45　文件夹的组成

图 2-46　文件夹层次结构

磁盘、文件、文件夹之间的关系

文件和文件夹都是存放在计算机的磁盘中，文件夹可以包含文件和子文件夹，子文件夹内又可以包含文件和子文件夹，以此类推，即可形成文件和文件夹的树形关系。

磁盘、文件、文件夹的路径

路径指的是文件或文件夹在计算机中存储的位置，当打开某个文件夹时，在地址栏中即可看到该文件夹的路径。

路径的结构一般包括磁盘名称、文件夹名称和文件名称，它们之间用 "\" 隔开。例如，在 D 盘下的 "歌曲" 文件夹里的 "生如夏花.mp3"，文件路径显示为 "D:\歌曲\生如夏花.mp3"。

2.4.2　使用资源管理器管理文件

Windows 7 系统中的资源管理器和 Windows XP 中的资源管理器相比，其功能和外观上都有了很大的改进，使用资源管理器可以方便地对文件进行浏览、查看以及移动、复制等各种操作,在一个窗口里用户就可以浏览所有的磁盘、文件和文件夹。其组成部分和前面章节介绍的窗口相似,此处不再赘述。下面将主要介绍使用资源管理器查看、排序和显示文件的方法。

1. 查看文件

在 Windows 7 系统中管理计算机中的资源时,随时可以查看某些文件和文件夹。Windows 7 系统一般用【资源管理器】窗口(即【计算机】窗口)来查看磁盘、文件和文件夹等计算机资源,用户主要通过窗口工作区、地址栏、导航窗格 3 种方式进行查看。

通过窗口工作区查看文件

窗口工作区是窗口的最主要的组成部分,通过窗口工作区查看计算机中的资源是最直观最常用的查看方法,下面将举例介绍如何在窗口工作区内查看文件。

(1) 选择【开始】|【计算机】命令,或者双击桌面上的【计算机】图标,打开【计算机】窗口。

(2) 在该窗口工作区内双击磁盘符【本地磁盘(E:)】,打开 E 盘窗口,找到并双击“作业”文件夹,如图 2-47 所示,打开【作业】文件夹。

(3) 在该文件夹内找到并双击“课件”文件夹,打开“课件”文件夹。

(4) 在该文件夹内找到“第一章”文件,双击打开“第一章”文件,如图 2-48 所示。

图 2-47　双击资源管理器中的文件夹　　　　图 2-48　双击文件夹中的文件

(5) “第一章”文件为 PPT 文档,由 PowerPoint 软件制作,双击该文件后将启动 PowerPoint 显示文件内容。

通过地址栏查看文件

Windows 7 的地址栏用“按钮”的形式取代了传统的纯文本方式,并且在地址栏周围取消了【向上】按钮,而仅有【前进】和【后退】按钮。通过地址栏用户可以轻松跳转与切换磁盘和文件夹目录,地址栏只能显示文件夹和磁盘目录,不能显示文件。

用户双击桌面上的【计算机】图标,打开【计算机】窗口,单击地址栏中【计算机】文本后的 ▸ 按钮,在弹出的下拉列表中选择所需的磁盘盘符,如选择 E 盘,如图 2-49 所示,此时在地址栏中已自动显示“本地磁盘(E:)”文本和其后的 ▸ 按钮,单击该按钮,在弹出的下拉列表中选择“作业”文件夹,如图 2-50 所示。用户若想返回原来的文件夹,可以单击地址栏左侧的 ◉ 按钮。

如果当前【计算机】窗口中已经查看过某个文件夹现在需要再次查看，用户可以单击地址栏最右侧的　按钮或者"前进""后退"按钮左侧的　按钮，在弹出的下拉列表中选择该文件夹即可快速打开。

图 2-49　在地址栏中选择 E 盘　　　　　　图 2-50　选择"作业"文件夹

通过导航窗格查看

用户打开【计算机】窗口后，单击需要查看资源所在的磁盘目录(如 E 盘)前的　按钮，可以展开下一级目录，此时该按钮变为　按钮。单击"作业"文件夹目录，在右侧的窗口工作区显示该文件夹的内容。

2. 排序文件

文件和文件夹的排序方法就是在窗口空白处右击鼠标，在弹出的快捷菜单中选择"排序方式"的子菜单里的某个选项即可。排序方式有【名称】【修改日期】【类型】【大小】等几种，Windows 7 还提供【更多…】选项让用户选择，而【递增】和【递减】选项是指确定排序方式后再以增减顺序排列，如图 2-51 所示。

3. 设置文件显示方式

在窗口中查看文件和文件夹时，系统提供了多种显示方式。用户可以单击工具栏右侧的　按钮，在弹出的快捷菜单中有 8 种排列方式可供选择，如图 2-52 所示。

图 2-51　文件和文件夹排序方式　　　　　　图 2-52　文件和文件夹显示方式

2.4.3　使用库访问文件和文件夹

用户可以单击【开始】按钮，在【开始】菜单中选择【所有程序】|【附件】|【Windows 资源管理器】命令，或者直接单击任务栏中的【Windows 资源管理器】图标，打开【库】窗口，如图 2-53 所示。

计算机基础与实训教材系列

图 2-53　从任务栏打开【库】窗口

所谓"库"，就是专用的虚拟视图，用户可以将磁盘上不同位置的文件夹添加到库中，并在库这个统一的视图中浏览不同的文件夹内容。一个库中可以包含多个文件夹，而同时，同一个文件夹也可以被包含在多个不同的库中。另外，库中的文件会随着原始文件夹的变化而自动更新，并且可以以同名的形式存在于文件库中。

2.4.4　文件和文件夹的基本操作

要想在 Windows 7 系统下管理好计算机资源，就必须掌握文件和文件夹的基本操作，这些基本操作包括创建、选择、移动、复制、删除、重命名文件和文件夹等操作。

1．新建文件和文件夹

在使用计算机时，用户新建文件是为了存储数据或者使用应用程序的需要。用户也可以根据自己的需求，创建文件夹来存放相应类型的文件。下面将举例介绍新建文件和文件夹的具体步骤。

(1) 双击桌面上的【计算机】图标，打开【计算机】窗口，然后双击【本地磁盘(E:)】盘符，打开 E 盘。

(2) 在窗口空白处右击，在弹出的快捷菜单中选择【新建】|【文本文档】命令。

(3) 此时窗口出现"新建文本文档.txt"文件，并且文件名"新建文本文档"呈可编辑状态，如图 2-54 所示。

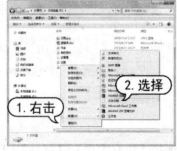

图 2-54　新建文档

(4) 输入"看电影"，则变为"看电影.txt"文件。

(5) 在窗口空白处右击，在弹出的快捷菜单中选择【新建】|【文件夹】命令。

(6) 创建"新建文件夹"文件夹，文件夹名是可编辑状态，直接输入"娱乐休闲"，则变成"娱乐休闲"文件夹。

2. 选择文件和文件夹

用户对文件和文件夹进行操作之前，先要选定文件和文件夹，选中的目标在系统默认下呈蓝色状态显示。Windows 7 系统提供了如下几种选择文件和文件夹的方法。

▽ 选择单个文件或文件夹：用鼠标左键单击文件或文件夹图标即可将其选择。

▽ 选择多个相邻的文件或文件夹：选择第一个文件或文件夹后，按住 Shift 键，然后单击最后一个文件或文件夹。

▽ 选择多个不相邻的文件和文件夹：选择第一个文件或文件夹后，按住 Ctrl 键，逐一单击要选择的文件或文件夹。

▽ 选择所有的文件或文件夹：按 Ctrl+A 组合键即可选中当前窗口中的所有文件或文件夹。

▽ 选择某一区域的文件和文件夹：在需选择的文件或文件夹起始位置处按住鼠标左键进行拖动，此时在窗口中出现一个蓝色的矩形框，当该矩形框包含了需要选择的文件或文件夹后松开鼠标，即可完成选择。

3. 重命名文件和文件夹

用户在新建文件和文件夹后，已经给文件和文件夹命名了。在实际操作过程中，为了方便用户管理文件和文件夹，可以根据用户需求对其重命名。

用户可以将上面的例子中新建的"看电影"文件和"娱乐休闲"文件夹分别改名为"午夜场"文件和"影视剧"文件夹。其步骤很简单，用户只需右击该文件或文件夹，在弹出的快捷菜单中选择【重命名】命令，则文件名变为可编辑状态，此时输入新的名称即可。

4. 复制文件和文件夹

复制文件和文件夹是指制作文件或文件夹的副本，目的是防止程序出错、系统问题或计算机病毒所引起的文件损坏或丢失。用户可以将文件和文件夹进行备份，复制并粘贴到磁盘上的其他位置。

(1) 双击【计算机】窗口中的【本地磁盘(E:)】盘符，打开 E 盘，选中"影视剧"文件夹。

(2) 右击"影视剧"文件夹，在弹出的快捷菜单中选择【复制】命令。

(3) 打开 D 盘，右击窗口空白处，在弹出的快捷菜单中选择【粘贴】命令，"影视剧"文件夹即复制到 D 盘里。

复制和粘贴命令，分别可以用 Ctrl+C 和 Ctrl+V 组合键来代替。

5. 移动文件和文件夹

移动文件和文件夹是指将文件和文件夹从原先的位置移动至其他的位置，移动的同时，会删除原先位置下的文件和文件夹。在 Windows 7 系统中，用户可以使用右键快捷菜单中的【剪切】和【粘贴】命令，对文件或文件夹进行移动操作。

这里所说的移动不是指改变文件或文件夹的摆放位置，而是指改变文件或文件夹的存储路径。

(1) 打开 E 盘，右击"午夜场.txt"文件，在弹出的快捷菜单中选择【剪切】命令。

(2) 打开 D 盘，右击窗口空白处，在弹出的快捷菜单中选择【粘贴】命令。"午夜场.txt"则被移动到 D 盘，而 E 盘里的源文件已经消失。

复制和粘贴命令，分别可以用 Ctrl+X 和 Ctrl+V 组合键来代替。

6. 删除文件和文件夹

当计算机磁盘中存在损坏或用户不需要的文件和文件夹时，用户可以删除这些文件或文件夹，这样可以保持计算机系统运行顺畅，也节省了计算机磁盘空间。

删除文件和文件夹的方法有以下几种。

▽ 选中想要删除的文件或文件夹，然后按键盘上的 Delete 键。

▽ 右击要删除的文件或文件夹，然后在弹出的快捷菜单中选择【删除】命令。

▽ 用鼠标将要删除的文件或文件夹直接拖动到桌面的【回收站】图标上。

▽ 选中想要删除的文件或文件夹，单击窗口工具栏中的【组织】按钮，在弹出的下拉菜单中选择【删除】命令。

按照以上方法删除文件和文件夹后，文件和文件夹并没有彻底删除，而是放到了回收站内，放入回收站里的文件，用户可以进行恢复。若要彻底删除，用户可以清空回收站，或者在执行删除的操作中按住 Shift 键不放，系统会跳出询问是否完全删除的对话框，单击【是】按钮，即可完全删除文件或文件夹。

2.5 Windows 7 系统设置

"控制面板"是用户对计算机系统进行配置的重要工具，可用来修改系统设置。"控制面板"中默认安装许多管理程序，还有一些应用程序和设备会安装它们自己的管理程序以简化这些设备或应用程序的管理和配置任务。

2.5.1 启动控制面板

"控制面板"类似于一个文件夹，多种设置工具包含在内，用户对系统的设置可以通过控制面板实现。在桌面上单击【开始】按钮，从弹出的菜单中选择【控制面板】命令，或在【计算机】窗口右侧的工具栏中单击【打开控制面板】选项，即可打开【控制面板】窗口，如图 2-55 所示。

2.5.2 设置个性化选项

Windows 7 提供了比较灵活的交互界面，可以满足用户的个性化需求，用户可以根据个人习惯方便地设置它的外观，包括改变桌面的图标、背景及设置屏幕保护程序、窗口外观分辨率等，使用户的计算机更有个性、更符合自己的操作习惯。

在如图 2-55 所示的【控制面板】窗口中选择【外观和个性化】选项，或右击系统桌面，在弹出的菜单中选择【个性化】命令，可以打开如图 2-56 所示的【个性化】窗口。

图 2-55　【控制面板】窗口

图 2-56　【个性化】窗口

在【个性化】窗口中，用户可以对 Windows 7 系统执行以下几项个性化设置。

1. 设置主题

主题是指搭配完整的系统外观和系统声音的一套设置方案，包括上文提到的背景桌面、声音、界面外观、桌面等。打开【个性化】窗口后，在【我的主题】选项区域中单击一种主题选项，即可选择并应用该主题。

2. 设置桌面背景

桌面背景就是 Windows 7 系统桌面的背景图案，又称为"壁纸"。背景图片一般是图像文件，Windows 7 系统自带了多个桌面背景图片供用户选择使用，用户也可以自定义桌面背景。打开【个性化】窗口后，单击该窗口下方的【桌面背景】图标，在打开的对话框中即可为系统桌面设置背景，如图 2-57 所示。

3. 设置屏幕保护程序

屏幕保护程序简称为"屏保"，是用于保护计算机屏幕的程序，当用户暂时停止使用计算机时，它能让显示器处于节能状态。打开【个性化】窗口后，单击窗口下方的【屏幕保护程序】图标，打开【屏幕保护程序设置】对话框，即可设置系统的屏幕保护程序，如图 2-58 所示。

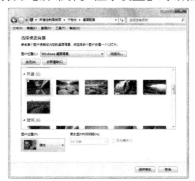

图 2-57　设置系统桌面背景

图 2-58　设置屏幕保护程序

4. 设置界面外观

在 Windows 7 系统里，用户可以自定义窗口、【开始】菜单以及任务栏的颜色和外观。Windows

7 提供了丰富的颜色类型，甚至可以采用半透明的效果。打开【个性化】窗口后，单击窗口下方的【窗口颜色】图标，即可在打开的【窗口颜色和外观】窗口中设置系统界面的外观颜色。

2.5.3 设置鼠标属性

鼠标和键盘是微型计算机最常用的输入工具。有时候鼠标和键盘的默认设置无法满足用户的需求时，可以通过对鼠标和键盘的设置，使其外观更适合用户习惯。

打开【控制面板】窗口后，选择【外观和个性化】选项，在打开的【个性化】窗口中选择【更改鼠标指针】选项，可以打开【鼠标属性】对话框，在该对话框中用户可以修改当前系统中的鼠标属性，如图 2-59 所示。

2.5.4 设置时间和日期

以前的 Windows 版本只显示时间，而 Windows7 系统的日期和时间都显示在桌面的任务栏里。用户将鼠标光标移到"日期和时间"的对应区域上时，系统会自动浮现一个界面，可以查看到年、月、日、星期几。打开【控制面板】窗口后，选择【时钟、语言和区域】选项，在打开的窗口中选择【日期和时间】选项，即可打开如图 2-60 所示的【日期和时间】对话框，在该对话框中可以设置系统当前的日期和时间。

计算机基础与实训教材系列

图 2-59 设置鼠标属性

图 2-60 设置时间和日期

2.5.5 系统设置

Windows 系统属性关系到用户当前使用计算机的一些相关信息，如 CPU、内存的容量等。

1. 查看系统属性

在 Windows 7 中查看系统属性的方法如下。

(1) 打开【控制面板】窗口后单击【系统和分类】选项，在打开的【系统和安全】窗口中单击【系统】选项，也可以在系统桌面上右击【计算机】图标，在弹出的快捷菜单中选择【属性】命令。

(2) 打开【系统】窗口，在该窗口中即可看到当前的系统信息，其中显示了计算机系统的基本状态，包括操作系统的类型、计算机名等信息，如图 2-61 所示。

图 2-61　【系统】窗口

图 2-62　【系统属性】对话框

2．计算机名

在【系统】窗口中单击【计算机名】右侧的【更改设置】选项，打开【系统属性】对话框，在该对话框中显示了完整的计算机名称和工作组名。在【计算机描述】文本框中即可设置当前计算机的计算机名称，如图 2-62 所示。

3．硬件管理

如果要查看计算机硬件的相关信息，则在【系统属性】对话框中选择【硬件】选项卡，该选项卡中有两种硬件管理类别：设备管理器和设备安装设置。

设备管理器

设备管理器为用户提供计算机中所安装硬件的图形显示。通过使用设备管理器可以检查硬件的状态并更新硬件设备的驱动程序。对计算机硬件有深入了解的高级用户也可以使用【设备管理器】的诊断功能来解决设备冲突并更改资源设置。

在【系统属性】对话框的【硬件】选项卡中单击【设备管理器】按钮，打开【设备管理器】窗口，如图 2-63 所示。

在【设备管理器】窗口中单击▷按钮，则展开下一级选项，可以从展开的列表中选择相关的硬件设备，右击某个设备名称，在弹出的快捷菜单中可以选择【扫描检测硬件改动】命令或【添加过时硬件】命令，检测过时的硬件或者打开硬件添加向导，为新增的硬件设备添加驱动程序。

图 2-63　打开【设备管理器】窗口

计算机基础与实训教材系列

设备安装设置

在如图 2-63 左图所示的【硬件】选项卡中单击【设备安装设备】按钮，用户可以为设备下载驱动程序软件和真实图标。

2.5.6 用户管理

1. 用户账户简介

一般来说，用户账户的类型有 3 种：管理员账户、标准用户账户、来宾账户。不同的账户类型有不同的操作权限，下面对这 3 种账户类型进行介绍。

管理员账户

计算机的管理员账户是第一次启动计算机后系统自动创建的一个账户，它拥有最高的操作权限，可以进行很多高级管理。此外，它还能控制其他用户的权限：可以创建和删除计算机上的其他用户账户，更改其他用户账户的名称、图片、密码、账户类型等。

计算机至少要有一个管理员账户，如果在只有一个管理员账户的情况下，该账户不能将自己改成受限制账户。

标准用户账户

标准用户账户是受到一定限制的账户，用户在系统中可以创建多个标准账户，也可以改变其账户类型。该账户可以访问已经安装在计算机上的程序，可以设置自己账户的图片、密码等，但无权更改大多数计算机的设置，无法删除重要文件，无法安装软硬件，无法访问其他用户的文件。

来宾账户

来宾账户是给那些在计算机上没有用户账户的人使用的，只是一个临时账户。来宾账户仅有最低的权限，没有密码，无法对系统做任何修改，只能查看电脑里的资料。在系统默认状态下，来宾账户是不被激活的，必须激活以后才能使用。

2. 创建用户账户

用户在安装完 Windows 7 系统后，第一次启动时系统自动建立的用户账户是管理员账户，在管理员账户下，用户可以创建新的用户账户。

(1) 打开【控制面板】窗口后，单击【用户账户】图标，打开【用户账户】窗口。

(2) 单击【管理其他账户】选项，打开【管理账户】窗口，如图 2-64 所示。

(3) 在窗口中单击【创建一个新账户】选项，打开【创建新账户】窗口，在【新账户名】文本框内输入新账户的名称。如果是创建标准账户，选中"标准用户"单选按钮；如果是创建管理员账户，则选中【管理员】单选按钮。此例选中【管理员】单选按钮，如图 2-65 所示。

(4) 单击【创建账户】按钮，即可创建一个如图 2-66 所示的管理员账户。

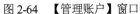

图 2-64　【管理账户】窗口

图 2-65　【创建新账户】窗口

图 2-66　创建管理员账户

3. 更改用户账户

创建完新账户以后，可以根据实际应用和操作来更改账户的类型，来改变该用户账户的操作权限。账户类型确定以后，也可以修改账户的设置，比如账户的名称、密码、图片，这些设置都可以在【管理账户】窗口中进行修改。

(1) 在【管理账户】窗口中单击某个账户的图标，打开【更改账户】窗口。

(2) 单击【更改账户类型】选项，在打开的【更改账户类型】窗口中即可更改用户账户。

2.5.7　添加与卸载输入法

1. 添加/卸载输入法

在 Windows 7 中用户可以参考以下方法，添加和卸载输入法。

(1) 打开【控制面板】窗口，选择【时钟、语言和区域】分类下的【更改键盘或其他输入法】选项，打开【区域和语言】对话框。

(2) 选择【键盘和语言】选项卡，单击【更改键盘】按钮，打开【文本服务和输入语言】对话框，然后单击【添加】按钮。

(3) 打开【添加输入语言】对话框，选择需要的输入法即可添加输入法，如图 2-67 所示。

(4) 若要删除某个输入法，在【文本服务和输入语言】对话框的【已安装的服务】选项区域中选择需要删除的输入法，然后单击【删除】按钮即可，如图 2-68 所示。

图 2-67　添加输入法

图 2-68　卸载输入法

2. 使用输入法

在 Windows 7 中使用输入法的方法如下。

计算机基础与实训教材系列

▽ 启动和关闭输入法：按下 Ctrl+空格键。

▽ 切换输入法：按 Shift+Ctrl 键。

▽ 切换全角/半角：按 Shift+空格键。

2.5.8 字体设置

Windows 7 系统有一个字体文件夹，使用该文件夹可以方便地安装或删除字体。在【控制面板】中，选择【字体】选项，即可打开【字体】窗口。

1. 安装字体

找到安装的字体文件(.ttf 文件)，复制该文件，打开【字体】窗口，将字体文件粘贴到该窗口中，即可安装字体。

2. 删除字体

在【字体】窗口中选择需要删除的字体，按下 Delete 键，即可完成字体删除操作。

2.6 Windows 7 设备管理

Windows 7 系统的设备管理包括在系统中进行磁盘管理、安装硬件及驱动程序、安装与设置打印机等。

2.6.1 磁盘管理

计算机中大量信息都在磁盘中存储，用户对文件所做的操作如删除、移动等，会在磁盘中形成碎片，日积月累，会使得计算机的速度大大降低。因此，用户可以利用 Windows 7 自带的磁盘清理工具对磁盘中的数据进行日常维护，以提高硬盘的使用效率。Windows 的磁盘管理操作可以实现对磁盘的格式化、空间管理、碎片处理、磁盘维护和查看磁盘属性等。

1. 查看磁盘属性

在【计算机】窗口中右击要查看属性的磁盘驱动器，然后在弹出的快捷菜单中选择【属性】命令，即可打开磁盘【属性】对话框查看磁盘属性，包括磁盘的总容量、可用空间和已用空间的大小，以及该磁盘的卷标(即磁盘的名字)等信息。

2. 格式化磁盘

磁盘是专门用来存储数据的设备，格式化磁盘就是给磁盘划分存储区域，以便操作系统有序地存放数据。在【计算机】窗口中右击磁盘驱动器，从弹出的快捷菜单中选择【格式化】命令，即可打开【格式化】对话框对选中的磁盘驱动器执行"格式化"操作。

计算机基础与实训教材系列

3. 磁盘维护

磁盘维护是通过磁盘扫描程序来检查磁盘的破损程度并修复磁盘。使用磁盘扫描程序的具体操作步骤如下。

(1) 打开【计算机】窗口，右击要扫描的磁盘驱动器，在弹出的快捷菜单中选择【属性】命令。

(2) 打开【属性】对话框，选择【工具】选项卡，单击【开始检查】按钮。

(3) 打开【磁盘检查 本地磁盘】对话框，设置磁盘的检测选项(自动修复文件系统错误或扫描并尝试恢复坏扇区)，然后单击【开始】按钮即可。

4. 磁盘清理

随着系统使用一段时间后，磁盘内会产生许多垃圾文件，如网页临时文件、已下载的程序文件、回收站等，"磁盘清理"程序可以把磁盘中无用的文件删除，以留出更多的空间来保存那些需要保存的文件或安装新程序。可以使用磁盘清理工具对磁盘进行定期清理，以减少磁盘上垃圾文件的数量，加快计算机运行速度。同时，"磁盘清理"程序还可以把一些不再指向应用程序的快捷方式删除。

运行"磁盘清理"程序对磁盘进行清理的操作方法如下。

▽ 打开【控制面板】窗口后，单击【系统和安全】选项，在打开的对话框中单击【释放磁盘空间】选项。

▽ 单击【开始】按钮，在弹出的菜单中选择【所有程序】|【附件】|【系统工具】|【磁盘清理】命令。

打开【磁盘清理：启动器选择】对话框，选择目标磁盘后，单击【确定】按钮即可。

5. 磁盘碎片整理

用户对磁盘进行多次读写操作后，会产生许多不可用的磁盘空间，即"碎片"。如果磁盘产生"碎片"过多，将降低磁盘的访问速度，影响系统性能。因此，磁盘在使用了一段时间后，需要用户对磁盘碎片进行整理。

使用"磁盘碎片整理程序"整理磁盘的具体操作方法如下。

▽ 打开【控制面板】窗口，单击【系统和安全】选项，在打开的对话框中选择【对硬盘进行碎片整理】选项。

▽ 单击【开始】按钮，从弹出的菜单中选择【所有程序】|【附件】|【系统工具】|【磁盘碎片整理程序】命令。

打开【磁盘碎片整理程序】窗口，选择要整理的磁盘后，单击【分析磁盘】按钮对磁盘碎片进行分析，分析结束后，如果系统建议对磁盘进行整理，单击【磁盘碎片整理】按钮即可。

2.6.2　硬件及驱动程序的安装

在微型计算机中，硬件通常分为即插即用型和非即插即用型两种。大多数设备是即插即用型的，就是可以直接连接到计算机中的，如 U 盘、移动硬盘等，一般 Windows 7 系统会自动安装驱动程序；也有些设备是非即插即用的，如显卡、打印机等，这些设备虽然能够被计算机识别，但需要安装硬件厂商提供的驱动程序。驱动程序是硬件或设备需要与计算机进行通信时所用的一种软件。

一般情况下，在 Windows 7 中安装新硬件有以下两种方式。

1. 自动安装

当计算机中新添加一个即插即用型的硬件后，Windows 系统会自动检测到该硬件，如果 Windows 7 附带该硬件的驱动程序，则会自动安装驱动程序；除非设备的型号特别新，这时系统会提示用户安装该硬件自带的驱动程序。

2. 手动安装

如果系统不能识别当前新安装的硬件设备，不能自动安装驱动程序，则需要用户手动进行安装，手动安装硬件驱动程序一般有以下两种情况。

▽ 使用安装程序。有些硬件如扫描仪、数码相机、手写板等都有厂商提供的安装程序，这些安装程序的名称通常是 Setup.exe 或者 Install.exe。首先把硬件连接到计算机上，然后运行安装程序，按安装程序窗口提示的步骤操作即可。

▽ 使用安装向导。单击【控制面板】窗口中的【设备管理器】选项，打开【设备管理器】窗口，显示计算机中的设备列表，双击具体的设备名称图标，在打开的窗口中都包含设备的安装，根据"安装向导"的提示进行安装即可。

2.6.3 打印机的安装与设置

打印机是常见的输出设备，目前常用的打印机主要是喷墨打印机和激光打印机，用户可以用它打印文档、图片等。

要在 Windows 7 中使用打印机，必须先将其安装到系统中。这里的"安装"主要指安装打印机的驱动程序，以使系统正确识别和管理打印机。

1. 安装打印机

在开始安装打印机之前，应先了解打印机的生产厂商和类型，并使打印机与计算机正确连接，安装步骤如下。

(1) 将打印机连接到计算机，打开打印机电源。

(2) 此时，Windows 7 将会自动识别。若 Windows 7 找到该打印机的驱动程序，系统将自动安装；若 Windows 7 没有找到该打印机的驱动程序，系统将提示"发现新硬件向导"，在打开的对话框中选中【自动安装软件】复选框，单击【下一步】按钮，按照系统的提示即可完成打印机的安装。

2. 设置打印机属性

成功安装打印机后，还要对其进行相关的打印机属性设置，这样才能让打印机顺利工作。

打印机属性中可以设置的内容很多，根据打印机的型号不同，其属性选项也会有所不同。要设置打印机属性，可以在【打印机】窗口里，右击安装后的打印机，在弹出的快捷菜单中选择【属性】命令，打开【打印机属性】对话框，如图 2-69 所示。在此对话框中，单击【常规】标签，打开【常规】选项卡，单击该选项卡中的【打印首选项】按钮，打开【打印首选项】对话框，如图 2-70 所示。用户可以在【打印首选项】对话框里设置打印机默认的纸张和样式、纸张来源、以及打印质量等属性。

图 2-69 【打印机属性】对话框

图 2-70 【打印首选项】对话框

在【打印机属性】对话框中，单击【共享】标签，打开【共享】选项卡，如图 2-71 所示。在该对话框中，用户可以将打印机共享。单击【高级】标签，打开【高级】选项卡，如图 2-72 所示。在该对话框中，用户可以设定打印机的工作方式。

图 2-71 【共享】选项卡

图 2-72 【高级】选项卡

各项设置完成后，单击【确定】按钮，即可使设置生效。

2.7 安装与卸载软件

虽然 Windows 7 操作系统中提供了一些用于文字处理、编辑图片、多媒体播放、计算数据、娱乐休闲等应用程序组件，但是这些程序还无法满足实际应用的需求，所以在安装操作系统软件之后，用户会经常安装其他的应用软件或删除不适合的软件。

2.7.1 安装软件

用户可以在安装程序目录下找到安装可执行文件，双击运行该文件，然后按照打开的安装向导中的提示进行操作。下面以安装 Office 2010 为例介绍安装软件的方法。

(1) 在 Office 2010 安装文件夹中双击 Setup.exe 文件，启动安装程序向导。

(2) 在打开的【选择所需的安装】对话框中单击【自定义】按钮，如图 2-73 所示。

计算机基础与实训教材系列

(3) 在打开的对话框中选中【保留所有早期版本】单选按钮。

(4) 选择【安装选项】选项卡，然后在打开的选项区域中设置需要安装的 Office 程序或工具，然后单击【立即安装】按钮，如图 2-74 所示。

(5) 此时系统将自动安装选中的 Office 程序或工具。安装完成后，在打开的对话框中单击【关闭】按钮。

图 2-73 【选择所需的安装】窗口

图 2-74 自定义安装 Office 2010

2.7.2 卸载软件

卸载软件就是将该软件从计算机硬盘内删除，软件如果使用一段时候后不再需要，可以将其删除。由于软件程序不是独立的文档、图片等文件，不是简单的【删除】命令就能完全将其删除，必须通过其自带的卸载程序将其删除的，也可以通过控制面板中的【程序和功能】窗口卸载软件。

1. 使用卸载程序卸载软件

大部分软件都提供了内置的卸载功能，一般都以 uninstall.exe 为文件名的可执行文件。我们可以在【开始】菜单中选择卸载命令来删除该软件。例如：用户要卸载"迅雷"软件，可以单击【开始】按钮，选择【所有程序】|【迅雷软件】|【迅雷】|【卸载迅雷】命令。此时系统会打开软件卸载的对话框，按照对话框中的提示一步步操作，即可将软件从当前计算机中删除。

2. 使用【控制面板】卸载软件

如果程序没有自带卸载功能，则可以通过【控制面板】中的【程序和功能】窗口来卸载该程序。

(1) 打开【控制面板】窗口，单击其中的【程序和功能】选项。

(2) 在打开的【程序和功能】窗口中，右击需要删除的软件，在弹出的快捷菜单中选择【卸载/更改】命令。

(3) 在弹出的提示对话框中单击【卸载】按钮，开始卸载软件。

2.8 Windows 7 附件简介

Windows 7 系统为广大用户提供了功能强大的附件，这些附件小巧、使用方便，如写字板、记事本、画图、计算器等。

写字板

写字板程序位于【开始】菜单里的"附件"程序组里。用户可以单击【开始】按钮，打开【开始】菜单，选择【所有程序】选项，打开所有程序列表，选择其中的【附件】|【写字板】选项，即可打开写字板。

写字板主要由快速访问工具栏、标题栏、功能区、标尺、文档编辑区及缩放比例工具等部分组成，如图 2-75 所示。

写字板的操作界面中，各部分的功能如下。

▽　快速访问工具栏：这是 Windows 7 新添加到写字板上的功能栏，它将用户常用的操作如保存、打印、撤销、重做等以快捷命令显示于该栏中，方便用户快速操作。

▽　标题栏：和窗口的标题栏一样，都有最小化、最大化、关闭按钮，还有相应的应用程序按钮——写字板按钮 ，提供标题栏的基本操作。

▽　功能区：主要由【写字板】【主页】【查看】3 个选项卡组成，其中单击【写字板】按钮选项卡，弹出下拉菜单里有新建、打开、保存、打印等基本功能。而【文本】和【查看】选项卡主要提供了字体段落格式的设置、文本的查找和替换、插入图片等编辑功能和浏览功能。

▽　标尺：标尺是显示文本宽度的工具，默认单位是厘米。

▽　文档编辑区：该区域用于输入和编辑文本，是写字板界面里最大的区域。

▽　缩放比例工具：用于按一定比例放大或缩小文档编辑区中的内容。

画图

Windows 7 系统自带的画图程序是一个图像绘制和编辑程序。用户可以使用该程序绘制简单的图画，也可以将其他图片在画图程序里查看和编辑。

启动画图程序的方法与写字板程序一样，选择【所有程序】列表中的【附件】|【画图】命令，打开如图 2-76 所示的画图程序操作界面。

图 2-75　写字板的操作界面

图 2-76　画图程序

画图程序的操作界面和写字板程序十分相似，很多功能也大致相同，不同的是前者是图像编辑，后者是文字编辑。下面简要介绍画图程序操作界面和写字板有所区别的组成部分。

▽　状态栏：显示当前操作图形的相关信息，如鼠标光标像素位置、当前图形的高度和宽度像素信息，用户掌握这些信息可以更精确地绘制图像。

▽ 绘图区：和写字板的文档编辑区相似，这里是用来绘制、编辑、显示图像的区域。

计算器

Windows 7 自带的计算器是一个数学计算工具，除了人们日常生活用到的标准模式外，它还加入了多种特殊模式如科学计算模式、统计信息模式、程序员模式等。

打开计算器和前面介绍的写字板和画图相似，都是从【开始】菜单中的【附件】命令中选择【计算器】命令。下面通过两个实例介绍计算器程序的用法。

【例 2-1】 使用标准型计算器计算 54×2÷3＋79 的结果。 视频

(1) 启动计算器程序，依次单击 5、4 按钮，在文本框内显示出 54。

(2) 依次单击*、2 按钮。

(3) 继续单击/ 按钮，此时计算器算出 54*2 的结果为 108，如图 2-77 所示。

(4) 单击 3 按钮，在文本框内显示出 54*2/3，单击+按钮，文本框显示出 54*2/3 的结果为 36，如图 2-78 所示。

图 2-77　显示计算结果 108

图 2-78　显示计算结果 36

(5) 依次单击 7、9 按钮，最后按 = 按钮，算出 54×2÷3＋79 的结果为 115。

【例 2-2】 使用科学型计算器计算 145° 角的余弦值。 视频

(1) 启动科学型计算器，依次单击 1、4、5 按钮，即为输入 145°，如图 2-79 所示。

(2) 单击计算余弦函数的按钮 "cos"，即可计算出 145° 角的余弦值，并显示在文本框内，如图 2-80 所示。

图 2-79　输入 "145"

图 2-80　输入 "cos" 得出结果

2.9　实例演练

本章的实例演练将通过一个实例，介绍在计算机中安装 Windows 7 系统的方法。

【例 2-3】 安装 Windows 7 操作系统。

(1) 设置计算机从光驱启动，将 Windows 7 安装光盘放入光驱，启动计算机，等系统加载完毕后，进入 Windows 7 安装界面，用户可在该界面内设置时间等选项。

(2) 选择完成后，单击【下一步】按钮，如图 2-81 所示。

(3) 在打开的界面中单击【现在安装】按钮，在打开的【请阅读许可条款】界面中选中【我接受许可条款】复选框，如图 2-82 所示。

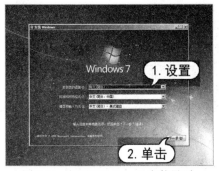
图 2-81　打开 Windows 7 安装界面

图 2-82　安装许可条款界面

(4) 单击【下一步】按钮，在打开的界面中选择【自定义(高级)】选项，如图 2-83 所示。

(5) 在打开的界面中，单击【驱动器选项(高级)】按钮，如图 2-84 所示。

图 2-83　选择自定义安装系统

图 2-84　设置驱动器高级选项

(6) 在打开的新界面中选中列表中的磁盘，然后单击【新建】按钮，如图 2-85 所示。

(7) 打开【大小】微调框，输入要设置的主分区的大小，如图 2-86 所示。

图 2-85　选择要创建分区的硬盘

图 2-86　输入要设置的主分区的大小

(8) 设置完成后，单击【应用】按钮，打开一个提示对话框，直接单击【确定】按钮，即可为硬盘划分一个主分区，如图 2-87 所示。

(9) 主分区划分完成后选中主分区，单击【下一步】按钮。

(10) 打开设置账户密码界面，用户可根据需要设置用户密码(也可不设置)，如图 2-88 所示。

图 2-87　划分主分区

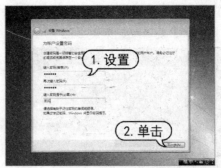

图 2-88　设置用户密码

(11) 单击【下一步】按钮，要求用户输入产品密钥(用户可在光盘的包装盒上找到产品密钥)，也可单击【下一步】按钮跳过，等到登录桌面后再进行操作，如图 2-89 所示。

(12) 设置 Windows 更新，然后在打开的系统安装界面中设置系统的日期和时间，并单击【下一步】按钮。

(13) 在打开的【请选择计算机当前的位置】界面中设置计算机的网络位置(本例选择【家庭网络】选项)，如图 2-90 所示。

图 2-89　输入产品密钥

图 2-90　设置计算机的网络位置

(14) 接下来 Windows 7 操作系统将启用安装程序所定义的设置。

(15) 当 Windows 7 的登录界面出现后，输入登录密码，再按下 Enter 键，即可进入 Windows 7 的桌面系统。

2.10　习题

1. Windows 7 操作系统的桌面主要由哪几种元素构成？
2. 简述对话框和窗口之间的区别。

第 3 章

计算机网络应用

计算机的发展推动了互联网技术的发展，而网络的普及使人们的生活变得更加丰富多彩。在互联网高速发展的今天，网络已经不是一个新鲜的名词，网络技术成了每个人必须掌握的基本技能。本章将向读者介绍计算机网络的基础和应用方面的相关知识。

 本章重点

- 网络的概念、功能、分类、拓扑结构
- 网络体系结构与网络协议
- Internet 的工作机制及协议
- IP 地址和域名系统
- 使用 IE 浏览器
- 收发电子邮件

 二维码教学视频

【例 3-1】下载网络资源

3.1 计算机网络的基础知识

计算机网络的应用非常广泛，大到国际互联网 Internet，小到几个人组成的工作组，都可以根据需要实现资源共享及信息传输。而要建立计算机网络，应首先了解一些网络的基本概念、网络的功能与结构、网络的类型、通信协议、连接设备等组网所必需的软硬件等相关知识。

3.1.1 计算机网络的概念

计算机网络是利用计算机通信设备和通信线路，将分布在不同地理位置的、具有独立功能的多台计算机、终端及其附属设备相互连接起来，在网络软件(网络协议、网络操作系统等)的支持下，实现相互之间的资源共享与信息传输的计算机系统的集合。

随着计算机技术的发展，今后计算机网络将具有以下几个特点。

▽ 开放式的网络体系结构，使不同软硬件环境、不同网络协议之间的网络可以互连，真正达到资源共享、数据通信和分布处理的目标。

▽ 向高性能发展。追求高速、高可靠和高安全性，采用多媒体技术，提供文本、声音和图像等综合性服务。

在一个计算机网络中，连接对象是计算机、数据终端等，连接介质是通信线路、通信设备，实现传输控制的是网络协议、网络软件。计算机网络组成示意图如图 3-1 所示。

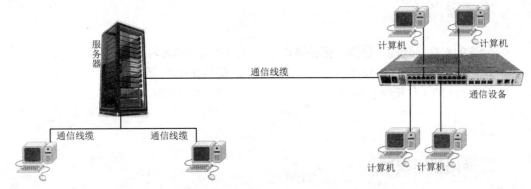

图 3-1　计算机网络组成示意图

3.1.2 计算机网络的功能

计算机技术与通信技术的结合形成了计算机网络技术，计算机网络在当今社会中越来越能够体现出它的作用与价值，其中最重要的功能是信息交换、资源共享及分布式处理。

1. 信息交换

计算机与计算机之间快速、可靠地互相传送信息，是计算机网络的基本功能。利用网络进行通信，是当前计算机网络最主要的应用之一。人们可以在网上传送电子邮件、发布新闻消息，还可以进行电子商务、远程教育、远程医疗等活动。

2. 资源共享

计算机网络最主要的功能是资源共享。从用户的角度来看，网络中的用户既可以使用本地的资源，又可以使用远程计算机上的资源。资源共享包括共享硬件、软件以及存储在公共数据库中的各种数据资源，用户可根据需要使各种资源互通有无，提高资源的利用率。

3. 数据通信

网络中的计算机与计算机之间可以通过网络快速可靠地传送和交换各种数据和信息，使分散在不同地点的单位或部门可以根据需要对这些信息进行分散、分级或集中处理。这是计算机网络提供的最基本功能。

4. 分布式处理

利用计算机网络的技术，将一个大型复杂的计算问题分配给网络中的多台计算机，在网络操作系统的调度和管理下，由这些计算机分工协作来完成。此时的网络就像是一个具有高性能的大中型计算机，能很好地完成复杂的处理，但费用却比大中型计算机低得多。

3.1.3　计算机网络的分类

根据计算机网络的特点，可以按照地理范围、拓扑结构、传输介质和传输速率对其进行分类。

1. 按地理范围分类

计算机网络常见的分类依据是网络覆盖的地理范围，按照这种分类方法，可以将计算机网络分为局域网、广域网和城域网 3 类。

- ▽ 局域网(Local Area Network，LAN)是连接近距离计算机的网络，覆盖范围从几米到数千米，例如办公室或实验室网络、同一建筑物内的网络以及校园网等。
- ▽ 广域网(Wide Area Network，WAN)覆盖的地理范围从几十千米到几千千米，覆盖一个国家、地区或横跨几个大洲，形成国际性的远程网络。
- ▽ 城域网(Metropolitan Area Network，MAN)是介于广域网和局域网之间的一种高速网络，其覆盖范围为几十千米，大约是一个城市的规模。

在网络技术不断更新的今天，一种用网络互联设备将各种类型的广域网、城域网和局域网互联起来，形成了称为互联网的网中网。互联网的出现，使计算机网络从局部到全国进而将世界连接在一起，这就是 Internet。

2. 按拓扑结构分类

拓扑学是几何学的一个分支，它是把实体抽象成与其大小、形状无关的点，将点与点之间的连接抽象成线段，进而研究它们之间的关系。计算机网络中也借用这种方法，将网络中的计算机和通信设备抽象成节点，将节点与节点之间的通信线路抽象成链路。这样一来，计算机网络可以抽象成由一组节点和若干链路组成。这种由节点和链路组成的几何图形，称为计算机网络拓扑结构。

拓扑结构是区分局域网类型和特性的一个很重要的因素。不同拓扑结构的局域网中所采用的信号技术、协议以及所能达到的网络性能会有很大的差别。

▽ 总线型拓扑结构：总线型拓扑结构采用单根传输线(总线)连接网络中所有节点(工作站和服务器)，任一站点发送的信号都可以沿着总线传播，并被其他所有节点接收，如图 3-2 所示。总线结构小型局域网工作站和服务器常采用 BNC 接口网卡，利用 T 型 BNC 接口连接器和 50 欧姆同轴电缆串行连接各站点，总线两个端头需安装终端电阻器。由于不需要额外的通信设备，因此可以节约联网费用。但是，其缺点也是明显的，即只要网络中有一个节点出现故障，将导致整个网络瘫痪。

▽ 星型拓扑结构：星型结构网络中有一个唯一的转发节点(中央节点)，每一台计算机都通过单独的通信线路连接到中央节点，如图 3-3 所示，信息传送方式、访问协议十分简单。

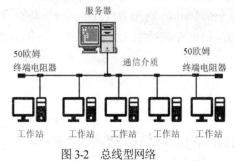

图 3-2　总线型网络

图 3-3　星型网络

▽ 环型拓扑结构：环型拓扑中各节点首尾相连形成一个闭合的环，环中的数据沿着一个方向绕环逐站传输，如图 3-4 所示。环型拓扑的抗故障性能好，但网络中的任意一个节点或一条传输介质出现故障都将导致整个网络的故障。因为用来创建环型拓扑结构的设备能轻易地定位出故障的节点或电缆问题，所以环型拓扑结构管理起来比总线型拓扑结构要容易，这种结构非常适合于 LAN 中长距离传输信号。然而，环型拓扑结构在实施时比总线拓扑结构要昂贵，而且环型拓扑结构的应用不像总线型拓扑结构那样广泛。

▽ 树型拓扑结构：树型拓扑由总线型拓扑演变而来，其结构图看上去像一棵倒挂的树，如图 3-5 所示。树最上端的节点叫根节点，一个节点发送信息时，根节点接收该信息并向全树广播。树型拓扑易于扩展与故障隔离，但对根节点依赖性太大。

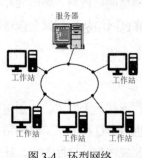

图 3-4　环型网络

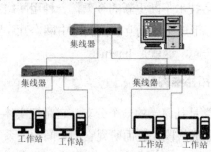

图 3-5　树型网络

3. 按传输介质分类

传输介质指的是用于网络连接的通信介质。目前常用的传输介质有同轴电缆、双绞线、光纤、微波等有线或无线传输介质，相应地可以将网络分为同轴电缆网、双绞线网、光纤网及无线网等。

4. 按传输速率分类

传输速率指的是每秒钟传输的二进制位数，通常使用的计量单位为 b/s(bps)、Kb/s、Mb/s。按传输速率可以分为低速网、中速网和高速网。

3.1.4　网络体系结构与网络协议

网络体系结构和网络协议是计算机网络中的两个非常重要的概念。本节主要介绍这两个概念的含义和在网络中的作用。

1. 网络体系结构的基本概念

网络协议可以使不兼容的系统互相通信。如果是给定的两个系统，定义协议将非常方便，但随着各种不同类型的系统不断涌现，其难度也越来越大。允许任意两个具有不同基本体系结构的系统进行通信的一套协议集，称为一个开放系统。

一个完善的网络需要一系列网络协议构成一套完备的网络协议集。大多数网络在设计时是将网络划分为若干个相互联系而又各自独立的层次，然后针对每个层次及层次间的关系制定相应的协议。这样，可以减少协议设计的复杂性。像这样的计算机网络层次结构模型及各层协议的集合，称为计算机网络体系结构(Network Architecture)。

在理解网络的体系结构时，应充分注意到网络协议的层次机制及其合理性和有效性。层次结构中每一层都是建立在前一层基础上的，下一层为上一层提供服务，上一层在实现本层功能时会充分利用下一层提供的服务。但各层之间是相对独立的，高层无须知道低层是如何实现的，仅需要知道低层通过层间接口提供服务即可。当任何一层因技术进步发生变化时，只要接口保持不变，其他各层都不会受到影响。当某层提供的服务不再需要时，甚至可以将这一层取消。

网络技术的发展过程中曾出现过多种网络体系结构。信息技术的发展在客观上提出了网络体系结构标准化的需求，在此背景下产生了国际标准化组织(ISO)的开放系统互联参考模型，即 OSI 参考模型。

2. OSI 参考模型

国际标准化组织，简称 ISO (International Standards Organization)，在 1978 年制定了开放系统互联(OSI)模型。这是一个层次网络模型，它将网络通信按功能分为 7 个层次，并定义了各层的功能、层与层之间的关系以及位于相同层次的两端如何通信等，如图 3-6 所示。

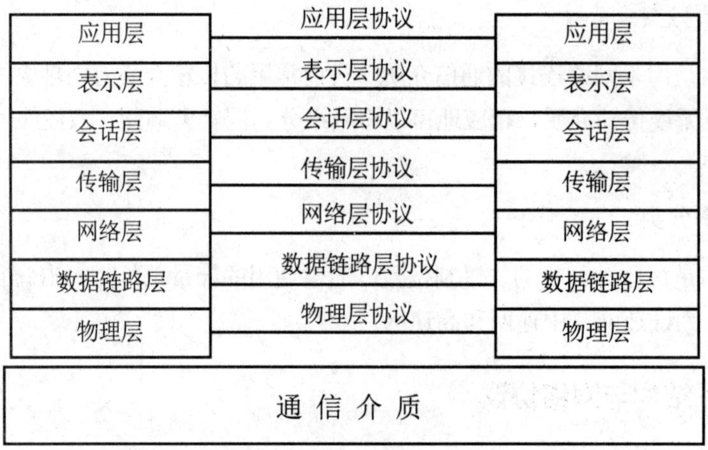

应用层	应用层协议	应用层
表示层	表示层协议	表示层
会话层	会话层协议	会话层
传输层	传输层协议	传输层
网络层	网络层协议	网络层
数据链路层	数据链路层协议	数据链路层
物理层	物理层协议	物理层

通 信 介 质

图 3-6　OSI 标准通信协议

在开放系统互联模型中，每一层使用下一层所提供的服务来实现本层的功能，并直接对上一层提供服务。例如 TCP 是传输层服务，使用非可靠的 IP 服务(即网络层服务)，保证了对其上一层的可靠连接；而模型中的数据传输则是由上层向下层进行的。每一层软件在传递数据前先为其加上相关信息，在产生新的数据包后才向下一层传递。重复这些步骤，直到将数据传到最底层(物理层)。

3. 网络协议

一个功能完善的计算机网络是一个复杂的结构，网络上的多台计算机间不断地交换着数据信息。但由于不同用户使用的计算机种类多种多样，不同类型的计算机有各自不同的体系结构、使用不同的编程语言、采用不同的数据存储格式、以不同的速率进行通信，彼此间并不都兼容，通信也就非常困难。为了确保不同类型的计算机顺利地交换信息，因此必须遵守一些事先约定好的共同规则。我们把在计算机网络中用于规定信息的格式以及如何发送和接收信息的一套规则称为协议(Protocol)。

4. TCP/IP 参考模型

TCP/IP 参考模型是另外一个有重要意义的参考模型，与 OSI 参考模型不同，TCP/IP 参考模型更侧重于互联设备间的数据传送，而不是严格的功能层次划分。它通过解释功能层次分布的重要性做到这一点，但它仍为设计者具体实现协议留下很大的余地。因此，OSI 参考模型在解释互联网络通信机制上比较适合，但 TCP/IP 成了互联网络协议的市场标准。

OSI 参考模型与 TCP/IP 参考模型都采用了层次结构的概念，但是两者在层次划分、使用协议上有很大的区别。TCP/IP 参考模型有四个层次。其中应用层与 OSI 中的应用层对应，传输层与 OSI 中的传输层对应，网络层与 OSI 中的网络层对应，网络接口层与 OSI 中的物理层和数据链路层对应。TCP/IP 中没有 OSI 中的表示层和会话层。

▽ 应用层：应用层是 TCP/IP 参考模型的最高层，它向用户提供一些常用的应用程序接口。应用层包括所有的高层协议，并且总是不断有新的协议加入。

▽ 网络层：网络层负责处理互联网中计算机之间的通信，向传输层提供统一的数据包。网络层包括 IP、ARP、RARP、ICMP 等协议，其中最重要的是 IP 协议，它的主要功能有以下三个方面：处理来自传输层的分组发送请求，处理接收的数据包，处理互联的路径。

▽ 传输层：传输层的主要功能是负责应用进程之间的端－端通信。传输层定义了两种协议：传输控制协议 TCP 与用户数据报协议 UDP。

▽ 网络接口层：网络接口层负责把 IP 包放到网络传输介质上和从网络传输介质上接收 IP 包。通过这种方法，TCP/IP 可以用来连接不同类型的网络，包括局域网、广域网和无线网等，并可独立于任何特定的网络拓扑结构，使 TCP/IP 能适应新的拓扑结构。

3.1.5 局域网技术

1.局域网的特点

局域网主要有以下特点。

▽ 地理范围有限，通常分布在一座大楼或集中的建筑群内，范围一般只有几千米。

▽ 传输速率高，传输速率为 1~20Mb/s，光纤高速网可达 100Mb/s、1000Mb/s。

▽ 支持多种传输介质，如双绞线，同轴电缆或光缆等，可根据需要进行选用。

▽ 多采用分布式控制和广播式通信，传输质量好，误码率低。

▽ 与远程网相比，拓扑结构规则，距离短，延时少，成本低和传输速率高。

2. 局域网的硬件设备

局域网的主要硬件设备按其功能及在局域网中的作用可分为：服务器、工作站、网卡、集线器、网络传输介质和网络互联设备。

服务器

服务器是局域网的核心设备，它运行网络操作系统，负责网络资源管理和向网络客户机提供服务。按其提供的服务分为三种基本类型：文件服务器、打印服务器和应用服务器。

工作站

工作站是网络用户直接处理信息和事务的计算机。工作站既可单机使用，又可联网使用。

网卡

网卡也叫网络适配器，是连接计算机与网络的硬件设备。网卡插在计算机或服务器扩展槽中，通过网络传输线路(如双绞线、同轴电缆或光纤)与网络交换数据、共享资源。

集线器

集线器是局域网中计算机和服务器的连接设备，是局域网的星状连接点，每个工作站用双绞线连接到集线器上，由集线器对工作站进行集中管理。

计算机基础与实训教材系列

网络传输介质

网络传输介质是网络中传输数据、连接各网络节点的实体，如双绞线、同轴电缆、光纤，网络信息还可以利用无线电系统、微波无线系统和红外技术传输。双绞线是目前局域网最常用的一种传输介质，一般用于星型网络的布线连接。同轴电缆一般用于总线型网络布线连接。光纤又叫光缆，主要是在要求传输距离较长的情况下用于主干网的连接。

局域网互联设备

常用的局域网互联设备有中继器、网桥、路由器以及网关等。

▽ 中继器：用于延伸同型局域网，在物理层连接两个网，在网络间传递信息，中继器在网络间传递信息起信号放大、整形和传输作用。当局域网物理距离超过了允许的范围时，可用中继器将该局域网的范围进行延伸。

▽ 网桥：指数据层连接两个局域网络段，网间通信从网桥传送，网内通信被网桥隔离。网络负载重而导致性能下降时，用网桥将其他分为两个网络段，可最大限度地缓解网络通信繁忙的程度，提高通信效率。

▽ 路由器：用于连接网络层、数据层、物理层执行不同协议的网络，协议的转换由路由器完成，从而消除了网络层协议之间的差别。路由器适合于连接复杂的大型网络。路由器的互联能力强，可以执行复杂的路由选择算法，处理的信息量比网桥多，但处理速度比网桥慢。

▽ 网关：用于连接网络层之上执行不同协议的子网，组成异构的互联网。网关能实现异构设备之间的通信，对不同的传输层、会话层、表示层、应用层协议进行翻译和变换。网关具有对不兼容的高层协议进行转换的功能。

3. 局域网的软件系统

组建局域网的基础是网络硬件，网络的使用和维护要依赖于网络软件，在局域网上使用的网络软件主要包括网络通信协议、网络操作系统、网络数据库管理系统和网络应用软件。

网络通信协议

局域网通信协议是局域网软件的基础，通常由网卡与相应的驱动程序提供，用于支持局域网中各计算机之间的通信。

▽ NetBIOS 与 NetBEUI：NetBIOS 协议，即网络基本输入输出系统，最初由 IBM 提出。NetBEUI 即 NetBIOS 扩展用户接口，是微软在 IBM 的基础上更新的协议，其传输速度很快，是不可路由协议，用广播方式通信，无法跨越路由器到其他网段。NetBEUI 适用于只有几台计算机的小型局域网，其优点是在小型网络上的速度很快。

▽ IPX/SPX：即互联网分组交换/顺序交换协议，它是 Novell NetWare 网络操作系统的核心。其中，IPX 负责为到另一台计算机的数据传输编址和选择路由，并将接收到的数据送到

本地的网络通信进程中。SPX 位于 IPX 的上一层，在 IPX 的基础上，保证分组顺序接收，并检查数据的传输是否有错。现在，由于 Internet 的发展，人们更多的是安装 TCP/IP。

▽ TCP/IP：TCP/IP 协议广泛应用于大型网络中，也是 UNIX 操作系统使用的协议。由于它是面向连接的协议，附加了一些容错功能，所以其传输速度不快，但它是可路由协议，可跨越路由器到其他网段，是远程通信时有效的协议。现在，TCP/IP 协议已经成为 Internet 的标准协议，又称 Internet 协议。

基于对三种协议的比较，用户应根据网络规模、操作系统、网段的划分，合理使用协议。若只有一个局域网，计算机数量小于 10 台，没有其他网段或远程客户机，可以只安装速度快的 NetBEUI 协议，而不安装 TCP/IP 协议。若有多个网段或远程客户机，则应使用可路由协议，既保证了速度，又减少了广播。

网络操作系统

在局域网硬件提供数据传输能力的基础上，为网络用户管理共享资源，提供网络服务功能的局域网系统软件被定义为局域网操作系统。网络操作系统是网络环境下用户与网络资源之间的接口，用以实现对网络的管理和控制。网络操作系统的水平决定着整个网络的水平，使所有网络用户都能方便、有效地利用计算机网络的功能和资源。

目前，世界上较流行的网络操作系统有：Microsoft 公司的 Windows NT 或 Windows 2000 Server、Novell 公司的 Netware、IBM 公司的 LAN Server。它们在技术、性能、功能方面各有所长，支持多种工作环境，支持多种网络协议，能够满足不同用户的需要，为局域网的广泛应用奠定了良好的基础。

局域网操作系统主要由服务器操作系统、网络服务软件、工作站软件及网络环境软件等几部分组成。

▽ 服务器操作系统：服务器操作系统直接运行在服务器硬件上，以多任务并发形式高速运行，为网络提供了文件系统、存储管理和调度系统等。

▽ 网络服务软件：网络服务软件是运行在服务器操作系统之上的软件，它为网络用户提供了网络环境下的各种服务功能。

▽ 工作站软件：工作站软件运行在本地工作站上，它能把用户对工作站微机操作系统的请求转化成对服务器操作系统的请求，同时也接收和解释来自服务器的信息并把这些信息转换成本地工作站所识别的格式。

▽ 网络环境软件：网络环境软件用来扩充局域网的功能，如进程通信管理软件等。

网络数据库管理系统

网络数据库管理系统是一种可以将网上的各种形式的数据组织起来，科学、高效地进行存储、处理、传输和使用的系统软件，如 Visual FoxPro、SQL Server、Oracle、Informix 等。

网络应用软件

网络应用软件指软件开发者根据网络用户的需要，用开发工具开发出来的各种应用软件，例如，常见的有 Office 办公套件、收银台收款软件等。

3.1.6 MAC 地址

网络上的每台主机都有一个物理地址，称为 MAC 地址。MAC 地址也叫硬件地址或链路地址，由网络设备制造商生产时写在硬件内部。

1. MAC 地址的格式

IP 地址与 MAC 地址在计算机里都是以二进制表示的，IPv4 中规定 IP 地址长度为 32 位，MAC 地址的长度则是 48 位(6 字节)，通常表示为 12 个十六进制数，每两个十六进制数之间用冒号隔开，如 08:00:20:0A:8C:6D 就是一个 MAC 地址，其中前 6 位十六进制数 08:00:20 代表网络硬件制造商的编号，它由 IEEE(电气与电子工程师协会)分配，而后 6 位十六进制数 0A:8C:6D 代表该制造商所制造的某个网络产品(如网卡)的系列号。只要用户不去更改自己的 MAC 地址，那么用户的 MAC 地址在世界上是唯一的。

局域网中每个主机的网卡上的地址就是 MAC 地址。

2. MAC 地址的作用

MAC 地址与网络无关，即无论将带有这个地址的硬件(如网卡、集线器和路由器等)接入到网络的何处，都有相同的 MAC 地址，它由厂商写在网卡的 BIOS 中。IP 地址基于逻辑，比较灵活，不受硬件限制，也容易记忆。MAC 地址在一定程度上与硬件一致，基于物理，能够标识具体。这两种地址各有优点，使用时因条件而采取不同的地址。局域网采用了用 MAC 地址来标识具体用户的方法。MAC 地址只在局域网中有用，对于局域网以外的网络没有任何作用，所以需要路由器的 MAC 地址，以便将数据发送出局域网，发送到广域网中，在网络层级以上使用的是 IP 地址，数据链路层使用的是 MAC 地址。

在局域网或广域网中的计算机之间的通信，最终都表现为将数据包从某种形式的链路上的初始结点出发，从一个结点传递到另一个结点，最终传送到目的结点。数据包在这些结点之间的移动都是由 ARP(Address Resolution Protocol，地址解析协议)负责将 IP 地址映射到 MAC 地址上来完成的。

基于 MAC 地址的这种特点，具体实现方法：在交换机内部通过"表"的方式把 MAC 地址和 IP 地址一一对应，也就是所说的 IP、MAC 绑定。

3.2 Internet 概述

Internet，中文译名为因特网，又叫作国际互联网。它是由那些使用公用语言互相通信的计算机连接而成的全球性网络。简单地说，Internet 是由多台计算机组成的系统，它们以电缆相连，用户可以相互共享其他计算机上的文件、数据和设备等资源。

3.2.1 Internet 简介

1. 什么是 Internet

Internet 最早来源于由美国国防部高级研究计划局 DARPA(Defense Advanced Research Projects Agency)的前身 ARPA 建立的 ARPAnet，这个项目基于这样一种主导思想：网络必须能够经受住故障的考验而维持正常工作，一旦发生战争，当网络的某一部分因遭受攻击而失去工作能力时，网络的其他部分应当能够维持正常通信。最初，APPAnet 主要用于军事研究的目的，它有以下五大特点：

▽ 支持资源共享。

▽ 采用分布式控制技术。

▽ 采用分组交换技术。

▽ 使用通信控制处理机。

▽ 采用分层的网络通信协议。

随着通信技术、微电子技术、计算机技术等的高速发展，Internet 技术也日臻完善，由最初的面向专业领域，发展到现在的面向千家万户，"Internet 真正走入了寻常百姓家"。

2. Internet 的信息服务

因特网提供的信息服务主要包括以下几个方面。

▽ 基本信息服务：主要提供信息的传输和远程访问服务，包括 E-mail 电子邮件、Telnet 远程登录和 FTP 文件传送。

▽ 专题信息组服务：主要提供用户间信息的交流服务，包括专题讨论组、Usenet 新闻组和 BBS 电子公告板系统。

▽ 信息浏览和查询服务：主要有基于超文本的万维网(World Wide Web，WWW 或 Web)、基于菜单的信息查询工具(Gopher)、用来查询 Internet 文档存放地点的文档查询(Archie)和基于关键词的文档检索工具(Wais)。

▽ 实时多媒体信息服务：主要提供多媒体信息的实时传输与通信，包括音频与视频点播、Internet 电话与视频会议等。

3.2.2 Internet 的工作机制及协议

1. Internet 的工作机制

Internet 信息服务采用客户机/服务器(Client/Server)模式。当用户使用 Internet 资源时，通常都有两个独立的程序在协同提供服务，这两个程序分别运行在不同的计算机上，我们把提供资源的计算机称为服务器,使用资源的计算机称为客户机。在客户机/服务器系统中,客户机和服务器是相对的,如果某台计算机既安装了客户程序又安装了服务程序,那么它可以访问其他计算机,也可以被访问,当它访问其他计算机时,是客户机,运行客户程序,当它被访问时,又成为服务器,运行服务程序。因此,客户机、服务器指的是软件,即客户程序和服务程序。当用户通过客户机上的客户程序向服务器上的服务程序发出某项操作请求时,服务程序完成操作,并返回结果或予以答复。

2. TCP/IP

我们已经知道 Internet 是建立在全球计算机网络之上的。这个网络中包含各种网络(如计算机网络、数据通信网、公用电话交换网等)、各种不同类型的计算机,从大型计算机到微型计算机,这些计算机所采用的操作系统各不一样,有 UNIX 系统、Windows 系统、DOS 系统等。对于这样一个"成分"复杂的巨大网络,必然需要一个统一的工具来对这些网络进行管理和维护,建立网络间的联系,这个工具就是 TCP/IP 协议。TCP/IP 协议是 Internet 的标准协议,Internet 的通信协议包含一百多个相互关联的协议,由于 TCP 和 IP 是其中两个最关键的协议,因而把 Internet 协议组统称为 TCP/IP 协议。

TCP/IP 协议是目前为止最成功的网络体系结构和协议规范,它为 Internet 提供了最基本的通信功能,也是 Internet 获得成功的最主要原因。

IP 协议

IP(Internet Protocol)是网际协议,它定义了计算机通信应该遵循的规则及具体细节。包括分组数据报的组成、无连接数据报的传送、数据报的路由选择等。虽然 IP 协议可以实现计算机相互之间的通信,却无法保证数据的可靠传输。利用 TCP 协议可以保证数据可靠传输。

TCP 协议

TCP(Transmission Control Protocol)是传输控制协议,它主要解决三方面的问题:恢复数据的顺序;丢弃重复的数据报;恢复丢失的数据报。TCP 协议在进行数据传输时是面向"连接"的,即在数据通信之前,通信的双方必须先建立连接,才能进行通信;在通信结束后,终止它们的连接。这是一种具有高可靠性的服务。

计算机网络通信协议采用层次结构。TCP/IP 协议的层次结构与国际标准化组织(ISO)公布的开放系统互联模型(OSI)7 层参考模型不同,它采用 4 层结构:应用层、传输层、网络层和接口层。

3.2.3 IP 地址和域名系统

1. IP 地址

Internet 是由不同的物理网络互联而成的,不同网络之间实现计算机的相互通信必须由相应的地址标识,这个地址称为 IP 地址。IP 地址是 Internet 上主机的一种数字标识,它标明了主机在网络中的位置。因此每个 IP 地址在全球是唯一的，而且格式统一。

根据 TCP/IP 协议标准，IP 地址由 4 个字节 32 位组成，由于二进制使用起来不方便，用户使用"点分十进制"方式表示，即由 4 个用小数点隔开的十进制数字域组成，其中每个数字域的取值范围为 0~255。

按照网络规模的大小，常用 IP 地址分为 A、B、C 三类：A 类第一字节表示网络号(取值范围是 1~125)，第二、三、四字节表示网络中的主机号，适用于大型网络；B 类第一、二字节表示网络号(第一个数字域取值范围是 128~191)，第三、四字节表示网络中的主机号，适用于中型网络；C 类第一、二、三字节表示网络号(第一数字域取值范围是 192~223)，第四字节表示网络中的主机号，适用于小型网络。

IP 地址由两部分组成，即网络标识和主机标识。网络标识用来区分 Internet 上互联的网络，主机标识用来区分同一网络中的不同计算机。

2. 域名

前面提到，IP 地址是一种数字型网络标识和主机标识。数字型标识对计算机网络系统来说自然是最有效的，但是对使用网络的人来说却有不便记忆的缺点。为此，人们又研究出了一种字符型标识，这就是域名。域名采用层次型命名结构，它与 Internet 的层次结构相对应。

一台主机域名结构为：主机名.机构名.网络名.最高层域名。例如，www.tupwk.com.cn。

最高层域名是国家代码或组织结构。由于 Internet 起源于美国，所以最高层域名在美国用于表示组织机构，美国之外的其他国家用于表示国别或地域，但也有少数例外。表 3-1 所示列出了部分最高层域名的代码及意义。

表 3-1　部分最高层域名的代码及意义

以国别区分的域名例子		以机构区分的域名例子	
域　名	含　义	域　名	含　义
ca	加拿大	com	商业机构
au	澳大利亚	edu	教育机构
cn	中国	int	国际组织
fr	法国	gov	政府部门
jp	日本	mil	军事机构
uk	英国	net	网络机构
us	美国	org	非营利性机构

IP 地址是由 NIC(网络信息中心)管理的，我国国家级域名(CN)由中国科学院计算机网络中心(NCFC)进行管理。

关于域名应该注意以下几点：

▽　域名在整个 Internet 中也必须是唯一的，当高级子域名相同时，低级子域名不允许重复。

计算机基础与实训教材系列

▽ 大写字母和小写字母在域名上没有区别。尽管有人在域名中部分或全部使用大写字母，但是当用小写字母代替这些大写字母时没有造成任何问题。

▽ 一台计算机可以有多个域名(通常用于不同的目的)，但是只能有一个 IP 地址。当一台主机从一处移到另一处时，若它前后属于不同的网络，那么其 IP 地址必须更换，但是可以保留原来的域名。

▽ 主机的 IP 地址和主机的域名对通信协议来说具有相同的作用，从使用的角度看，两者没有任何区别。凡是可以使用 IP 地址的情况均可用域名来代替，反之亦然。需要说明的是，当所使用的系统没有域名服务器时，只能使用 IP 地址，不能使用域名。

▽ 为主机确定域名时可以采用前面规定的任何合法字符，但为了便于记忆，应该尽可能使用有意义的符号。

▽ 有些国外文献也把 IP 地址称为 IP 号(IP Number)，把域名称为 IP 地址(IP Address)。

3. 域名系统和域名服务器

把域名对应地转换成 IP 地址的软件称为"域名系统"(Domain Name System，DNS)。它有两个主要功能：一方面定义了一套为机器取域名的规则；另一方面是把域名转换成 IP 地址。

当用户发送数据请求时，便在 DNS 服务器上启动一个称为 Resolves 的软件，Resolves 负责去翻译域名，首先查看其本地 DNS 数据库，如果找不到，则通过连接外部高一层次的 DNS 服务器来进行，直到能获得正确的 IP 地址。

域名服务器(Domain Name Server)则是装有域名系统的主机。

3.2.4 连接到 Internet

连接 Internet 有多种方法，目前一般用户有两种常用的方式：拨号方式和局域网方式。

1. 拨号上网

这种方式是利用电话线拨号上网，能享受 Internet 所提供的各种服务功能，所需投资也比较合理，因此是普通家庭用户入网的一种常用选择。

2. 局域网上网

以这种方式入网时，用户计算机通过网卡，利用传输介质(如电缆、光缆等)连接到某个已与 Internet 相连的局域网上。由于局域网的种类和使用的软件系统不同，目前，主要有两种情况：共享地址和独立地址。

共享地址

在这种情况下，局域网上各工作站共享服务器的 IP 地址，局域网的服务器通过高速 Modem(调制解调器)和电话线，或通过专线与 Internet 上的主机相连，仅服务器需要一个 IP 地址，局域网上的工作站访问 Internet 时共享服务器的 IP 地址。Novell 网和 UNIX 系统等均可实现这种连接。

独立地址

在这种情况下，局域网上每个工作站都有自己独立的 IP 地址，局域网的服务器与路由器相连，路由器通过传输介质(光缆或微波)与 Internet 上的主机相连，除服务器和路由器各需要一个 IP 地址外，局域网上的每个工作站均需要一个独立的 IP 地址。Windows NT/2000、UNIX 和 Linux 等操作系统均可以实现这种连接。

以上介绍了用户入网的两种常见方式，不论用户采用何种入网方式，入网前都必须先选择一家 ISP，如学校的网络中心、城镇的电信局等，在 ISP 处申请并获得有关接入 Internet 的各种信息和资料。

3. Internet 接入技术

Internet 接入是指从公用网络到用户的这一段，又称接入网。将计算机连接到 Internet，不论是通过局域网连接或通过电话线和调制解调器连接，其所采用的接入技术主要有以下几种。

DDN 专线接入

DDN(Digital Data Network，数字数据网)是利用光纤或数字微波、通信卫星组成的数字传输通道和数字交叉复用节点组成的数据网络。DDN 可为用户提供各种速率的高质量数字专用电缆和其他业务，以满足用户多媒体通信和组建中高速计算机通信网的需求。DDN 可提供的最高速率为 150MB/s。中国电信于 1992 年开展 DDN 业务，称为 ChinaDDN。

ISDN 接入

随着计算机技术的迅速发展，数据业务不断增多，电信部门在 20 世纪 80 年代提出了 ISDN(Integrated Services Digital Network，综合数字业务网)的概念，即把语音、数据和图像等通信综合在一个电信网内。在 ISDN 中，全部信息都以数字化的形式传输和处理。

单线接入

单线接入是指通过普通的电话线路和调制解调器接入 Internet，采用 PPP 上网，理论上可以达到 33.6kb/s ~56kb/s 的传输速度。

随着 Internet 的普及和电信、有线电视的发展，人们还研制了两种更高速的接入设备。一种是利用双绞线的数字环路设备(DSL)，其中 ADSL 发展最快，它的下行速率可达 10Mb/s。另一种设备是线缆调制解调器，利用有线电视的同轴电缆或光纤，最高速率可达 30Mb/s，但是速率会随着网络接入用户的增多而下降。

光缆接入

光缆接入分为光纤接入技术(FTTB)和光纤同轴电缆接入技术(HFC)。光纤接入技术是指将光纤接到 Intranet 所在的建筑，而光纤同轴电缆接入技术是指用光纤接到 ISP，从 ISP 到用户端采用有线电视部门的同轴电缆。两者都可以提供宽带接入 Internet。

无线接入

无线接入技术是指采用微波和短波的 Internet 接入技术。微波接入的方式是采用建立卫星地面接收站，租用通信卫星的信道和上级 ISP 通信，单路最高速度可以达到 27kb/s，可以多路复用，不受地域限制。

3.2.5　万维网简介

1. 万维网的概念

World Wide Web 简称 WWW 或 Web，中文的标准名称为"万维网"。WWW 以超文本 (Hypertext)方式提供世界范围的多媒体(Multimedia)信息服务：只要操作计算机的鼠标，用户就可以通过 Internet 从全世界任何地方调来所希望得到的文本、图像、影视和声音等信息。

万维网是以客户机/服务器(Client/Server)的模式进行工作的，以超文本的方式向用户提供信息，这与传统的基于命令或基于菜单的 Internet 信息查询界面有着很大不同。万维网与 Internet 相结合后，使 Internet 如虎添翼，以崭新的面貌出现在世人面前。万维网使 Internet 向各行各业敞开大门。万维网在市场营销、客户服务、商业事务处理、医疗、教学、旅游、信息传播等领域的应用在近年来发展十分迅速。

2. 超文本和超链接

超文本(Hypertext)是一种人机界面友好的计算机文本显示技术，可以对文本中的有关词汇或句子建立链接，使其指向其他段落、文本或弹出注解。用户在读取超文本时，建立了链接的句子、词语甚至图片将以不同的方式显示，或者带有下画线，或加亮显示，或粗体显示，或以特别的颜色显示，来表明这些文字对应一个超链接(Hyperlink)。当鼠标移过这些文字时，鼠标会变成手形，单击超链接文字，可以转到相关的文件位置。通过链接，用户可以从一个网页跳向另一个网页，从一台万维网服务器跳向另一台服务器，从一个图像连向另一个图像，进行 Internet 的漫游。

3. 超文本标记语言

Web 服务器在 Internet 上提供的超文本是用超文本标记语言(Hyper Text Markup Language, HTML)开发编制的。通过这种标记语言向普通 ASCII 文档中加入一些具有一定语法结构的特殊标记符，可以使生成的文档中包括图像、声音和动画等，从而成为超文本文档。实际上超文本文档本身是不含有上述多媒体数据的，而是仅含有指向这些多媒体数据的链接。通过超文本文档，用户只要简单地用鼠标进行单击操作，就能得到所要的文档，而不管该文档是何种类型(普通文档、图像或声音)，也不管它位于何处(本机上、本地局域网某台主机上或国外主机上)。

4. 统一资源定位符

在 WWW 上，每一信息资源都有统一的且在网上唯一的地址，该地址被称为统一资源定位符(Uniform Resource Locator，URL)。它是 WWW 的统一资源定位标志。

对于用户而言，URL 是一种统一格式的 Internet 信息资源地址表达方法，它将 Internet 提供的各类服务统一编址，以便用户通过万维网客户程序进行查询。在格式上 URL 由三个基本部分组成。

信息服务类型：//存放资源的主机域名/资源文件名

例如，http：//www.tsinghua.edu.cn/top.html，其中 http 表示该信息服务类型是超文本信息，www.tsinghua.edu.cn 是清华大学的主机域名，top.html 是资源的文件名。

目前编入 URL 中的信息服务类型有以下几种。

▽　http:// ——HTTP 服务器。它是主要用于提供超文本信息服务的万维网服务器。

▽　telnet:// ——Telnet 服务器。供用户远程登录使用的计算机。

▽　ftp:// ——FTP 服务器。用于提供各种普通文件和二进制代码文件的服务器。

▽　gopher:// ——Gopher 服务器。提供菜单方式界面访问 Internet 资源。

▽　Wais:// ——Wais 服务器。提供广域信息服务。

▽　News:// ——网络信息 USENET 服务器。

注意：双斜线“//”表示跟在后面的字符串是网络上的计算机名称，即信息资源地址，以便与跟在单斜线“/”后面的文件名相区别。文件名包含路径，根据查询要求的不同，在给出 URL 时可以没有文件名。

3.3　使用 IE 浏览器

Internet Explorer(IE)是一个非常优秀的浏览器软件，由于该软件操作简便，使用简单，易学易用，深爱用户的喜爱。IE 软件的安装可以用含有 IE 软件的光盘直接安装，也可以通过 Internet 从微软公司的站点或其他提供下载服务的网站免费下载。当用户连接到因特网后，就可以启动 Internet Explorer 浏览器来浏览 Internet 上的资源了。

3.3.1　IE 的启动及窗口环境

在 Windows 7 操作系统中集成了 IE 浏览器，双击桌面上的 IE 浏览器图标，即可打开 IE 浏览器，如图 3-7 所示。IE 浏览器的操作界面主要由标题栏、地址栏、选项卡、菜单栏、状态栏等几部分组成。

计算机基础与实训教材系列

标题栏   地址栏   搜索栏

选项卡

菜单栏

状态栏

图 3-7   IE 浏览器

▽ 标题栏：位于窗口界面的最上端，用来显示打开的网页名称，以及窗口控制按钮。

▽ 地址栏：地址栏用来输入网站的网址，当用户打开网页时显示正在访问的页面地址。单击地址栏右侧的 按钮，可以在弹出的下拉列表中选择曾经访问过的网址；单击右侧的【刷新】按钮 ，可以重新载入当前网页；单击右侧的【停止】按钮 ，将停止当前网页的载入。

▽ 搜索栏：用户可以在其文本框中输入要搜索的内容，按 Enter 键或单击 按钮，即可搜索相关内容。

▽ 选项卡：因为 IE 支持在同一个浏览器窗口中打开多个网页，每打开一个网页对应增加一个选项卡标签，单击【新选项卡】按钮 能打开一个空白选项卡标签，单击相应的选项卡标签可以在打开的网页之间进行切换。

▽ 状态栏：位于浏览器的底部，用来显示网页下载进度和当前网页的相关信息。

3.3.2 使用 IE 浏览网页

使用 IE 浏览器浏览网页的方法如下。

(1) 单击【开始】按钮，在弹出的菜单中选择【所有程序】| Internet Explorer 命令，启动 IE 浏览器。

(2) 在浏览器地址栏中输入网址(例如 www.baidu.com)，然后按 Enter 键，即可打开相应的网页。

计算机基础与实训教材系列

3.4 收发电子邮件

电子邮件是一种用电子手段提供信息交换的通信方式，是互联网应用最广泛的服务。通过网络的电子邮件系统，用户可以以非常低廉的价格、非常快速的方式，与世界上任何一个角落的网络用户联系。

电子邮件的地址格式如下：

用户标识符+@+域名

例如 miaofa@sina.com，其中"@"符号，表示"在"的意思。

Windows Live 是 Windows 7 系统中的一个服务组件程序，它作为一个 Web 服务平台，通过互联网向计算机终端提供各种应用服务。本节将通过 Windows Live Mail 介绍收发电子邮件的方法。

3.4.1 申请电子邮箱

Windows Live Mail 使电子邮件的管理不再是一件烦琐复杂的事情，当用户拥有多个电子邮箱的时候，可以通过 Windows Live Mail 软件管理和查看邮件。

电子邮件(E-mail)指的是通过网络发送的邮件，和传统的邮件相比，电子邮件具有方便、快捷和廉价的优点。电子邮箱是接收和发送电子邮件的终端，目前有很多网站提供免费邮箱服务。下面以 126 免费邮箱为例，介绍申请电子邮箱的方法和步骤。

(1) 打开 IE 浏览器，在地址栏内输入"http://www.126.com"，然后按下 Enter 键，进入 126 电子邮箱的首页。

(2) 单击主页下方的【立即注册】按钮，打开【用户注册】页面。

(3) 在【邮件地址】文本框中输入设置的名称，在【密码】和【确认密码】文本框内输入设置的密码，在【验证码】文本框内输入系统给出的验证字符，然后单击【立即注册】按钮。

(4) 在打开的页面的文本框中输入图片中的文字，然后单击【确定】按钮。

(5) 注册成功后，将打开电子邮箱页面。

3.4.2 添加电子邮件账户

有了电子邮箱地址，用户就可以使用 Windows Live Mail 添加该邮箱地址。首次启动 Windows Live Mail 时，都会打开【添加电子邮件账户】对话框，通过它可以完成电子邮件账户的创建。

(1) 选择【开始】|【所有程序】|Windows Live Mail 命令，启动 Windows Live Mail。

(2) 选择【账户】选项卡，然后单击【电子邮件】按钮，如图 3-8 所示，打开【添加您的电子邮件账户】对话框。

计算机基础与实训教材系列

(3) 在【电子邮件地址】文本框内输入已经申请好的邮箱地址，在【密码】文本框内输入邮箱密码，在【发件人显示名称】内输入设置的显示名称，然后单击【下一步】按钮，如图3-9所示。

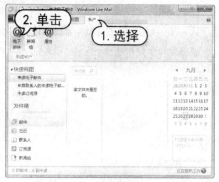 

图 3-8　单击【电子邮件】按钮　　　　　图 3-9　设置电子邮件账户

(4) 打开【您的电子邮件账户已添加】对话框，单击【完成】按钮，如图3-10所示。

图 3-10　单击【完成】按钮

(5) 此时返回 Windows Live Mail 主界面，在左侧窗格中显示添加的126邮箱，也就是新添加的电子邮件账户，如图3-11所示。

图 3-11　显示新添加的电子邮件账户

3.4.3　收发电子邮件

Windows Live Mail 的主要功能就是接收和发送电子邮件，创建了电子邮件账户的电子邮箱之后，就可以使用 Windows Live Mail 来操作各个电子邮箱中的电子邮件。

1. 接收电子邮件

使用 Windows Live Mail 接收电子邮件很简单，只要设置了电子邮件账户后，软件将自动接收发往该邮箱的电子邮件。用户只需单击左侧窗格中的【收件箱】按钮后，在 Windows Live Mail 窗口中就会出现接收到的邮件列表，如图 3-12 所示，然后单击需要查看的邮件项，右侧窗格会显示该邮件内容，如图 3-13 所示。如果想要查看邮件的内容细节时，可以双击该邮件项，打开邮件查看窗口。

图 3-12　单击【收件箱】按钮　　　　　　　　图 3-13　单击邮件项

2. 发送电子邮件

下面介绍如何使用 Windows Live Mail 发送电子邮件。

(1) 选择【开始】|【所有程序】|Windows Live Mail 命令，启动 Windows Live Mail。

(2) 选择【开始】选项卡，然后单击【电子邮件】按钮，如图 3-14 所示，打开【新邮件】窗口。

(3) 在相应的文本框内输入收件人地址、主题、邮件正文等，然后单击【发送】按钮，如图 3-15 所示。

图 3-14　单击【电子邮件】按钮　　　　　　　　图 3-15　编写邮件并发送

(4) 此时，邮件即被发送至收件人邮箱内。

3.5 实例演练

本章的实例演练将指导用户使用软件下载网络中的资源。

【例 3-1】 下载网络资源。 视频

(1) 启动 IE 浏览器，在地址栏中输入网址 http://im.qq.com/，按下 Enter 键。

(2) 在该页面右侧单击【立即下载】按钮，如图 3-16 所示。

(3) 打开下载页面，然后右击 QQ 下载链接，在弹出的快捷菜单中选择【使用迅雷下载】命令。

(4) 打开【新建任务】对话框，单击对话框右侧的 按钮，如图 3-17 所示。

图 3-16　下载页面

图 3-17　【新建任务】对话框

(5) 打开【浏览文件夹】对话框，在其中选择下载文件的保存位置，单击【确定】按钮。

(6) 返回【新建任务】对话框，单击【立即下载】按钮，如图 3-18 所示。

图 3-18　设置文件保存位置并下载文件

(7) 迅雷开始下载文件，在主界面中可以查看与下载相关的信息与进度。

(8) 右击下载项，在弹出的快捷菜单中可以选择【暂停任务】【删除任务】命令来暂停下载项或删除下载项，如图 3-19 所示。

图 3-19 快捷菜单

(9) 下载完成后，可以单击程序左侧的【已完成】选项，显示已经下载完成的文件，如图 3-20 所示。

图 3-20 显示已下载的文件

(10) 单击"迅雷"工具栏中的【配置】按钮，打开配置中心。

(11) 单击【任务默认属性】选项，然后选中右侧的【使用指定的存储目录】单选按钮。

(12) 单击【选择目录】按钮，打开【浏览文件夹】对话框，选中 D 盘的【软件】文件夹，单击【确定】按钮，可以设置"迅雷"软件下载文件的默认路径，如图 3-21 所示。

(13) 单击其主界面工具栏中的【新建】按钮，打开【新建任务】对话框。

(14) 单击【按规则添加批量任务】选项，可打开【批量任务】对话框。例如，要下载网址为 http://hi.baidu.com/llhui168/001.zip 到 http://hi.baidu.com/llhui168/088.zip 的文件，可在【批量任务】对话框的【URL】文本框中输入 http://hi.baidu.com/llhui168/(*).zip，确定范围为 001 到 088，通配符长度为 3，如图 3-22 所示。

计算机基础与实训教材系列

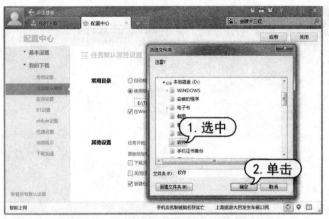

图 3-21　设置软件下载的默认文件夹　　　　　图 3-22　设置批量任务

(15) 设置完成后，单击【确定】按钮，打开【选择要下载的 URL】对话框，在该对话框中确定要下载文件的 URL 地址，如图 3-23 所示。

(16) 单击【确定】按钮，打开【新建任务】对话框，在该对话框中设置文件的保存位置，并选中【使用相同配置】复选框，如图 3-24 所示。

图 3-23　【选择要下载的 URL】对话框　　　　图 3-24　【新建任务】对话框

(17) 设置完成后，单击【立即下载】按钮，即可开始批量下载文件。

3.6　习题

1. 因特网中 URL 的中文意思是什么？

2. HTML 文件必须由特定的程序进行编译和执行才能显示，这种编译器是什么？

3. 简述 TCP/IP 的含义。

第4章

Word 2010文档编辑

很多人或许会认为 Word 很简单，不值得专门去学习。确实，如果只是制作普通的电子文档，一般用户并不需要花很多的时间和精力去学习该软件。但如果要制作一个比较复杂的文档或者长文档，常规的方法就显得捉襟见肘，此时如果能运用适当的技巧将为工作带来事半功倍的效果。

本章将主要通过实例操作来介绍使用 Word 2010 制作电子文档的方法。

➡ 本章重点

- Word 2010 的基本操作
- 创建并编辑 Word 文档
- 在 Word 文档中使用表格
- 使用"邮件合并"功能

➡ 二维码教学视频

4.1 Word 2010 概述

Word 2010 是 Microsoft 公司推出的 Office 办公套装中的一款文字处理软件，也是用户使用最广泛的文书编辑工具。它沿袭了 Windows 系统友好的图形界面，用户可以使用它来撰写项目报告、合同、协议、法律文书、会议纪要、公文、传单海报、商务报表或者贺卡、证书以及奖券等，可以说，一切和文书处理相关的内容都可以用 Word 来处理。

4.1.1 工作界面

在 Windows 7 操作系统中，选择【开始】|【所有程序】| Microsoft Office | Microsoft Office Word 2010 命令或双击已创建好的 Word 文件，即可启动 Word 2010 进入软件的工作界面。Word 工作界面主要由标题栏、快速访问工具栏、功能区、导航窗格、文档编辑区、状态栏与视图栏组成，如图 4-1 所示。

图 4-1　Word 2010 的工作界面

▽ 标题栏：位于窗口的顶端，用于显示当前正在运行的程序名及文件名等信息。标题栏最右端有 3 个按钮，分别用于控制窗口的最小化、最大化和关闭。

▽ 快速访问工具栏：其中包含最常用操作的快捷按钮，方便用户使用。在默认状态下，包含 3 个快捷按钮，分别为【保存】按钮、【撤销】按钮和【恢复】按钮。

▽ 功能区：它是完成文本格式操作的主要区域。在默认状态下主要包含【文件】【开始】【插入】【页面布局】【引用】【邮件】【审阅】【视图】和【加载项】9 个基本选项卡。

▽ 导航窗格：主要显示文档的标题文字，以方便用户快速查看文档，单击其中的标题，即可快速跳转到相应的位置。

▽ 文档编辑区：它是输入文本，添加图形、图像以及编辑文档的区域，用户对文本进行的操作结果都将显示在该区域。

▽ 状态栏与视图栏：位于 Word 窗口的底部，显示了当前文档的信息，如当前显示的文档是第几页、第几节和当前文档的字数等。在状态栏中还可以显示一些特定命令的工作状态，如录制宏、当前使用的语言等。当这些命令的按钮为高亮时，表示目前正处于工作状态；若变为灰色，则表示未在工作状态下，用户还可以通过双击这些按钮来设定对应的工作状态。另外，在视图栏中通过拖动【显示比例】滑动条中的滑块，可以直观地改变文档编辑区的大小。

4.1.2　基本操作

要使用 Word 2010 编辑文档，必须先创建文档。本节主要介绍文档的基本操作，包括创建和保存文档、打开和关闭文档等操作。

(1) 新建文档

在 Word 2010 中可以创建空白文档，也可以根据现有的内容创建文档。

空白文档是最常使用的文档。要创建空白文档，可单击【文件】按钮，在打开的页面中选择【新建】命令，打开【新建文档】页面，在【可用模板】列表框中选择【空白文档】选项，然后单击【创建】按钮(Ctrl+N 组合键)即可，如图 4-2 所示。

图 4-2　创建空白 Word 文档

(2) 保存文档

对于新建的 Word 文档或正在编辑某个文档时，如果出现了计算机突然死机、停电等非正常关闭的情况，文档中的信息就会丢失。因此，为了保护劳动成果，做好文档的保存工作是十分重要的。

▽ 保存新建的文档：如果要对新建的文档进行保存，可单击【文件】按钮，在打开的页面

计算机基础与实训教材系列

中选择【保存】命令，或单击快速访问工具栏上的【保存】按钮🖫，打开【另存为】对话框(快捷键：F12)，设置保存路径、名称及格式(在保存新建的文档时，如果在文档中已输入了一些内容，Word 2010 自动将输入的第一行内容作为文件名)。

▽ 保存已保存过的文档：要对已保存过的文档进行保存，可单击【文件】按钮，在打开的页面中选择【保存】命令，或单击快速访问工具栏上的【保存】按钮🖫，就可以按照原有的路径、名称以及格式进行保存。

▽ 另存为其他文档：如果文档已保存过，但在进行了一些编辑操作后，需要将其保存下来，并且希望仍能保存以前的文档，这时就需要对文档进行另存为操作。要将当前文档另存为其他文档，可单击【文件】按钮，在打开的页面中选择【另存为】命令，打开【另存为】对话框，在其中设置保存的路径、名称及格式，然后单击【保存】按钮即可。

(3) 打开与关闭文档

打开文档是 Word 的一项基本操作。对于任何文档来说，都需要先将其打开，然后才能对其进行编辑。编辑完成后，可将文档关闭。

打开文档

用户可以参考以下方法打开 Word 文档。

▽ 对于已经存在的 Word 文档，只需双击该文档的图标即可打开该文档。

▽ 在一个已打开的文档中打开另外一个文档，可单击【文件】按钮，在打开的页面中选择【打开】命令，打开【打开】对话框，在其中选择所需的文件，然后单击【打开】按钮即可。

另外，单击【打开】按钮右侧的小三角按钮，在弹出的下拉菜单中可以选择文档的打开方式，其中有【以只读方式打开】【以副本方式打开】等多种打开方式，如图4-3 所示。

关闭文档

对文档完成所有的操作后，要关闭文档时，可单击【文件】按钮，在打开的页面中选择【关闭】命令，或单击窗口右上角的【关闭】按钮☒。

在关闭文档时，如果没有对文档进行编辑、修改操作，可直接关闭；如果对文档做了修改，但还没有保存，系统将会打开一个提示对话框，询问用户是否保存对文档所做的修改，如图4-4所示。单击【保存】按钮，即可保存并关闭该文档。

图4-3　选择 Word 文档的打开方式

图4-4　系统提示是否保存对文档的修改

4.1.3　视图模式

Word 2010 为用户提供了多种浏览文档的方式，包括页面视图、阅读版式视图、Web 版式视图、大纲视图和草稿。在【视图】选项卡的【文档视图】区域中，单击相应的按钮，即可切换至相应的视图模式。

▽ 页面视图：页面视图是 Word 2010 默认的视图模式。该视图中显示的效果和打印的效果完全一致。在页面视图中可看到页眉、页脚、水印和图形等各种对象在页面中的实际打印位置，便于用户对页面中的各种元素进行编辑，如图 4-1 所示。

▽ 阅读版式视图：该视图模式比较适用于阅读比较长的文档，如果文字较多，它会自动分成多屏以方便用户阅读。在该视图模式中，可对文字进行勾画和批注，如图 4-5 所示。

▽ Web 版式视图：Web 版式视图是几种视图方式中唯一按照窗口的大小来显示文本的视图。使用这种视图模式查看文档时，无须拖动水平滚动条就可以查看整行文字，如图 4-6 所示。

图 4-5　阅读版式视图

图 4-6　Web 版式视图

▽ 大纲视图：对于一个具有多重标题的文档来说，用户可以使用大纲视图来查看该文档。大纲视图是按照文档中标题的层次来显示文档的，用户可将文档折叠起来只看主标题，也可将文档展开查看整个文档的内容，如图 4-7 所示。

▽ 草稿：草稿是 Word 中最简化的视图模式。在该视图中，不显示页边距、页眉和页脚、背景、图形图像以及没有设置为"嵌入型"环绕方式的图片。因此，这种视图模式仅适合编辑内容和格式都比较简单的文档，如图 4-8 所示。

图 4-7　大纲视图

图 4-8　草稿

计算机基础与实训教材系列

4.2　文本的输入与编辑

在 Word 2010 中，文字是组成段落的最基本内容，任何一个文档都是从段落文本开始进行编辑的。本章将主要介绍输入文本、查找与替换文本、文本的自动更正、拼写与语法检查等操作，这是整个文档编辑过程的基础操作。只有掌握了这些基础操作，才能更好地处理文档。

4.2.1　输入文本

新建一个 Word 文档后，在文档的开始位置将出现一个闪烁的光标，称之为"插入点"。在 Word 中输入的任何文本都会在插入点处出现。定位了插入点的位置后，选择一种输入法即可开始输入文本。

1. 输入英文

在英文状态下通过键盘可以直接输入英文、数字及标点符号。在输入时，需要注意以下几点：

▽ 按 Caps Lock 键可输入英文大写字母，再次按该键则可输入英文小写字母。

▽ 按住 Shift 键的同时按双字符键，将输入上档字符；按住 Shift 键的同时按字母键，输入英文大写字母。

▽ 按 Enter 键，插入点自动移到下一行行首。

▽ 按空格键，在插入点的左侧插入一个空格符号。

2. 输入中文

一般情况下，Windows 系统自带的中文输入法都是通用的，用户可以使用默认的输入法切换方式，如打开/关闭输入法控制条(Ctrl+空格键)、切换输入法(Shift+Ctrl 键)等。选择一种中文输入法后，即可开始在插入点处输入中文文本。

【例 4-1】　新建文档，并在其中使用中文输入法输入文本。　视频

(1) 启动 Word 2010，按下 Ctrl+N 组合键新建一个文本文档。

(2) 单击任务栏上的输入法图标，在弹出的菜单中选择所需的中文输入法，这里选择搜狗拼音输入法。

(3) 在插入点处输入标题"关于举办第十届学生运动会的通知"，如图 4-9 所示。

(4) 按 Enter 键进行换行，然后按 Backspace 键，将插入点移至行首，继续输入如图 4-10 所示的文本。

(5) 按 Enter 键，将插入点跳转至下一行的行首，再按 Tab 键，首行缩进两个字符，继续输入多段正文文本。

图 4-9　输入标题文本

图 4-10　输入文档内容文本

(6) 按 Enter 键，继续换行，按 Backspace 键，将插入点移至行首，使用同样方法继续输入所需的文本，完成文本输入后按下 F12 键打开【另存为】对话框，在【文件名】文本框中输入"关于举办第十届学生运动会的通知"，然后单击【保存】按钮完成文档内容的输入，如图 4-11 所示。

图 4-11　输入文档内容并通过【另存为】对话框保存文档

3. 输入符号

在输入文本的过程中，有时需要输入一些特殊符号，如希腊字母、商标符号、图形符号和数字符号等，而这些特殊符号通过键盘是无法直接输入的。这时，可以通过 Word 2010 提供的插入符号功能来实现符号的输入。

要在文档中插入符号，可先将插入点定位在要插入符号的位置，打开【插入】选项卡，在【符号】组中单击【符号】下拉按钮，在弹出的下拉列表中选择相应的符号即可，如图 4-12 所示。

在【符号】下拉列表中选择【其他符号】命令，即可打开【符号】对话框，在其中选择要插入的符号，单击【插入】按钮，同样也可以插入符号，如图 4-13 所示。

图 4-12　【符号】下拉列表

图 4-13　【符号】对话框

在【符号】对话框的【符号】选项卡中，各选项的功能如下所示。

▽ 【字体】列表框：可以从中选择不同的字体集，以输入不同的字符。

▽ 【子集】列表框：显示各种不同的符号。

▽ 【近期使用过的符号】选项区域：显示了最近使用过的 16 个符号，以便用户快速查找符号。

▽ 【字符代码】下拉列表框：显示所选的符号的代码。

▽ 【来自】下拉列表框：显示符号的进制。

▽ 【自动更正】按钮：单击该按钮，可打开【自动更正】对话框，可以对一些经常使用的符号使用自动更正功能。

▽ 【快捷键】按钮：单击该按钮，打开【自定义键盘】对话框，将光标置于【请按新快捷键】文本框中，在键盘上按下用户设置的快捷键，单击【指定】按钮就可以将快捷键指定给该符号。这样就可以在不打开【符号】对话框的情况下，直接按快捷键插入符号。

另外，打开【特殊字符】选项卡，在其中可以选择[®] 注册符以及[™] 商标符等特殊字符，单击【快捷键】按钮，可为特殊字符设置快捷键。

【例 4-2】 在创建的"关于举办第十届学生运动会的通知"文档中输入特殊符号。 📀视频

(1) 双击例 4-1 创建的"关于举办第十届学生运动会的通知.doc"文档将其打开，将鼠标指针置入文档中需要插入特殊符号的位置。

(2) 选择【插入】选项卡，在【符号】组中单击【符号】下拉按钮，在弹出的下拉列表中选择【其他符号】选项，打开【符号】对话框，选中①符号，单击【插入】按钮在文档中插入符号①，如图 4-14 所示。

(3) 使用同样的方法，在文档中继续插入特殊符号②、③和④，效果如图 4-15 所示。

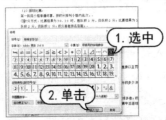

图 4-14　插入特殊符号①

图 4-15　在文档中输入特殊符号后的效果

4．输入日期和时间

使用 Word 2010 编辑文档时，可以使用插入日期和时间功能来输入当前日期和时间。

在 Word 2010 中输入日期类格式的文本时，Word 2010 会自动显示默认格式的当前日期，按 Enter 键即可完成当前日期的输入，如图 4-16 所示。

如果要输入其他格式的日期和时间，除了可以手动输入外，还可以通过【日期和时间】对话框进行插入。打开【插入】选项卡，在【文本】组中单击【日期和时间】按钮，打开【日期和时间】对话框，如图 4-17 所示。

图 4-16　Word 中系统会自动提示当前日期　　　　图 4-17　【日期和时间】对话框

在【日期和时间】对话框中，各选项的功能如下所示。

▽ 【可用格式】列表框：用于选择日期和时间的显示格式。

▽ 【语言】下拉列表框：用于选择日期和时间应用的语言，如中文或英文。

▽ 【使用全角字符】复选框：选中该复选框可以用全角方式显示插入的日期和时间。

▽ 【自动更新】复选框：选中该复选框可对插入的日期和时间格式进行自动更新。

▽ 【设为默认值】按钮：单击该按钮可将当前设置的日期和时间格式保存为默认的格式。

【例 4-3】 在文档中输入日期，并设置日期的格式为"××××年××月××日"。　视频

(1) 将鼠标指针置于"关于举办第十届学生运动会的通知"文档的结尾，输入 2018/10/15。

(2) 选中输入的日期，选择【插入】选项卡，在【文本】组中单击【日期和时间】按钮，打开【日期和时间】对话框，选中【2018 年 10 月 15 日】选项，单击【确定】按钮，即可设置输入日期的格式，如图 4-18 所示。

图 4-18　输入日期并设置日期格式

Word 状态栏中有改写和插入两种状态。在改写状态下，输入的文本将会覆盖其后的文本，而在插入状态下，会自动将插入位置后的文本向后移动。Word 默认的状态是插入，若要更改状态，可以在状态栏中单击【插入】按钮 插入，此时将显示【改写】按钮 改写，单击该按钮，返回插入状态。另外，按 Insert 键，可以在这两种状态下切换。

4.2.2　选取文本

在 Word 2010 中，进行文本编辑前，必须选取文本，既可以使用鼠标或键盘来操作，也可以使用鼠标和键盘结合来操作。

1. 使用鼠标选取文本

使用鼠标选取文本是最基本、最常用的方法，使用鼠标可以轻松地改变插入点的位置。

▽ 拖动选取：将鼠标光标定位在起始位置，按住左键不放，向目的位置拖动鼠标以选择文本。

▽ 双击选取：将鼠标光标移到文本编辑区左侧，当鼠标光标变成 形状时，双击，即可选择该段的文本内容；将鼠标光标定位到词组中间或左侧，双击选择该单字或词。

▽ 三击选取：将鼠标光标定位到要选择的段落，三击选中该段的所有文本；将鼠标光标移到文档左侧空白处，当光标变成 形状时，三击选中整篇文档。

2. 使用快捷键选取文本

使用键盘选择文本时，需先将插入点移动到要选择的文本的开始位置，然后按键盘上相应的快捷键即可。利用快捷键选取文本内容的功能如表 4-1 所示。

表 4-1　选取文本内容的快捷键及功能

快　捷　键	功　　能
Shift+→	选取光标右侧的一个字符
Shift+←	选取光标左侧的一个字符
Shift+↑	选取光标位置至上一行相同位置之间的文本
Shift+↓	选取光标位置至下一行相同位置之间的文本
Shift+Home	选取光标位置至行首
Shift+End	选取光标位置至行尾
Shift+PageDown	选取光标位置至下一屏之间的文本
Shift+PageUp	选取光标位置至上一屏之间的文本
Shift+Ctrl+Home	选取光标位置至文档开始之间的文本
Shift+Ctrl+End	选取光标位置至文档结尾之间的文本
Ctrl+A	选取整篇文档

3. 使用鼠标和键盘结合选取文本

除了使用鼠标或键盘选取文本外，还可以使用鼠标和键盘结合来选取文本。这样不仅可以选取连续的文本，也可以选择不连续的文本。

▽ 选取连续的较长文本：将插入点定位到要选取区域的开始位置，按住 Shift 键不放，再移动光标至要选取区域的结尾处，单击即可选取该区域之间的所有文本内容。

▽ 选取不连续的文本：选取任意一段文本，按住 Ctrl 键，再拖动鼠标选取其他文本，即可同时选取多段不连续的文本。

▽ 选取整篇文档：按住 Ctrl 键不放，将光标移到文本编辑区左侧空白处，当光标变成 形状时，单击即可选取整篇文档。

▽ 选取矩形文本：将插入点定位到开始位置，按住 Alt 键并拖动鼠标，即可选取矩形文本区域。

使用命令操作还可以选中与光标处文本格式类似的所有文本，具体方法为：将光标定位在目标格式下任意文本处，打开【开始】选项卡，在【编辑】组中单击【选择】按钮，在弹出的列表中选择【选择格式相似的文本】命令即可。

4.2.3　移动、复制和删除文本

在编辑文本时，经常需要重复输入文本，可以使用移动或复制文本的方法进行操作。此外，也经常需要对多余或错误的文本进行删除操作。

1. 移动文本

移动文本是指将当前位置的文本移到另外的位置，在移动的同时，会删除原来位置上的原版文本。移动文本后，原位置的文本消失。移动文本有以下几种方法：

▽ 选择需要移动的文本，按 Ctrl+X 组合键，再在目标位置处按 Ctrl+V 组合键。

▽ 选择需要移动的文本，在【开始】选项卡的【剪贴板】组中，单击【剪切】按钮，再在目标位置处单击【粘贴】按钮。

▽ 选择需要移动的文本，按右键拖动至目标位置，释放鼠标后弹出一个快捷菜单，在其中选择【移动到此位置】命令。

▽ 选择需要移动的文本后，右击，在弹出的快捷菜单中选择【剪切】命令，再在目标位置处右击，在弹出的快捷菜单中选择【粘贴选项】命令。

▽ 选择需要移动的文本后，按左键不放，此时鼠标光标变为形状，并出现一条虚线，移动鼠标光标，当虚线移动到目标位置时，释放鼠标。

▽ 选择需要移动的文本，按 F2 键，再在目标位置处按 Enter 键移动文本。

【例 4-4】 在文档中根据通知内容制作需求移动文本的位置。 视频

(1) 选取需要移动位置的文本段落，按住鼠标左键将其拖动至合适的位置上，如图 4-19 所示。

(2) 释放鼠标左键，即可移动选中的文本，如图 4-20 所示。

图 4-19　选取并拖动文本

图 4-20　文本移动效果

2. 复制文本

复制文本是指将需要复制的文本移动到其他的位置，而原版文本仍然保留在原来的位置。复制文本有以下几种方法：

▽ 选取需要复制的文本，按 Ctrl+C 组合键，将插入点移动到目标位置，再按 Ctrl+V 组合键。

▽ 选择需要复制的文本，在【开始】选项卡的【剪贴板】组中，单击【复制】按钮📋，将插入点移到目标位置处，单击【粘贴】按钮📋。

▽ 选取需要复制的文本，按鼠标右键拖动到目标位置，释放鼠标会弹出一个快捷菜单，在其中选择【复制到此位置】命令。

▽ 选取需要复制的文本，右击，在弹出的快捷菜单中选择【复制】命令，把插入点移到目标位置，右击并在弹出的快捷菜单中选择【粘贴选项】命令。

3. 删除文本

在编辑文档的过程中，经常需要删除一些不需要的文本。删除文本的方法如下：

▽ 按 Backspace 键，删除光标左侧的文本；按 Delete 键，删除光标右侧的文本。

▽ 选择要删除的文本，在【开始】选项卡的【剪贴板】组中，单击【剪切】按钮✂。

▽ 选择文本，按 Backspace 键或 Delete 键均可删除所选文本。

4.2.4　查找与替换文本

在篇幅比较长的文档中，使用 Word 2010 提供的查找与替换功能可以快速地找到文档中某个文本或更改文档中多次出现的某个词语，从而无须反复地查找文本，使操作变得较为简单，提高工作效率。

1. 查找文本

要查找一个文本，可以使用【导航】窗格进行查找，也可以使用 Word 2010 的高级查找功能。

▽ 使用【导航】窗格查找文本：【导航】窗格(如图 4-21 所示)中的上方就是搜索框，用于搜索文档中的内容。在下方的列表框中可以浏览文档中的标题、页面和搜索结果。

▽ 使用高级查找功能：使用高级查找功能不仅可以在文档中查找普通文本，还可以对特殊格式的文本、符号等进行查找。打开【开始】选项卡，在【编辑】组中单击【查找】下拉按钮，在弹出的下拉列表中选择【高级查找】命令，打开【查找和替换】对话框中的【查找】选项卡，如图 4-22 所示。在【查找内容】文本框中输入要查找的内容，单击【查找下一处】按钮，即可将光标定位在文档中第一个查找目标处。单击若干次【查找下一处】按钮，可依次查找文档中对应的内容。

图 4-21　使用【导航】窗格

图 4-22　使用【查找和替换】对话框

在【查找】选项卡中单击【更多】按钮，可展开该对话框的高级设置界面，在该界面中可以设置更为精确的查找条件。

2. 替换文本

想要在多页文档中找到或找全所需操作的字符，比如要修改某些错误的文字，如果仅依靠用户去逐个寻找并修改，既费事，效率又不高，还可能会发生错漏现象。在遇到这种情况时，就需要使用查找和替换操作来解决。替换和查找操作基本类似，不同之处在于，替换不仅要完成查找，而且要用新的文档覆盖原有内容。准确地说，在查找到文档中特定的内容后，才可以对其进行统一替换。

【例 4-5】 在文档中通过【查找和替换】对话框将文本"中学"替换为"大学"。 ◎视频

(1) 打开"关于举办第十届学生运动会的通知"文档，在【开始】选项卡的【编辑】组中单击【替换】按钮，打开【查找和替换】对话框。

(2) 自动打开【替换】选项卡，在【查找内容】文本框中输入文本"中学"，在【替换为】文本框中输入文本"大学"，单击【查找下一处】按钮，查找第一处文本，如图 4-23 所示。

(3) 单击【替换】按钮，完成第一处文本的替换，此时自动跳转到第二处符合条件的文本"中学"处，如图 4-24 所示。

图 4-23　查找第一处符合条件的文本

图 4-24　替换第一处符合条件的文本

(4) 单击【替换】按钮，查找到的文本就被替换，然后继续查找。如果不想替换，可以单击【查找下一处】按钮，则将继续查找下一处符合条件的文本。

(5) 单击【全部替换】按钮，文档中所有的文本"中学"都将被替换成文本"大学"，并弹出如图 4-25 所示的提示框，单击【确定】按钮。

(6) 返回【查找和替换】对话框，如图 4-26 所示。单击【关闭】按钮，关闭对话框，返回Word 2010 文档窗口，完成文本的替换。

图 4-25　提示已完成替换操作

图 4-26　【查找和替换】对话框

计算机基础与实训教材系列

4.2.5 撤销与恢复操作

在编辑文档时，Word 2010 会自动记录最近执行的操作，因此当操作错误时，可以通过撤销功能将错误操作撤销。如果误撤销了某些操作，还可以使用恢复操作将其恢复。

1. 撤销操作

常用的撤销操作主要有以下两种：

▽ 在快速访问工具栏中单击【撤销】按钮，撤销上一次的操作。单击按钮右侧的下拉按钮，可以在弹出的列表中选择要撤销的操作。

▽ 按 Ctrl+Z 组合键，可撤销最近的操作。

2. 恢复操作

常用的恢复操作主要有以下两种：

▽ 在快速访问工具栏中单击【恢复】按钮，恢复操作。

▽ 按 Ctrl+Y 组合键，恢复最近的撤销操作，这是 Ctrl+Z 组合键的逆操作。

恢复不能像撤销那样一次性还原多个操作，所以在【恢复】按钮右侧也没有可展开列表的下三角按钮。当一次撤销多个操作后，再单击【恢复】按钮时，最先恢复的是第一次撤销的操作。

4.3 文本与段落排版

在 Word 中处理文档时，一篇文档不能只有文本而没有任何修饰，在文档中应用特定的文本样式和段落排版不仅会使文档显得清晰易读，还能帮助读者更快地理解内容。

4.3.1 设置文本格式

在 Word 文档中输入的文本默认字体为宋体，字号为五号，为了使文档更加美观、条理更加清晰，通常需要对文本进行格式化操作。

1. 使用【字体】组设置

打开【开始】选项卡，使用如图 4-27 所示的【字体】组中提供的按钮即可设置文本格式，如文本的字体、字号、颜色、字形等。

▽ 字体：指文字的外观。Word 2010 提供了多种字体，默认字体为宋体。

▽ 字形：指文字的一些特殊外观，例如加粗、倾斜、下画线、上标和下标等。单击【删除线】按钮，可以为文本添加删除线效果；单击【下标】按钮，可以将文本设置为下标效果；单击【上标】按钮，可以将文本设置为上标效果。

计算机基础与实训教材系列

图 4-27　【字体】组

▽ 字号：指文字的大小。Word 2010 提供了多种字号。

▽ 字符边框：为文本添加边框。单击【带圈字符】按钮，可为字符添加圆圈效果。

▽ 文本效果：为文本添加特殊效果。单击该按钮，在弹出的菜单中可以为文本设置轮廓、阴影、映像和发光等效果。

▽ 字体颜色：指文字的颜色。单击【字体颜色】按钮右侧的下拉箭头，在弹出的菜单中选择需要的颜色命令。

▽ 字符缩放：增大或者缩小字符。

▽ 字符底纹：为文本添加底纹效果。

2. 通过【字体】对话框设置

利用【字体】对话框，不仅可以完成【字体】组中所有的字体设置功能，而且还可以为文本添加其他的特殊效果和设置字符间距等。

打开【开始】选项卡，单击【字体】组右下角的对话框启动器按钮 (或者选中一段文字后右击鼠标，在弹出的快捷菜单中选择【字体】命令)，打开【字体】对话框的【字体】选项卡，如图 4-28 所示。在该选项卡中可对文本的字体、字号、颜色、下画线等属性进行设置。打开【字体】对话框的【高级】选项卡，如图 4-29 所示，在其中可以设置文字的缩放比例、文字间距和相对位置等参数。

图 4-28 【字体】选项卡   图 4-29 【高级】选项卡

【例 4-6】 在文档中设置文档标题文本的格式和第一段文本的间距。 🎬视频

(1) 打开"关于举办第十届学生运动会的通知"文档后，选中标题文本"关于举办第十届学生运动会的通知"，然后右击鼠标，在弹出的快捷菜单中选择【字体】命令，打开【字体】对话框。

(2) 在【字体】选项卡中设置【中文字体】为【微软雅黑】，设置【字形】为【加粗】，设置【字号】为【二号】，然后单击【确定】按钮，如图 4-30 所示。

(3) 选中文档中的第一段文本，单击【字体】组右下角的对话框启动器按钮，再次打开【字体】对话框，选择【高级】选项卡，设置【间距】为【加宽】，设置【间距】选项后的【磅值】参数为【1 磅】，然后单击【确定】按钮，如图 4-31 所示。

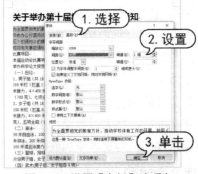

图 4-30 设置【字体】选项卡   图 4-31 设置【高级】选项卡

4.3.2 设置段落格式

段落是构成整个文档的骨架，它由正文、图表和图形等加上一个段落标记构成。为了使文档的结构更清晰、层次更分明，Word 2010 提供了段落格式设置功能，包括段落对齐方式、段落缩进、段落间距等。

1. 设置段落对齐方式

设置段落对齐方式时，先选定要对齐的段落，然后可在【开始】选项卡中单击图 4-32 所示

【段落】组中的相应按钮来实现(也可以通过【段落】对话框来实现，但使用【段落】组是最快捷方便的，也是最常用的方法)。

图 4-32　【段落】组主要按钮介绍

段落对齐指文档边缘的对齐方式，包括两端对齐、居中对齐、左对齐、右对齐和分散对齐。

▽ 两端对齐：默认设置，两端对齐时文本左右两端均对齐，但是段落最后不满一行的文字右边是不对齐的。

▽ 居中对齐：文本居中排列。

▽ 左对齐：文本的左边对齐，右边参差不齐。

▽ 右对齐：文本的右边对齐，左边参差不齐。

▽ 分散对齐：文本左右两边均对齐，而且每个段落的最后一行不满一行时，将拉开字符间距使该行均匀分布。

此外，按 Ctrl+E 组合键，可以设置段落居中对齐；按 Ctrl+Shift+J 组合键，可以设置段落分散对齐；按 Ctrl+L 组合键，可以设置段落左对齐；按 Ctrl+R 组合键，可以设置段落右对齐；按 Ctrl+J 组合键，可以设置段落两端对齐。

2. 设置段落缩进

段落缩进指段落中的文本与页边距之间的距离。Word 2010 提供了以下 4 种段落缩进的方式。

▽ 左缩进：设置整个段落左边界的缩进位置。

▽ 右缩进：设置整个段落右边界的缩进位置。

▽ 悬挂缩进：设置段落中除首行以外的其他行的起始位置。

▽ 首行缩进：设置段落中首行的起始位置。

使用标尺设置缩进量

通过水平标尺可以快速设置段落的缩进方式及缩进量。水平标尺中包括首行缩进、悬挂缩进、左缩进和右缩进 4 个标记，如图 4-33 所示。拖动各标记就可以设置相应的段落缩进方式。

图 4-33　水平标尺

使用标尺设置段落缩进时，在文档中选择要改变缩进的段落，然后拖动缩进标记到缩进位置，可以使某些行缩进。在拖动鼠标时，整个页面上出现一条垂直虚线，以显示新边距的位置。

在使用水平标尺格式化段落时，按住 Alt 键不放，使用鼠标拖动标记，水平标尺上将显示具体的度量值。拖动首行缩进标记到缩进位置，将以左边界为基准缩进第一行。拖动悬挂缩进标记至缩进位置，可以设置除首行外的所有行缩进。拖动左缩进标记至缩进位置，可以使所有行左缩进。

使用【段落】对话框设置缩进量

使用【段落】对话框可以准确地设置缩进尺寸。打开【开始】选项卡，单击【段落】组中的对话框启动器按钮 ，打开【段落】对话框的【缩进和间距】选项卡，在该选项卡中可以进行相关设置即可设置段落缩进。

【例 4-7】　在文档中设置标题文本居中对齐,设置部分段落文本首行缩进 2 个字符。 视频

(1) 打开文档后，选中标题文本"关于举办第十届学生运动会的通知"，在【开始】选项卡的【段落】组中单击【居中】按钮，设置文本居中对齐，如图 4-34 所示。

(2) 选择【视图】选项卡，在【显示】组中选中【标尺】复选框，设置在编辑窗口中显示标尺。

(3) 选中第一行文本，向右拖动【首行缩进】标记，将其拖动到标尺 2 处，释放鼠标，即可将第 1 段文本设置为首行缩进 2 个字符，如图 4-35 所示。

图 4-34　设置文本居中对齐

图 4-35　设置段落首行缩进 2 个字符

(4) 按住 Ctrl 键选中文档中需要设置首行缩进的段落，右击鼠标，在弹出的快捷菜单中选择【段落】命令，如图 4-36 所示，打开【段落】对话框。

(5) 在【段落】对话框中设置【特殊格式】为【首行缩进】，其后的【磅值】为【2 字符】，然后单击【确定】按钮，如图 4-37 所示。

图 4-36 选择【段落】命令

图 4-37 设置【段落】对话框

3. 设置段落间距

段落间距的设置包括文档行间距与段间距的设置。行间距是指段落中行与行之间的距离；段间距是指前后相邻的段落之间的距离。

设置行间距

行间距决定段落中各行文本之间的垂直距离。Word 默认的行间距值是单倍行距，用户可以根据需要重新对其进行设置。在【段落】对话框中，打开【缩进和间距】选项卡，在【行距】下拉列表框中选择相应选项，并在【设置值】微调框中输入数值即可。

设置段间距

段间距决定段落前后空白距离的大小。在【段落】对话框中，打开【缩进和间距】选项卡，在【段前】和【段后】微调框中输入值，就可以设置段间距。

【例 4-8】 设置标题文本的段间距(段前和段后)为【12 磅】。 视频

(1) 打开"关于举办第十届学生运动会的通知"文档后，选中并右击标题文本"关于举办第十届学生运动会的通知"，在弹出的快捷菜单中选择【段落】命令。

(2) 打开【段落】对话框，在【段前】和【段后】数值框中输入【12 磅】，然后单击【确定】按钮，即可设置标题文本的段间距，如图 4-38 所示。

图 4-38 设置标题文本的段间距·

计算机基础与实训教材系列

4.3.3 使用项目符号

使用项目符号和编号列表，可以对文档中并列的项目进行组织，或者将内容的顺序进行编号，以使这些项目的层次结构更加清晰、更有条理。Word 2010 提供了多种标准的项目符号和编号，并且允许用户自定义项目符号和编号。

1. 添加项目符号和编号

Word 2010 提供了自动添加项目符号和编号的功能。在以 1.、(1) 、a 等字符开始的段落中按 Enter 键，下一段开始将会自动出现 2.、(2) 、b 等字符。

另外，也可以在输入文本之后，选中要添加项目符号或编号的段落，打开【开始】选项卡，在【段落】组中单击【项目符号】按钮 ，将自动在每段前面添加项目符号；单击【编号】按钮 将以 1.、2.、3.的形式编号，如图 4-39 所示。

```
● 项目符号 1          1. 编号 1
● 项目符号 2          2. 编号 2
● 项目符号 3          3. 编号 3
```

图 4-39　自动添加项目符号或编号

若用户要为多段文本添加项目符号和编号，可以打开【开始】选项卡，在【段落】组中，单击【项目符号】下拉按钮和【编号】下拉按钮，在弹出的下拉列表中选择项目符号和编号的样式即可。

【例 4-9】 在文档中为段落文本设置项目符号和编号。 📹视频

(1) 打开"关于举办第十届学生运动会的通知"文档后，选中多段文本，单击【段落】组中的【编号】下拉按钮，在弹出的下拉列表中选择一种编号样式，如图 4-40 所示。

(2) 选中需要设置项目符号的多段文本，单击【段落】组中的【项目符号】下拉按钮，在弹出的下拉列表中选择一种项目符号样式，如图 4-41 所示。

图 4-40　设置编号

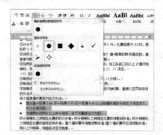

图 4-41　设置项目符号

2. 自定义项目符号和编号

在使用项目符号和编号功能时，用户除了可以使用系统自带的项目符号和编号样式外，还

可以对项目符号和编号进行自定义设置。

自定义项目符号

选取项目符号段落，打开【开始】选项卡，在【段落】组中单击【项目符号】下拉按钮，在弹出的下拉列表中选择【定义新项目符号】命令，打开【定义新项目符号】对话框，在其中自定义一种项目符号即可，如图 4-42 所示。其中单击【符号】按钮，打开【符号】对话框，可从中选择合适的符号作为项目符号，如图 4-43 所示。

图 4-42　【定义新项目符号】对话框

图 4-43　【符号】对话框

自定义编号

选取编号段落，打开【开始】选项卡，在【段落】组中单击【编号】下拉按钮，在弹出的下拉列表中选择【定义新编号格式】命令，打开【定义新编号格式】对话框，如图 4-44 所示。在【编号样式】下拉列表中选择其他编号的样式，并在【编号格式】文本框中输入起始编号；单击【字体】按钮，可以在打开的对话框中设置编号的字体；在【对齐方式】下拉列表中选择编号的对齐方式。

另外，选中已设置编号的文本后，在【开始】选项卡的【段落】组中单击【编号】按钮，在弹出的下拉列表中选择【设置编号值】命令，打开【起始编号】对话框，如图 4-45 所示，在其中可以自定义编号的起始数值。

图 4-44　【定义新编号格式】对话框

图 4-45　【起始编号】对话框

在【段落】组中单击【多级列表】下拉按钮，可以应用多级列表样式，也可以自定义多级符号，从而使得文档的条理更加分明。

此外，在创建的项目符号或编号段落下，按下 Enter 键后可以自动生成项目符号或编号，要结束自动创建项目符号或编号，可以连续按两次 Enter 键，也可以按 Backspace 键删除新创建的项目符号或编号。

3. 删除项目符号和编号

要删除项目符号,可以在【开始】选项卡中单击【段落】组中的【项目符号】下拉按钮 ,
在弹出的【项目符号库】列表框中选择【无】选项即可;要删除编号,可以在【开始】选项卡
中单击【编号】下拉按钮 ,在弹出的【编号库】列表框中选择【无】选项即可。

如果要删除单个项目符号或编号,可以选中该项目符号或编号,然后按 Backspace 键。

4.3.4 使用样式排版文本与段落

在 Word 排版中使用样式,可以快速提高工作效率,从而迅速改变和美化文档的外观。

样式是应用于文档中的文本、表格和列表的一套格式特征,是 Word 针对文档中一组格式
进行的定义。这些格式包括字体、字号、字形、段落间距、行间距以及缩进量等内容。其作用
是方便用户对重复的格式进行设置。

在 Word 2010 中应用样式时,可以在一个简单的任务中应用一组格式。一般来说,可以创
建或应用以下类型的样式。

▽ 段落样式:控制段落外观的所有方面,如文本对齐、制表符、行间距和边框等。

▽ 字符样式:控制段落内选定文字的外观,如文字的字体、字号等格式。

▽ 表格样式:为表格的边框、阴影、对齐方式和字体提供一致的外观。

▽ 列表样式:为列表应用相似的对齐方式、编号、项目符号或字体。

每个文档都基于一个特定的模板,每个模板中都会自带一些样式,又称为内置样式。如果
需要应用的格式组合和某内置样式的定义相符,就可以直接应用该样式而不用新建文档的样式。
如果内置样式中有部分样式定义和需要应用的样式不相符,还可以自定义该样式。

1. 应用样式

Word 2010 自带的样式库中内置了多种样式,可以为文档中的文本设置标题、字体和背景
等样式。使用这些样式可以快速地美化文档。

在 Word 2010 中,选择要应用某种内置样式的文本,打开【开始】选项卡,在【样式】组
中进行相关设置,如图 4-46 所示。在【样式】组中单击对话框启动器按钮 ,将会打开【样式】
任务窗格,在【样式】列表框中可以选择样式,如图 4-47 所示。

图 4-46 【样式】组

图 4-47 【样式】任务窗格

【例 4-10】 在文档中通过应用样式，将第一段文本中的格式应用到其他段落中。🎬视频

(1) 打开"关于举办第十届学生运动会的通知"文档后，选中文本"比赛项目"，然后在【开始】选项卡的【样式】组中单击【副标题】选项，在【段落】组中单击【左对齐】选项，为文本应用"副标题"样式，并设置应用样式后的文本"左对齐"。

(2) 在【样式】组中单击对话框启动器按钮🔘，打开【样式】任务窗格，其中将自动添加一个名为【副标题+左】的样式，如图 4-48 所示。

(3) 选中文档中其他需要应用【副标题+左】样式的文本，单击【样式】任务窗格的【副标题+左】选项，即可将该样式应用在更多文本上，效果如图 4-49 所示。

(4) 使用同样的方法，为文档中其他文本和段落应用合适的样式。

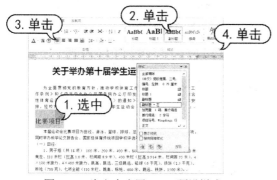

图 4-48　为文本应用 Word 预设样式

图 4-49　将样式应用到更多文本上

2. 修改样式

如果某些内置样式无法完全满足某组格式设置的要求，则可以在内置样式的基础上进行修改。这时在【样式】任务窗格中，单击样式选项的下拉列表框旁的箭头按钮，在弹出的菜单中选择【修改样式】命令，如图 4-50 所示。在打开的如图 4-51 所示的【修改样式】对话框中更改相应的选项即可。

图 4-50　选择【修改样式】命令

图 4-51　【修改样式】对话框

3. 删除样式

在 Word 2010 中，可以在【样式】任务窗格中删除样式，但无法删除模板的内置样式。

在【样式】任务窗格中，单击需要删除的样式旁的箭头按钮，在弹出的菜单中选择【删除】命令，如图 4-52 所示，打开【确认删除】对话框。单击【是】按钮，即可删除该样式。

　　另外，在【样式】任务窗格中单击【管理样式】按钮，打开【管理样式】对话框，如图 4-53 所示。在【选择要编辑的样式】列表框中选择要删除的样式，单击【删除】按钮，同样可以删除选中的样式。

图 4-52　删除样式

图 4-53　【管理样式】对话框

　　如果删除了创建的样式，Word 2010 将对所有具有此样式的段落应用【正文】样式。

4.3.5　使用【格式刷】工具

　　使用【格式刷】工具可以快速地将指定的文本、段落格式复制到目标文本、段落上，可以大大提高工作效率。

1. 应用文本格式

　　要在文档中不同的位置应用相同的文本格式，可以使用【格式刷】工具快速复制格式，方法很简单，选中要复制其格式的文本，在【开始】选项卡的【剪贴板】组中单击【格式刷】按钮，如图 4-54 所示，当鼠标光标变为 形状时，拖动鼠标选中目标文本即可。

图 4-54　使用【格式刷】工具

2. 应用段落格式

　　要在文档中不同的位置应用相同的段落格式，同样可以使用【格式刷】工具快速复制格式。方法很简单，将光标定位在某个将要复制其格式的段落的任意位置，在【开始】选项卡的【剪贴板】组中单击【格式刷】按钮，当鼠标光标变为 形状时，拖动鼠标选中目标段落即可。移动鼠标光标到目标段落所在的左边距区域内，当鼠标光标变成 形状时按下鼠标左键不放，在垂直方向上进行拖动，即可将格式复制给选中的若干个段落。

单击【格式刷】按钮复制一次格式后，系统会自动退出复制状态。如果是双击而不是单击时，则可以多次复制格式。要退出格式复制状态，可以再次单击【格式刷】按钮或按 Esc 键。另外，复制格式的组合键是 Ctrl+Shift+C；粘贴格式的组合键是 Ctrl+Shift+V。

4.4　设置文档页面

在处理文档的过程中，为了使文档页面更加美观，用户可以根据需要规范文档的页面，如设置页边距、纸张、版式和文档网格等，从而制作出一个要求较为严格的文档版面。

4.4.1　设置页边距

页边距就是页面上打印区域之外的空白空间。设置页边距，包括调整上、下、左、右边距，调整装订线的距离和纸张的方向。

选择【页面布局】选项卡，在【页面设置】组中单击【页边距】按钮，在弹出的下拉列表框中选择页边距样式，即可快速为页面应用该页边距样式。若选择【自定义边距】命令，打开【页面设置】对话框的【页边距】选项卡，在其中可以精确设置页面边距和装订线距离。

【例 4-11】　创建成绩统计表文档，并设置文档的页边距、装订线和纸张方向。　📹视频

(1) 按下 Ctrl+N 组合键创建一个空白文档，然后按下 F12 键打开【另存为】对话框，将文档以"第十届学生运动会成绩统计表"，为名进行保存。

(2) 选择【页面布局】选项卡，在【页面设置】组中单击【页边距】按钮，在弹出的菜单中选择【自定义边距】命令，如图 4-55 所示。

(3) 打开【页面设置】对话框，选择【页边距】选项卡，在【纸张方向】选项区域中选择【横向】选项，在【页边距】的【上】微调框中输入"1.5 厘米"，在【下】微调框中输入"1厘米"，在【左】和【右】微调框中输入"1 厘米"，在【装订线位置】下拉列表框中选择【左】选项，在【装订线】微调框中输入"0.5 厘米"，如图 4-56 所示。

(4) 单击【确定】按钮，为文档应用所设置的页边距样式。

图 4-55　选择【自定义边距】命令

图 4-56　设置页边距

4.4.2 设置纸张

纸张的设置决定了要打印的效果，默认情况下，Word 2010 文档的纸张大小为 A4。在制作某些特殊文档(如明信片、名片或贺卡)时，可以根据需要调整纸张的大小，从而使文档更具特色。

日常使用的纸张大小一般有 A4、16 开、32 开和 B5 等几种类型，不同的文档，其页面大小也不同，此时就需要对页面大小进行设置，即选择要使用的纸型，每一种纸型的高度与宽度都有标准的规定，但也可以根据需要进行修改。在【页面设置】组中单击【纸张大小】按钮，在弹出的下拉列表中选择设定的规格选项即可快速设置纸张大小。

【例 4-12】 为"第十届学生运动会成绩统计表"文档设置纸张大小。 视频

(1) 继续例 4-11 的操作，选择【页面布局】选项卡，在【页面设置】组中单击【纸张大小】按钮，在弹出的列表中选择【其他页面大小】命令。

(2) 打开【页面设置】对话框的【纸张】选项卡，在【纸张大小】下拉列表框中选择【自定义大小】选项，在【宽度】和【高度】微调框中分别输入"27 厘米"和"17 厘米"，如图 4-57 所示。

(3) 单击【确定】按钮，即可为文档应用所设置的纸张大小，效果如图 4-58 所示。

图 4-57 自定义纸张大小

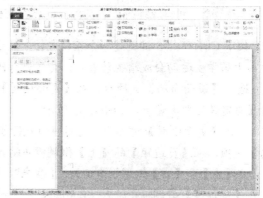

图 4-58 页面设置效果

4.5 在文档中使用表格

表格以行和列的形式组织信息，结构严谨，效果直观，并且信息量较大。Word 提供了表格功能，用户可以方便地建立和使用表格。

4.5.1 插入表格

在 Word 2010 中可以使用多种方法来创建表格，例如按照指定的行、列插入表格和绘制不规则表格等。

1. 使用表格网格框创建表格

利用表格网格框可以直接在文档中插入表格，这也是最快捷的方法。将光标定位在需要插入表格的位置，然后打开【插入】选项卡，单击【表格】组中的【表格】按钮，在弹出的下拉列表中会出现一个网格框，如图 4-59 所示。在其中拖动鼠标确定要创建表格的行数和列数，然后单击就可以完成一个规则表格的创建，如图 4-60 所示。

图 4-59　网格框

图 4-60　创建表格

2. 使用对话框创建表格

使用【插入表格】对话框创建表格时，可以在建立表格的同时设置表格的大小。

打开【插入】选项卡，在【表格】组中单击【表格】按钮，在弹出的下拉列表中选择【插入表格】命令，打开【插入表格】对话框。在【列数】和【行数】微调框中可以设置表格的列数和行数，在【"自动调整"操作】选项区域中可以设置根据内容或者窗口调整表格尺寸。另外，如果需要将某表格尺寸设置为默认的表格大小，则在【插入表格】对话框中选中【为新表格记忆此尺寸】复选框即可。

【例 4-13】 在文档中创建一个 10×12 的表格并输入表格数据。 🎬 视频

(1) 继续例 4-12 的操作，选择【插入】选项卡，单击【表格】组中的【表格】下拉按钮，在弹出的列表中选择【插入表格】命令。

(2) 打开【插入表格】对话框，在【列数】文本框中输入 10，在【行数】文本框中输入 12，然后单击【确定】按钮，如图 4-61 所示。

(3) 此时，将在文档中插入如图 4-62 所示的 10×12 的表格。

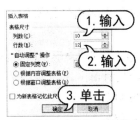

图 4-61　【插入表格】对话框

图 4-62　插入 10×12 的表格

(4) 将鼠标指针插入表格左侧的第 1 个单元格中，按下 Enter 键在表格之前插入一个空行，并在该行中输入并设置表格标题"第十届学生运动会成绩统计表(铅球)"，如图 4-63 所示。

计算机基础与实训教材系列

(5) 分别设置表格各列的列宽后，选中整个表格并右击鼠标，在弹出的快捷菜单中选择【表格属性】命令，打开【表格属性】对话框，在【对齐方式】栏中选中【居中】选项，单击【确定】按钮，设置表格相对于文档页面整体居中，如图4-64所示。

图4-63　设置表格标题

图4-64　设置表格居中

(6) 合并表格中的单元格，并设置表格单元格的高度和宽度，制作效果如图4-65所示的表格。

(7) 在表格中输入数据，并设置数据在表格中的对齐方式，效果如图4-66所示。

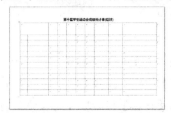

图4-65　设置表格结构

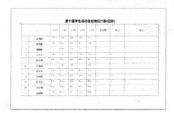

图4-66　输入表格数据

3. 快速插入表格

为了快速制作出美观的表格，Word 2010提供了许多内置表格，可以快速地插入内置表格并输入数据。打开【插入】选项卡，在【表格】组中单击【表格】按钮，在弹出的下拉列表中选择【快速表格】的子命令，即可插入内置表格。

4.5.2　调整表格

表格创建完成后，还需要对其进行编辑操作，如选定行、列和单元格，插入和删除行、列，合并和拆分单元格等，以满足不同的需要。

1. 选定行、列和单元格

对表格进行格式化之前，首先要选定表格编辑对象，然后才能对表格进行操作。选定表格编辑对象的鼠标操作方法有如下几种。

▽ 选定一个单元格：将鼠标移动至该单元格的左侧区域，当光标变为◤形状时单击。

▽ 选定整行：将鼠标移动至该行的左侧，当光标变为 ⟋ 形状时单击。

▽ 选定整列：将鼠标移动至该列的上方，当光标变为↓形状时单击。

▽ 选定多个连续的单元格：沿被选区域左上角向右下角拖动鼠标。

▽ 选定多个不连续的单元格：选取第1个单元格后，按住Ctrl键不放，再分别选取其他的单元格。

▽ 整个表格：移动鼠标到表格左上角图标⊞时单击。

2. 插入和删除行、列

要向表格中添加行，应先在表格中选定与需要插入行的位置相邻的行。然后打开表格工具的【布局】选项卡，在【行和列】组中单击【在上方插入】或【在下方插入】按钮即可，如图 4-67 所示。插入列的操作与插入行基本类似。

图 4-67　【行和列】组

当插入的行或列过多时，就需要删除多余的行和列。选定需要删除的行，或将插入点放置在该行的任意单元格中，在【行和列】组中，单击【删除】按钮，在打开的下拉列表中选择【删除行】命令即可。删除列的操作与删除行基本类似。

另外，在【行和列】组中单击【表格插入单元格】按钮，打开【插入单元格】对话框，选中【整行插入】或【整列插入】单选按钮，同样可以插入行和列。

3. 合并和拆分单元格

选取要合并的单元格，打开【表格工具】的【布局】选项卡，在【合并】组中单击【合并单元格】按钮；或右击，在弹出的快捷菜单中选择【合并单元格】命令。此时 Word 就会删除所选单元格之间的边界，建立起一个新的单元格，并将原来单元格的列宽和行高合并为当前单元格的列宽和行高。

选取要拆分的单元格，打开【表格工具】的【布局】选项卡，在【合并】组中单击【拆分单元格】按钮；或右击鼠标，从弹出的快捷菜单中选择【拆分单元格】命令。打开【拆分单元格】对话框，在【列数】和【行数】文本框中分别输入需要拆分的列数和行数即可，如图 4-68 所示。

图 4-68　拆分单元格

4. 调整行高和列宽

创建表格时，表格的行高和列宽都是默认值，而在实际工作中常常需要随时调整表格的行高和列宽。

使用鼠标可以快速地调整表格的行高和列宽。先将鼠标指针指向需调整的行的下边框，然后拖动鼠标至所需位置，整个表格的高度会随着行高的改变而改变。在使用鼠标拖动调整列宽时，先将鼠标指针指向表格中所要调整列的边框，使用不同的操作方法，可以达到不同的效果。

▽ 以鼠标指针拖动边框，则边框左右两列的宽度发生变化，而整个表格的总体宽度不变。

▽ 按住 Shift 键，然后拖动鼠标，则边框左边一列的宽度发生改变，整个表格的总体宽度随之改变。

▽ 按住 Ctrl 键，然后拖动鼠标，则边框左边一列的宽度发生改变，边框右边各列也发生均匀的变化，而整个表格的总体宽度不变。

4.6　绘制自选图形

自选图形是运用现有的图形，如矩形、圆等基本形状以各种线条或连接符绘制出的用户需要的图形，例如使用矩形、圆、箭头、直线等形状制作一个流程图。

在 Word 2010 中，选择【插入】选项卡，在【插图】组中单击【形状】下拉按钮，从弹出的列表中选择一种自选图形，然后在文档窗口中按住鼠标拖动即可绘制该图形。

【例 4-14】　在"第十届学生运动会成绩统计表"文档中绘制两条直线。　　视频

(1) 继续例 4-13 的操作，选择【插入】选项卡，在【插图】组中单击【形状】下拉按钮，从弹出的列表中选择【直线】选项，如图 4-69 所示。

(2) 在文档窗口中单击一点作为直线的起点，然后按住鼠标左键拖动即可绘制一条直线，如图 4-70 所示。

图 4-69　选择形状

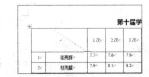

图 4-70　拖动鼠标绘制直线

(3) 在显示的【格式】选项卡的【形状样式】组中选择直线图形的样式，如图 4-71 所示。

(4) 重复同样的操作绘制第二条直线，完成后的表格效果如图 4-72 所示。

图 4-71　设置形状格式

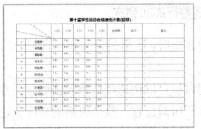

图 4-72　为表格制作分栏线

4.7　在文档中使用文本框

在编辑一些特殊版面的文稿时，常常需要使用 Word 中的文本框将一些文本内容显示在特定的位置。常见的文本框有横排文本框和竖排文本框，下面将分别介绍其使用方法。

4.7.1　使用横排文本框

横排文本框是用于输入横排方向文本的图形。在特殊情况下，用户无法在目标位置处直接输入需要的内容，此时就可以使用文本框进行插入。

【例 4-15】 在"第十届学生运动会成绩统计表"文档中绘制横排文本框。 📹视频

(1) 继续例 4-14 的操作，选择【插入】选项卡，在【文本】组中单击【文本框】下拉按钮，在展开的库中选择【绘制文本框】选项，如图 4-73 所示。

(2) 此时鼠标指针将变为十字形状，在文档中按住鼠标左键不放并拖动，拖至目标位置处释放鼠标，如图 4-74 所示。

图 4-73　选择【绘制文本框】选项

图 4-74　绘制横排文本框

(3) 释放鼠标后即可绘制出横排文本框，默认情况下为白色背景。在其中输入需要的文本框内容，然后右击文本框，在弹出的快捷菜单中选择【设置形状格式】命令，如图 4-75 所示。

(4) 打开【设置形状格式】对话框，选择【填充】选项卡，然后选中【无填充】选项，设置文本框没有填充颜色，如图 4-76 所示。

图 4-75　选择【设计形状格式】命令

图 4-76　设置文本框无填充色

计算机基础与实训教材系列

(5) 在图 4-76 所示的【设置形状格式】对话框中选择【线条颜色】选项卡，然后选中【无线条】单选按钮，设置文本框没有线条颜色，如图 4-77 所示。

(6) 使用同样的方法，在表格中插入更多的文本框，并在其中输入文本，完成后的"第十届学生运动会成绩统计表"文档的效果如图 4-78 所示。

图 4-77 设置文本框无线条颜色

图 4-78 文本框在文档中的应用效果

4.7.2 使用竖排文本框

用户除了可以在文档中插入横排文本框以外，还可以根据需要使用竖排样式的文本框，以实现特殊的版式效果，具体方法如下。

(1) 选择【插入】选项卡，单击【文本】组中的【文本框】下拉按钮，在展开的库中选择【绘制竖排文本框】选项。

(2) 在文档中按住鼠标左键不放并拖动，拖至目标位置处释放鼠标，绘制一个竖排文本框。

4.8 设置文档封面

为了美化 Word 文档，经常需要制作一些精美的封面，一般情况下制作封面需要用户有一定的平面设计能力。但在 Word 2010 中，软件预设了多种封面样式，用户即使没有设计能力，也可以制作出满意的封面。

【例 4-16】 创建"第十届学生运动会专题"文档并在其中插入封面。 视频

(1) 按下 Ctrl+N 组合键创建一个空白文档，然后按下 F12 键打开【另存为】对话框，将文档保存为"第十届学生运动会专题"。

(2) 选择【页面布局】选项卡，单击【页面设置】组中的对话框启动器按钮，打开【页面设置】对话框，在【页边距】选项卡中将【上】【下】【左】【右】都设置为 0，然后单击【确定】按钮，如图 4-79 所示。

(3) 选择【插入】选项卡，在【页】组中单击【封面】下拉按钮，从弹出的列表中选择【传统型】封面，如图 4-80 所示。

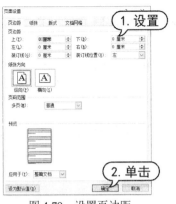

图 4-79　设置页边距

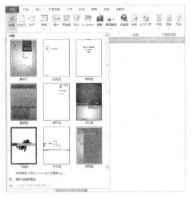

图 4-80　选择预定义封面样式

(4) 此时，在文档中生成 Word 预定义的传统型封面。将鼠标指针置于封面预定义的标题、副标题、日期、摘要等文本框中输入相应的文本，如图 4-81 所示。

图 4-81　在预定义封面中输入文本

4.9　设置页面背景

为了使文档更加美观，用户可以为文档设置背景，文档的背景包括页面颜色和水印效果。为文档设置页面颜色时，可以使用纯色背景以及渐变、纹理、图案、图片等填充效果；为文档添加水印效果时可以使用文字或图片。

4.9.1　设置页面颜色

为 Word 文档设置页面颜色，可以使文档变得更加美观，具体操作方法如下。

【例 4-17】　在"第十届学生运动会专题"文档中设置页面背景颜色。　视频

(1) 继续例 4-16 的操作，选择【页面布局】选项卡，在【页面背景】组中单击【页面颜色】下拉按钮，在展开的库中选择一种颜色，如图 4-82 所示。

(2) 此时，文档页面将应用所选择的颜色作为背景进行填充。

(3) 再次单击【页面颜色】下拉按钮，在展开的库中选择【填充效果】选项，打开【填充效果】对话框。

(4) 选择【渐变】选项卡，选中【双色】单选按钮，设置【颜色1】和【颜色2】的颜色，在【变形】选项区域中选择变形的样式。

(5) 单击【确定】按钮后，即可为页面设置渐变效果，如图4-83所示。

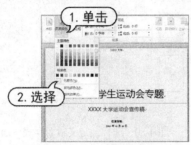
图4-82 设置背景颜色

图4-83 设置背景颜色的渐变效果

在【填充效果】对话框中，如果需要设置纹理填充效果，可以选择【纹理】选项卡，选择需要的纹理效果。设置图案、图片填充效果的方法与此类似，分别选择相应的选项卡进行设置即可。

4.9.2 设置水印效果

水印是出现在文本下方的文字或图片。如果用户使用图片水印，可以对其进行淡化或冲蚀设置以免图片影响文档中文本的显示。如果用户使用文本水印，则可以从内置短语中选择需要的文字，也可以输入所需的文本。下面将介绍设置水印效果的具体操作步骤。

(1) 选择【页面布局】选项卡，在【页面背景】组中单击【水印】下拉按钮，在展开的库中选择【自定义水印】选项。

(2) 打开【水印】对话框，选择【图片水印】单选按钮，然后单击【选择图片】按钮，如图4-84所示。

(3) 打开【插入图片】对话框，选择一个图片文件后，单击【插入】按钮。

(4) 返回【水印】对话框，选中【冲蚀】复选框，然后单击【确定】按钮即可为文档设置如图4-85所示的水印效果。

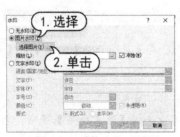
图4-84 【水印】对话框

图4-85 为文档设置水印效果

4.10　在文档中使用图片

图片是日常文档中的重要元素。在制作文档时，常常需要插入相应的图片文件来具体说明一些相关的内容信息。一般情况下，用户在文档中插入图片后，通常还需要对图片的大小、效果和位置进行设置。

4.10.1　插入图片

在 Word 2010 中，用户可以在文档中插入计算机中保存的图片，也可以插入屏幕截图或剪贴画。

1. 插入文件中的图片

用户可以直接将保存在计算机中的图片插入 Word 文档中，也可以利用扫描仪或者其他图形软件插入图片到 Word 文档中。下面将介绍插入计算机中保存的图片的方法。

【例 4-18】　在"第十届学生运动会专题"文档中插入图片。　📀视频

(1) 继续例 4-17 的操作，选择【插入】选项卡，在【插图】组中单击【图片】按钮，打开【插入图片】对话框。

(2) 在【插入图片】对话框中选择一个图片文件后，单击【插入】按钮，即可将图片插入文档中，如图 4-86 所示。

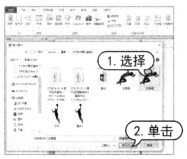 

图 4-86　在文档中插入图片

2. 插入剪贴画

选择【插入】选项卡，在【插图】组中单击【剪贴画】按钮，可以打开【剪贴画】窗格。在该窗格的【搜索文字】文本框中输入关键字(例如"运动")并单击【搜索】按钮，可以通过网络搜索剪贴画。将搜索结果拖动至文档中即可在文档中插入剪贴画，如图 4-87 所示。

3. 插入屏幕截图

屏幕截图指的是当前打开的窗口，用户可以快速捕捉打开的窗口并插入文档中。

(1) 在【插入】选项卡的【插图】组中单击【屏幕截图】下拉按钮，在展开的库中选择当前打开的窗口缩略图，如图 4-88 所示。

(2) 此时，将在文档中插入如图 4-89 所示的窗口屏幕截图。

图 4-87　在文档中插入剪贴画

图 4-88　选择窗口缩略图　　　　　图 4-89　在文档中插入屏幕视图

如果用户正在浏览某个页面，则可以将页面中的部分内容以图片的形式插入 Word 文档中。此时需要使用自定义屏幕截图功能来截取所需图片。

(1) 在【插入】选项卡的【插入】组中单击【屏幕截图】下拉按钮，在展开的库中选择【屏幕剪辑】选项，然后在需要截取图片的开始位置按住鼠标左键拖动，拖至合适位置处释放鼠标。

(2) 此时，即可在文档中插入指定范围的屏幕截图。

4.10.2　编辑图片

在文档中插入图片后，经常还需要进行设置才能达到用户的需求，比如调整图片的大小、位置以及图片的文字环绕方式和图片样式等。本节将介绍编辑图片的具体操作方法。

1. 改变图片大小

下面将介绍在 Word 文档中调整图片大小的方法。

【例 4-19】　在"第十届学生运动会专题"文档中调整图片的大小。　🎬视频

(1) 继续例 4-18 的操作，选中文档中插入的图片，将鼠标指针移动至图片右下角的控制柄上，当指针变成双向箭头形状时按住鼠标左键拖动。

(2) 当图片大小变化为合适的大小后，释放鼠标即可改变图片大小，如图 4-90 所示。

图 4-90　调整图片的大小

2. 移动图片位置

在默认情况下，在文档中插入的图片是以嵌入方式显示的，用户可以通过设置环绕文字来改变图片在文档中的位置，具体操作方法如下。

【例 4-20】 在"第十届学生运动会专题"文档中调整图片的环绕方式和位置。 🎬 视频

(1) 继续例 4-19 的操作，选中文档中的图片，在【格式】选项卡的【排列】组中单击【位置】下拉按钮，在弹出的列表中选择【中间居中】选项，可以设置图片浮于文档的中间位置，并通过拖动更改图片在文档中的位置，如图 4-91 所示。

(2) 将鼠标指针放置在图片上方，当指针变为十字箭头时按住鼠标左键拖动，可以调整图片在文档中的位置，如图 4-92 所示。

图 4-91　设置图片的位置　　　图 4-92　拖动鼠标调整图片位置

3. 裁剪图片

如果只需要图片中的某一部分，可以对图片进行裁剪，将不需要的图片部分裁掉，具体操作步骤如下。

(1) 选择文档中需要裁剪的图片，在【格式】选项卡的【大小】组中单击【裁剪】下拉按钮，在弹出的列表中选择【裁剪】命令。

(2) 调整图片边缘出现的裁剪控制柄，拖动需要裁剪边缘的控制柄。

(3) 按下 Enter 键，即可裁剪图片，并显示裁剪后的图片效果，如图 4-93 所示。

图 4-93　裁剪图片

4. 应用图片样式

Word 2010 提供了多种图片样式，用户可以选择图片样式快速对图片进行设置，具体方法是：选择图片，在【格式】选项卡的【图片样式】组中单击【其他】按钮，在弹出的下拉列表中选择一种图片样式即可。

4.10.3　调整图片

在 Word 2010 中，用户可以快速地设置文档中图片的效果，例如删除图片背景、改变图片的亮度和对比度、重新设置图片颜色等。

1. 删除图片背景

如果不需要图片的背景部分，可以删除图片的背景，具体操作步骤如下。

(1) 选中文档中插入的图片，在【格式】选项卡的【调整】组中单击【删除背景】按钮。在图片中显示保留区域控制柄，拖动手柄调整需要保留的区域，如图 4-94 所示。

(2) 在【优化】组中单击【标记要删除的区域】按钮，在图片中单击鼠标标记删除的区域，如图 4-95 所示。

(3) 按下 Enter 键，即可得到删除背景后的图片。

图 4-94　设置删除背景的图片区域　　　　图 4-95　设置需要删除的区域

2. 改变图片的亮度和对比度

Word 2010 为用户提供了设置亮度和对比度功能，用户可以通过预览的图片效果来进行选择，快速得到所需的图片效果，具体操作方法：选中文档中的图片后，在【格式】选项卡的【调整】组中单击【更正】下拉按钮，在弹出的列表中选择需要的效果即可。

3. 重新设置图片颜色

如果用户对图片的颜色不满意，可以对图片颜色进行调整。在 Word 2010 中，可以快速得到不同的图片颜色效果，具体操作方法：选择文档中的图片，在【格式】选项卡的【调整】组中单击【颜色】下拉按钮，在展开的库中选择需要的图片颜色即可。

4. 为图片应用艺术效果

Word 2010 提供了多种图片艺术效果，用户可以直接选择所需的艺术效果对图片进行调整，具体操作方法：选中文档中的图片，在【格式】选项卡的【调整】组中单击【艺术效果】下拉按钮，在展开的库中选择一种艺术效果即可。

4.11　在文档中使用艺术字

在 Word 文档中灵活地应用艺术字功能，可为文档添加生动且具有特殊视觉效果的文字。在文档中插入的艺术字会被作为图形对象处理，因此在添加艺术字时，可以对艺术字的样式、位置、大小进行设置。

4.11.1　插入艺术字

插入艺术字的方法有两种，一种是先输入文本，再将输入的文本应用为艺术字样式，另一种是先选择艺术字的样式，然后在 Word 软件提供的文本占位符中输入需要的艺术字文本。

【例 4-21】在"第十届学生运动会专题"文档中将标题文本替换为艺术字。📀视频

(1) 继续例 4-20 的操作，删除封面中的标题"第十届学生运动会专题"，在【插入】选项卡的【文本】组中单击【艺术字】按钮，在展开的库中选择需要的艺术字样式，如图 4-96 所示。

(2) 插入一个所选的艺术字样式，在其中显示"请在此放置您的文字"文本占位符，如图 4-97 所示。

图 4-96　选择艺术字样式

图 4-97　显示艺术字文本占位符

(3) 删除艺术字文本占位符中显示的文本，输入需要的艺术字内容"第十届学生运动会专题"。

4.11.2　设置艺术字效果

艺术字是作为图形对象放置在文档中的，用户可以将其作为图片来处理，例如为艺术字设置一种特殊的效果等。

(1) 选择艺术字并选择【格式】选项卡，在【艺术字样式】组中单击 按钮，打开【设置文本效果格式】对话框。

(2) 在【设置文本效果格式】对话框左侧的列表框中，用户可以为艺术字选择一种效果(例如"映像")，然后在对话框右侧的选项区域中设置效果的参数，最后单击【关闭】按钮。

4.12 设置文档版式

一般报刊都需要创建带有特殊效果的文档，需要配合使用一些特殊的排版方式。Word 2010 提供了多种特殊的排版方式，例如，文字竖排、首字下沉、分栏、拼音指南和带圈字符等。

4.12.1 设置分栏

分栏是指按实际排版需要将文本分成若干个条块，使版面更加美观。在阅读报刊时，常常会发现许多页面被分成多个栏目。这些栏目有的是等宽的，有的是不等宽的，从而使得整个页面布局显得错落有致，易于读者阅读。

Word 2010 具有分栏功能，可以把每一栏都视为一节，这样就可以对每一栏文本内容单独进行格式化和版面设计。

【例 4-22】在"第十届学生运动会专题"文档中输入专题内容文本，并设置分栏版式。📹视频

(1) 继续例 4-21 的操作，在文档中输入专题内容文本，并设置标题和内容格式。

(2) 选中需要分栏显示的文本，选择【页面布局】选项卡，在【页面设置】组中单击【分栏】按钮，在弹出的列表中选择【更多分栏】命令，打开【分栏】对话框，如图 4-98 所示。在其中可进行分栏设置，如栏数、宽度、间距和分隔线等。

(3) 单击【确定】按钮，即可为内容设置分栏，效果如图 4-99 所示。

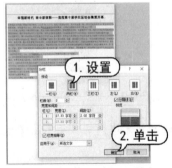

图 4-98 设置【分栏】对话框

图 4-99 分栏排版效果

4.12.2 设置首字下沉

首字下沉是报刊中较为常用的一种文本修饰方式，使用该方式可以很好地改善文档的外

观，使文档更美观、更引人注目。设置首字下沉，就是使第一段开头的第一个字放大。放大的程度可以自行设定，占据两行或者三行的位置，而其他字符围绕在它的右下方。

在 Word 2010 中，首字下沉共有两种不同的方式，一种是普通的下沉，另外一种是悬挂下沉。两种方式区别之处在于：【下沉】方式设置的下沉字符紧靠其他文字，而【悬挂】方式设置的字符可以随意地移动其位置。

打开【插入】选项卡，在【文本】组中单击【首字下沉】按钮，在弹出的列表中选择默认的首字下沉样式。或者选择【首字下沉选项】命令，将打开【首字下沉】对话框，在其中进行相关设置，然后单击【确定】按钮，如图 4-100 所示。

图 4-100　设置文本为"首字下沉"效果

4.13　设置图文混排

当用户为文档设置版式后(例如分栏版式)，在文档中插入图片，图片将根据版式自动调整自身的大小，如图 4-101 所示。此时，用户可以通过设置图片的"环绕方式"，调整图片与文字之间的关系，实现图文混排。

【例 4-23】 在"第十届学生运动会专题"文档中插入图片并设置图片的环绕方式。 视频

(1) 继续例 4-22 的操作，在文档中插入图 4-101 所示的图片，然后选中其中的一张图片，右击鼠标，在弹出的快捷菜单中选择【大小和位置】命令。

(2) 打开【布局】对话框，选中【文字环绕】选项卡中的【四周型】选项，单击【确定】按钮，如图 4-102 所示。

 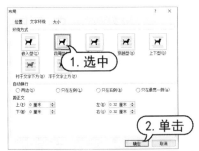

图 4-101　在文档中插入图片　　　　图 4-102　设置【文字环绕】选项卡

(3) 此时，用户可以通过拖动图片，使图片与文字混排，调整图片的大小，文字在版式中显示的数量和位置都会发生变化，如图 4-103 所示。

(4) 在【文字环绕】选项卡的【自动换行】选项区域中可以设置文字受图片影响自动换行的规则，在【距正文】选项区域中则可以设置图片与文字之间的距离。

(5) 重复以上操作，为文档中其他图片设置文字环绕效果，制作出如图 4-104 所示页面效果。

图 4-103　调整图片的位置

图 4-104　制作图文混排效果

4.14　设置页眉页脚

页眉和页脚是文档中每个页面的顶部、底部和两侧页边距(即页面上打印区域之外的空白空间)中的区域。许多文稿特别是比较正式的文稿，都需要设置页眉和页脚。得体的页眉和页脚，会使文稿更为规范，也会给读者带来方便。

【例 4-24】 在"第十届学生运动会专题"文档中设置页眉与页脚。 🎬视频

(1) 选择【插入】选项卡，单击【页眉】按钮，在弹出的列表中选择【编辑页眉】选项，进入页眉和页脚编辑状态，选中【设计】选项卡【选项】组中的【首页不同】复选框。

(2) 将插入点定位在页眉文本编辑区，在【首页页眉】和【页眉】区域分别设置不同的页眉文字，并设置文字的字体、字号、颜色，以及对其方式等属性，如图 4-105 所示。

(3) 单击【设计】选项卡【导航】组中的【转至页脚】按钮切换至页脚部分，单击【页眉和页脚】组中的【页脚】下拉按钮，在弹出的列表中选择【空白】选项，设置页脚的格式，然后在【页脚】处输入页脚文本，如图 4-106 所示

图 4-105　设置页眉

图 4-106　设置页脚

(4) 完成以上设置后，单击【设计】选项卡【关闭】组中的【关闭页眉和页脚】按钮。

4.15　使用邮件合并功能

邮件合并是 Word 的一项高级功能，能够在任何需要大量制作模板化文档的场合中大显身手。用户可以借助 Word 的邮件合并功能来批量处理电子邮件，如通知书、邀请函、明信片、准考证、成绩单、毕业证书等，从而提高办公效率。邮件合并是将作为邮件发送的文档与由收信人信息组成的数据源合并在一起，作为完整的邮件。

完整使用"邮件合并"功能通常需要以下 3 个步骤。

▽ 步骤 1：创建主文档。

▽ 步骤 2：选择数据源。

▽ 步骤 3："邮件合并"生成新文档。

其中，数据源可以是 Excel 工作表、Word 表格，也可以是其他类型的文件。

4.15.1　创建主文档

要合并的邮件由两部分组成，一个是在合并过程中保持不变的主文档；另一个是包含多种信息(如姓名、单位等)的数据源。因此，进行邮件合并时，首先应该创建主文档。创建主文档的方法有两种，一种是新建一个文档作为主文档，另一种是将已有的文档转换为主文档；下面将具体介绍这两种方法。

▽ 新建一个文档作为主文档：新建一篇 Word 文档，打开【邮件】选项卡，在【开始邮件合并】组中单击【开始邮件合并】按钮，在弹出的列表中选择文档类型，如【信函】【电子邮件】【信封】【标签】和【目录】等，即可创建一个主文档。

▽ 将已有的文档转换为主文档：打开一篇已有的文档，打开【邮件】选项卡。在【开始邮件合并】组中单击【开始邮件合并】按钮，在弹出的列表中选择【邮件合并分步向导】命令，打开【邮件合并】任务窗格。在其中进行相应的设置，就可以将该文档转换为主文档。

【例 4-25】 打开"百度简介"文档，将其转换为信函类型的主文档。 视频

(1) 打开"百度简介"文档，打开【邮件】选项卡，在【开始邮件合并】组中单击【开始邮件合并】按钮，在弹出的列表中选择【邮件合并分步向导】命令，如图 4-107 所示。

(2) 打开【邮件合并】任务窗格，选中【信函】单选按钮，单击【下一步：正在启动文档】链接。

(3) 打开【邮件合并】任务窗格，选中【使用当前文档】单选按钮，如图 4-108 所示。

使用"邮件合并"功能做到这一步骤时可以先暂停，学习下面的章节内容时，将会在该例题的基础上进行补充。

计算机基础与实训教材系列

图 4-107　使用邮件合并分布向导

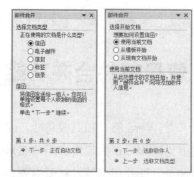

图 4-108　设置文档类型和开始文档

4.15.2　选择数据源

【例 4-26】创建一个名为"地址簿"的数据源并输入信息。🎬视频

(1) 继续例 4-25 的操作，单击图 4-108 右图中的【下一步：选取收件人】链接，打开如图 4-109 所示的任务窗格，选中【键入新列表】单选按钮，在【键入新列表】选项区域中单击【创建】链接。

(2) 打开【新建地址列表】对话框，在相应的域文本框中输入有关信息，如图 4-110 所示。

图 4-109　设置收件人

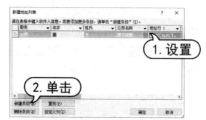

图 4-110　【新建地址列表】对话框

(3) 单击【新建条目】按钮，可以继续输入若干条其他条目，单击【确定】按钮，如图 4-111 所示。

(4) 打开【保存通讯录】对话框，在【文件名】文本框中输入"地址簿"，单击【保存】按钮。

(5) 打开【邮件合并收件人】对话框，在该对话框中列出了创建的所有条目，单击【确定】按钮，如图 4-112 所示。

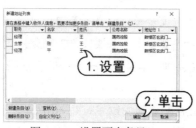

图 4-111　设置更多条目

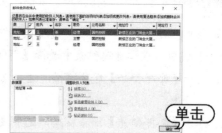

图 4-112　【邮件合并收件人】对话框

(6) 返回【邮件合并】窗格，在【使用现有列表】选项区域中，可以看到创建的列表名称。

4.15.3　编辑主文档

创建完数据源后就可以编辑主文档了。在编辑主文档的过程中，需要插入各种域，只有在插入域后，Word 文档才成为真正的主文档。

1. 插入地址块和问候语

要插入地址块，将插入点定位在要插入合并域的位置，在【邮件合并】任务窗格的第 3 步单击【下一步：撰写信函】链接，在打开的如图 4-113 所示的界面中单击【地址块】链接，将打开【插入地址块】对话框，在该对话框中使用 3 个合并域插入收件人的基本信息，如图 4-114 所示。

图 4-113　【邮件合并】任务空格的第 4 步　　　　图 4-114　【插入地址块】对话框

插入问候语与插入地址块的方法类似。将插入点定位在要插入合并域的位置，在【邮件合并】任务窗格的第 4 步，单击【问候语】链接，打开【插入问候语】对话框，在该对话框中可以自定义称呼、姓名格式等。

2. 插入其他合并域

在使用中文编辑邮件合并时，应使用【其他项目】来完成主文档的编辑操作，使其符合中国人的阅读习惯。

【例 4-27】继续【例 4-26】的操作，设置"邮件合并"功能，插入姓名到称呼处。 视频

(1) 继续例 4-26 的操作，单击【下一步：撰写信函】链接，打开如图 4-113 所示的【邮件合并】任务窗格，单击【其他项目】链接。

(2) 打开【插入合并域】对话框，在【域】列表框中选择【姓氏】选项，单击【插入】按钮，如图 4-116 所示。

(3) 此时，将域"姓氏"插入文档，如图 4-116 所示。使用同样的操作方法，在文档中插入域"名字"。

图 4-115　【插入合并域】对话框

从创立之初，百度便将"让人们最平等、便捷地获取信息，找到所求"作为自己的使命，成立以来，公司秉承"以用户为导向"的理念，不断坚持技术创新，致力于为用户提供"简单，可依赖"的互联网搜索产品及服务，其中包括：以网络搜索为主的功能性搜索，以贴吧、知道为主的社区搜索，针对各区域、行业所需的垂直搜索，Mp3 搜索，以及门户频道、IM 等，全面覆盖了中文网络世界所有的搜索需求，根据第三方权威数据，百度在中国的搜索份额超过 80%。

为推动中国数百万中小网站的发展，百度借助起大流量的平台优势，联合所有优质的各类网站，建立了世界上最大的网站联盟，使各类企业的搜索推广、品牌营销的价值、覆盖面均大面积提升。与此同时，各网站也在联盟大家庭的互助下，获得最大的生存与发展机会。

《地址块》《问候语》《姓氏》

图 4-116　插入"姓氏"域

(4) 在【邮件合并】任务窗格中单击【下一步：预览信函】链接，在文档中插入收件人的信息并进行预览。

在【邮件合并】任务窗格的【预览信函】选项区域中，单击【收件人】左右两侧的 《 和 》 按钮，可选择收件人的信息，并自动插入文档中进行预览，如图 4-117 所示。

4.15.4　合并文档

主文档编辑完成并设置数据源后，需要将两者进行合并，从而完成邮件合并工作。要合并文档，只需在图 4-117 所示的任务窗格中，单击【下一步：完成合并】链接即可。

完成文档合并后，在任务窗格的【合并】选项区域中可实现两个功能：合并到打印机和合并到新文档，用户可以根据需要进行选择，如图 4-118 所示。

图 4-117　预览信函

图 4-118　完成合并

1. 合并到打印机

在任务窗格中单击【打印】链接，将打开如图 4-119 所示的【合并到打印机】对话框，该对话框中主要选项的功能如下所示。

▽　【全部】单选按钮：打印所有收件人的邮件。

▽　【当前记录】单选按钮：只打印当前收件人的邮件。

▽　【从】和【到】单选按钮：打印从第 X 收件人到第 X 收件人的邮件。

2. 合并到新文档

在任务窗格中单击【编辑单个信函】链接，将打开如图 4-120 所示的【合并到新文档】对话框，该对话框中主要选项的功能如下所示。

▽　【全部】单选按钮：所有收件人的邮件形成一篇新文档。

▽　【当前记录】单选按钮：只有当前收件人的邮件形成一篇新文档。

▽　【从】和【到】单选按钮：第×收件人到第×收件人的邮件形成新文档。

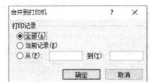

图 4-119　【合并到打印机】对话框

图 4-120　【合并到新文档】对话框

使用邮件合并功能的文档，其文本不能使用类似 1.，2.，3，…数字或字母序列的自动编号，应使用非自动编号，否则邮件合并后生成的文档，下文将自动接上文继续编号，造成文本内容的改变。

4.16　实例演练

本章的实例演练部分将指导用户打印本章制作的 Word 文档。

【例 4-28】　使用 Word 打印文档。　视频

(1) 打开本章实例创建的文档后，单击【文件】按钮，在打开的界面中选择【打印】选项，在右侧的预览窗格中单击【下一页】按钮 ，预览打印效果。

(2) 在【打印】窗格的【份数】微调框中输入 1；在【打印机】列表框中选择一个可用的打印机，如图 4-121 所示。

(3) 最后，单击【打印】按钮，即可开始打印文档。

图 4-121　打印 Word 文档

4.17　习题

1. 新建一个"会议请柬"文档，设置上、下、左、右页边距均为 0.5 厘米，纸张大小为自定义 8.5 厘米×11 厘米，并自定义设置图片背景填充色。

2. 新建一个"新年贺卡"文档，设置上、下、左、右页边距为 0.5 厘米，纸张大小为自定义 8.5 厘米×11 厘米，并自定义设置图片背景填充色。

3. 打开一篇已编辑好的多页 Word 文档，在文档中插入书签并显示插入的书签标记。

4. 使用 Word 2010 制作一个如图 4-122 所示的"公司宣传单文档"(图片素材可自选)。

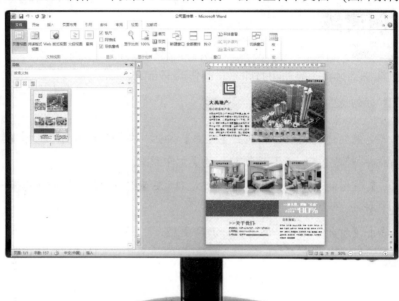

图 4-122　公司宣传单文档

5. 使用 Word 2010 制作一个如图 4-123 所示的"商业计划书"。

图 4-123　商业计划书

第5章

Excel 2010表格制作

Excel 2010 是一款功能强大的电子表格制作软件，该软件不仅具有强大的数据组织、计算、分析和统计功能，还可以通过图表、图形等多种形式显示数据的处理结果，帮助用户轻松地制作各类电子表格，并进一步实现数据的管理与分析。

本章将介绍 Excel 2010 软件的功能与应用，包括制作电子表格，使用公式与函数，排序、筛选与汇总数据，以及通过图表呈现数据等。

➡ 本章重点

- ● Excel 的基础知识
- ● 制作 Excel 电子表格
- ● 使用公式与函数
- ● 排序、筛选与分类汇总数据
- ● 分析表格数据

➡ 二维码教学视频

【例 5-1】 创建并保存工作簿
【例 5-2】 重命名与删除工作表
【例 5-3】 输入并填充数据
【例 5-4】 使用公式计算考试总分
【例 5-5】 复制与填充公式
【例 5-6】 合并区域引用

【例 5-7】 交叉引用
【例 5-8】 使用函数计算考试平均分
【例 5-9】 使用函数分段统计成绩
【例 5-10】 使用函数划分成绩等次
【例 5-11】 按性别排序表格数据
本章其他视频参见视频二维码列表

5.1 Excel 2010 概述

Excel 是 Microsoft 公司开发的 Office 系列办公软件中的一个组件。该软件是一款功能强大、技术先进、使用方便灵活的电子表格软件,可以用来制作电子表格、完成复杂的数据运算,进行数据分析和预测,并且具有强大的制作图表的功能以及打印功能等。

5.1.1 主要功能

Excel 在日常办公应用中主要有以下几个功能。

▽ 创建数据统计表格:Excel 软件的制表功能是把用户所用到的数据输入 Excel 中以形成表格。

▽ 进行数据计算:在 Excel 的工作表中输入完数据后,还可以对用户所输入的数据进行计算,比如求和、求平均值、求最大值和最小值等。此外 Excel 2010 还提供了强大的公式运算与函数处理功能,可以对数据进行更复杂的计算工作。

▽ 创建多样化的统计图表:在 Excel 2010 中,可以根据输入的数据来建立统计图表,以便更加直观地显示数据之间的关系,让用户可以比较数据之间的变动、成长关系以及趋势等。

▽ 分析与筛选数据:当用户对数据进行计算后,就要对数据进行统计分析。如可以对它进行排序、筛选,还可以对它进行创建数据透视表、单变量求解、模拟运算表和方案管理统计分析等操作。

5.1.2 工作界面

Excel 2010 的工作界面主要由快速访问工具栏、功能区、标题栏、滚动条和状态栏等元素组成,如图 5-1 所示。

▽ 标题栏:标题栏位于应用程序窗口的最上面,用于显示当前正在运行的程序名及文件名等信息。如果是刚打开的新工作簿文件,用户所看到的是【工作簿 1】,它是 Excel 2010 默认建立的文件名。

▽ 【文件】按钮:单击【文件】按钮,会弹出【文件】菜单,在其中显示一些基本命令,包括新建、打开、保存、打印、选项以及其他一些命令。

▽ 功能区:Excel 2010 的功能区和 Excel 2007 的功能区一样,都是由功能选项卡和包含在选项卡中的各种命令按钮组成。使用 Excel 2010 功能区可以轻松地查找以前版本中隐藏在复杂菜单和工具栏中的命令和功能。

▽ 状态栏:状态栏位于 Excel 窗口底部,用来显示当前工作区的状态。在大多数情况下,状态栏的左端显示【就绪】,表明工作表正在准备接收新的信息;在向单元格中输入数

据时，在状态栏的左端将显示【输入】字样；对单元格中的数据进行编辑时，状态栏显示【编辑】字样。

▽ 其他组件：在 Excel 2010 工作界面中，除了包含与其他 Office 软件相同的界面元素外，还有许多其特有的组件，如编辑栏、工作表编辑区、工作表标签、行号与列标等。

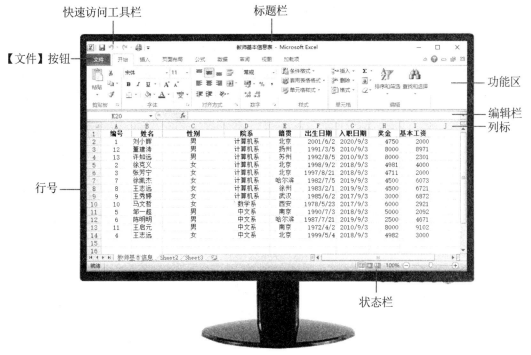

图 5-1　Excel 2010 的工作界面

5.1.3　Excel 的三大元素

一个完整的 Excel 电子表格文档主要由 3 部分组成，分别是工作簿、工作表和单元格。

▽ 工作簿：工作簿是 Excel 用来处理和存储数据的文件。工作簿文件是 Excel 存储在磁盘上的最小独立单位，其扩展名为【.xlsx】。工作簿窗口是 Excel 打开的工作簿文档窗口，它由多个工作表组成。刚启动 Excel 时，系统默认打开一个名为【工作簿 1】的空白工作簿。

▽ 工作表：工作表是在 Excel 中用于存储和处理数据的主要文档，也是工作簿中的重要组成部分，它又称为电子表格。工作表是 Excel 的工作平台，若干个工作表构成一个工作簿。用户可以单击工作表标签右侧的【新工作表】按钮⊕，添加新的工作表。不同的工作表可以在工作表标签中通过单击进行切换，但在使用工作表时，只能有一个工作表处于当前活动状态。

▽ 单元格：单元格是工作表中的小方格，它是工作表的基本元素，也是 Excel 独立操作的最小单位。单元格的定位是通过它所在的行号和列标来确定的，每一列的列标由 A、B、C 等字母表示；每一行的行号由 1、2、3 等数字表示。行与列的交义形成一个单元格。

工作簿、工作表与单元格之间的关系是包含与被包含的关系，即工作表由多个单元格组成，而工作簿又包含一个或多个工作表。

5.2 创建与保存工作簿

在 Excel 中，用于存储并处理工作数据的文件被称为工作簿，它是用户使用 Excel 进行操作的主要对象和载体。熟练掌握工作簿的相关操作，不仅可以在工作中保障表格中的数据被正确地创建、打开、保存和关闭，还能够在出现特殊情况时帮助我们快速恢复数据。本节将通过创建"学生基本信息"表，帮助用户快速了解 Excel 的基本操作。

5.2.1 创建空白工作簿

在任何版本的 Excel 中，按下 Ctrl+N 组合键都可以新建一个空白工作簿。此外，选择【文件】选项卡，在弹出的菜单中选择【新建】命令，并在展开的工作簿列表中双击【空白工作簿】图标或任意一种工作簿模板，也可以创建新的工作簿，如图 5-2 所示。

5.2.2 保存工作簿

当用户需要将工作簿保存在计算机硬盘中时，可以参考以下几种方法：

▽ 选择【文件】选项卡，在打开的菜单中选择【保存】或【另存为】命令，如图 5-3 所示。

▽ 单击快速访问工具栏中的【保存】按钮 🔲。

▽ 按下 Ctrl+S 组合键。

▽ 按下 Shift+F12 组合键。

图 5-2　新建工作簿

图 5-3　保存工作簿

此外，经过编辑修改却未经过保存的工作簿在关闭时，将自动弹出一个警告对话框，询问用户是否需要保存工作簿，单击其中的【保存】按钮，也可以保存当前工作簿。

1. 保存和另存为的区别

Excel 中有两个和保存功能相关的命令，分别是【保存】和【另存为】，这两个命令有以下区别：

▽ 执行【保存】命令不会打开【另存为】对话框，而是直接将编辑修改后的数据保存到当前工作簿中。保存后的工作簿在文件名、存放路径上不会发生任何改变。

▽ 执行【另存为】命令后，将会打开【另存为】对话框，允许用户重新设置工作簿的存放路径、文件名并设置保存选项。

在对新建工作簿进行第一次保存时，或使用【另存为】命令保存工作簿时，将打开如图 5-4 所示的【另存为】对话框。在该对话框左侧列表框中可以选择具体的文件存放路径，如果需要将工作簿保存在新建的文件夹中，可以单击对话框左上角的【新建文件夹】按钮。

用户可以在上图所示的【另存为】对话框的【文件名】文本框中为工作簿命名，新建工作簿的默认名称为"工作簿 1"，文件保存类型一般为"Excel 工作簿"，即以.xlsx 为扩展名的文件。用户可以通过单击【保存类型】按钮自定义工作簿的保存类型。最后单击【保存】按钮关闭【另存为】对话框，完成工作簿的保存。

新建文件夹

文档存储路径

图 5-4　【另存为】对话框　　　　　　图 5-5　设置保存类型

计算机基础与实训教材系列

2. 工作簿的更多保存选项

在保存工作簿时打开的【另存为】对话框的底部单击【工具】下拉按钮，从弹出的列表中选择【常规选项】选项，将打开如图 5-6 所示的【常规选项】对话框。

设置在保存工作簿时生成备份文件

(1) 打开【常规选项】对话框后，选中【生成备份文件】复选框，然后单击【确定】按钮。

(2) 返回【另存为】对话框，再次单击【确定】按钮，则可以设置在每次保存工作簿时自动创建工作簿备份文件，如图 5-7 所示。

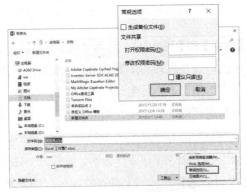

图 5-6 打开【常规选项】对话框

图 5-7 保存文件时创建备份文件

这里需要注意的是：备份文件只在保存工作簿时生成，它不会自动生成。用户使用备份文件恢复工作簿内容只能获取前一次保存时的状态，并不能恢复更久以前的状态。

在保存工作簿时设置打开权限密码

(1) 打开【常规选项】对话框后，在【打开权限密码】文本框中输入一个用于打开工作簿的权限密码，然后单击【确定】按钮，如图 5-8 所示。

(2) 打开【确认密码】对话框，在【重新输入密码】文本框中再次输入工作簿打开权限密码，然后单击【确定】按钮，如图 5-9 所示。

图 5-8 设置打开工作簿权限密码

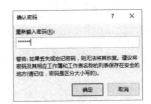

图 5-9 【确认密码】对话框

(3) 返回【另存为】对话框，单击【确定】按钮将工作簿保存即可为工作簿设置一个打开权限密码。此后，在打开工作簿文件时将打开一个提示对话框要求用户输入打开权限密码。

以"只读"方式保存工作簿

打开【常规选项】对话框后，选中【建议只读】复选框，然后单击【确定】按钮，返回【另存为】对话框，单击【确定】按钮将工作簿保存后，双击工作簿文件将其打开时将打开提示对话框，建议用户以"只读方式"打开工作簿。

【例 5-1】 创建一个空白工作簿，并将其以"学生基本信息"为名保存。 视频

(1) 启动 Excel，选择【文件】选项卡，在弹出的菜单中选择【新建】选项，在【可用模板】选项区域中双击【空白工作簿】选项，新建一个包含 Sheet1、Sheet2 和 Sheet3 的空白工作簿，如图 5-10 所示。

(2) 按下 F12 键，打开【另存为】对话框，如图 5-11 所示，在【文件名】文本框中输入"学生基本信息"，单击【确定】按钮，保存工作簿。

图 5-10　新建空白工作簿　　　　　　　　　图 5-11　保存工作簿

5.3　操作工作表

工作表包含于工作簿之中，用于保存 Excel 中所有的数据，是工作簿的组成部分，工作簿总是包含一个或者多个工作表页的关系。

5.3.1　选取工作表

在实际工作中，由于一个工作簿中往往包含多个工作表，因此操作前需要选取工作表。在 Excel 窗口底部的工作表标签栏中，选取工作表的常用操作包括以下 4 种：

▽　选定一个工作表：直接单击该工作表的标签即可，如图 5-12 所示。

▽　选定相邻的工作表：首先选定第一个工作表标签，然后按住 Shift 键不松并单击其他相邻工作表的标签即可，如图 5-13 所示。

图 5-12　选定一张工作表　　　　　　　　　图 5-13　选取相邻的工作表

▽　选定不相邻的工作表：首先选定第一个工作表，然后按住 Ctrl 键不松并单击其他任意一个工作表标签即可，如图 5-14 所示。

▽　选定工作簿中的所有工作表：右击任意一个工作表标签，在弹出的快捷菜单中选择【选定全部工作表】命令即可，如图 5-15 所示。

图 5-14　选取不相邻的工作表　　　　　　　图 5-15　选定全部工作表

除了上面介绍的几种方法以外，按下 Ctrl+PageDown 组合键可以切换到当前工作表右侧的工作表，按下 Ctrl+PageUp 组合键可以切换到当前工作表左侧的工作表。

5.3.2 创建工作表

若工作簿中的工作表数量不够，用户可以在工作簿中创建新的工作表，不仅可以创建空白的工作表，还可以根据模板插入带有样式的新工作表。Excel 中常用的创建工作表的方法有 4 种，分别如下：

▽ 在工作表标签栏的右侧单击【插入新工作表】按钮 。

▽ 按下 Shift+F11 键，则会在当前工作表前插入一个新工作表。

▽ 右击工作表标签，在弹出的快捷菜单中选择【插入】命令，然后在打开的【插入】对话框中选择【工作表】选项，并单击【确定】按钮。

▽ 在【开始】选项卡的【单元格】组中单击【插入】下拉按钮，在弹出的下拉列表中选择【工作表】命令。

5.3.3 重命名工作表

在工作簿中插入工作表后，工作表的默认名称为 Sheet1、Sheet2…。如果用户需要重命名工作表的名称，可以右击工作表标签，在弹出的快捷菜单中选择【重命名】命令(或者双击工作表标签)，然后输入新的工作表名称即可。

5.3.4 复制/移动工作表

复制与移动工作表是办公中的常用操作，通过复制操作，可以在同一个工作簿或者不同的工作簿间创建工作表副本；通过移动操作，可以在同一个工作簿中改变工作表的排列顺序，也可以在不同的工作簿之间转移工作表。

1. 通过对话框操作

在 Excel 中有以下两种方法可以打开【移动或复制工作表】对话框。

▽ 右击工作表标签，在弹出的快捷菜单中选择【移动或复制工作表】命令。

▽ 选择【开始】选项卡，在【单元格】组中单击【格式】按钮，在弹出的菜单中选择【移动或复制工作表】命令，如图 5-16 所示。

(1) 执行上面介绍的两种方法之一，打开【移动或复制工作表】对话框，在【工作簿】下拉列表中选择【复制】或【移动】的目标工作簿，如图 5-17 所示。

图 5-16　选择【移动或复制工作表】命令

图 5-17　设置【移动或复制工作表】对话框

(2) 在【下列选定工作表之前】列表中显示了指定工作簿中包含的所有工作表，选中其中的某个工作表，指定复制或移动工作表后，被操作工作表在目标工作簿中的位置。

(3) 选中对话框中的【建立副本】复选框，确定当前对工作表的操作为"复制"；取消【建立副本】复选框的选中状态，则对工作表的操作为"移动"。

(4) 最后，单击【确定】按钮，即可完成对当前选定工作表的复制或移动操作。

2. 拖动工作表标签

拖动工作表标签实现移动或者复制工作表的操作步骤非常简单，具体如下：

▽ 将鼠标光标移动至需要移动的工作表标签上，单击鼠标，鼠标指针处显示文档的图标，此时可以拖动鼠标将当前工作表移动至其他位置，如图 5-18 所示。

▽ 如果按住鼠标左键的同时，按住 Ctrl 键则执行复制操作，此时鼠标指针下显示的文档图标上会出现一个"+"号，以此来表示当前操作方式为"复制"，复制工作表后的效果如图 5-19 所示。

图 5-18　移动工作表

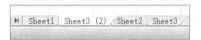

图 5-19　复制工作表后的效果

如果当前屏幕中同时显示了多个工作簿，拖动工作表标签的操作也可以在不同工作簿中进行。

5.3.5　删除工作表

对工作表进行编辑操作时，可以删除一些多余的工作表。这样不仅可以方便用户对工作表进行管理，也可以节省系统资源。在 Excel 中删除工作表的常用方法有以下几种：

▽ 在工作簿中选定要删除的工作表，在【开始】选项卡的【单元格】组中单击【删除】下拉按钮，在弹出的下拉列表中选择【删除工作表】命令即可。

▽ 右击要删除的工作表的标签，在弹出的快捷菜单中选择【删除】命令，即可删除该工作表。

【例 5-2】　重命名工作表并删除"学生基本信息"工作簿中的工作表。 🎬 视频

(1) 双击"学生基本信息"工作簿将其打开后，右击 Sheet1 工作表标签，在弹出的快捷菜单中选择【重命名】命令，如图 5-20 所示。

(2) 输入"学生基本信息表"，然后单击工作表中的任意单元格，将 Sheet1 工作表重命名。

(3) 按住 Ctrl 键，同时选中 Sheet2 和 Sheet3 工作表，右击鼠标，在弹出的快捷菜单中选择【删除】命令，如图 5-21 所示，即可将 Sheet2 和 Sheet3 工作表从工作簿中删除。

计算机基础与实训教材系列

图 5-20　重命名工作表

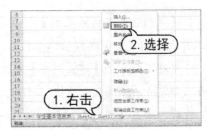

图 5-21　删除工作表

(4) 最后，按下 Ctrl+S 组合键将编辑过的工作簿文件保存。

5.4　输入表格数据

Excel 工作表中有各种类型的数据，我们必须理解不同数据类型的含义，分清各种数据类型之间的区别，才能高效、正确地输入与编辑数据。同时，Excel 各类数据的输入、使用和修改还有很多方法和技巧，了解并掌握它们可以大大提高日常办公的效率。

5.4.1　Excel 数据简介

在工作表中输入和编辑数据是用户使用 Excel 时最基本的操作之一。工作表中的数据都保存在单元格内，单元格内可以输入和保存的数据包括数值、日期、文本和公式 4 种基本类型。此外，还有逻辑值、错误值等一些特殊的数值类型。

数值

数值指的是所代表数量的数字形式，例如企业的销售额、利润等。数值可以是正数，也可以是负数，但是都可以用于进行数值计算，例如加、减、求和、求平均值等。除了普通的数字以外，还有一些使用特殊符号的数字也被 Excel 理解为数值，例如百分号%、货币符号￥、千分间隔符以及科学计数符号 E 等。

Excel 可以表示和存储的数字最大精确到 15 位有效数字。对于超过 15 位的整数数字，例如 342 312 345 657 843 742(18 位)，Excel 将会自动将 15 位以后的数字变为零，如 342 312 345 657 843 000。对于大于 15 位有效数字的小数，则会将超出的部分截去。

因此，对于超出 15 位有效数字的数值，Excel 无法进行精确的运算或处理，例如无法比较两个相差无几的 20 位数字的大小，无法用数值的形式存储身份证号码等。用户可以通过使用文本形式来保存位数过多的数字，来处理和避免上面的这些情况，例如，在单元格中输入身份证号码的首位之前加上单引号，或者先将单元格格式设置为文本后，再输入身份证号码。

另外，对于一些很大或者很小的数值，Excel 会自动以科学计数法来表示，例如 342 312 345 657 843 会以科学计数法表示为 3.42312E+14，即为 3.42312×10^{14} 的意思，其中代表 10 的乘方大写字母 E 不可以省略。

日期和时间

在 Excel 中，日期和时间是以一种特殊的数值形式存储的，这种数值形式被称为"序列值"，在早期的版本中也被称为"系列值"。序列值是介于一个大于等于 0，小于 2 958 466 的数值区间的数值，因此，日期型数据实际上是一个包括在数值数据范畴中的数值区间。

在 Windows 系统中所使用的 Excel 版本中，日期系统默认为"1900 年日期系统"，即以 1900 年 1 月 1 日作为序列值的基准日，当日的序列值计为 1，这之后的日期均以距基准日期的天数作为其序列值，例如 1900 年 2 月 1 日的序列值为 32，2017 年 10 月 2 日的序列值为 43 010。在 Excel 中可以表示的最后一个日期是 9999 年 12 月 31 日，当日的序列值为 2 958 465。如果用户需要查看一个日期的序列值，具体操作方法如下。

(1) 在单元格中输入如图 5-22 所示的日期后，右击单元格，在弹出的快捷菜单中选择【设置单元格格式】命令(或按下 Ctrl+1 组合键)。

(2) 在打开的【设置单元格格式】对话框的【数字】选项卡中，选择【常规】选项，在【示例】框中显示日期的序列值，然后单击【确定】按钮，将单元格格式设置为"常规"，如图 5-23 所示。

図 5-22　输入日期　　　　　　　　　　图 5-23　【设置单元格格式】对话框

由于日期存储为数值的形式，因此它继承数值的所有运算功能，例如日期数据可以参与加、减等数值的运算。日期运算的实质就是序列值的数值运算。例如要计算两个日期之间相距的天数，可以直接在单元格中输入两个日期，再用减法运算的公式来求得结果。

日期系统的序列值是一个整数数值，一天的数值单位就是 1，那么 1 小时就可以表示为 1/24 天，1 分钟就可以表示为 1/(24×60)天等，一天中的每一个时刻都可以由小数形式的序列值来表示。例如中午 12:00:00 的序列值为 0.5(一天的一半)，12:05:00 的序列值近似为 0.503 472。

如果输入的时间值超过 24 小时，Excel 会自动以天为单位进行整数进位处理。例如 25:01:00，转换为序列值为 1.04 236，即 1+0.4236(1 天+1 小时 1 分)。Excel 中允许输入的最大时间为 9999:59:59:9999。

将小数部分表示的时间和整数部分所表示的日期结合起来，就可以以序列值表示一个完整的日期时间点。例如，2017 年 10 月 2 日 12:00:00 的序列值为 43 010.5。

文本

文本通常指的是一些非数值型文字、符号等，例如企业的部门名称、员工的考核科目、产品的名称等。除此之外，许多不代表数量的、不需要进行数值计算的数字也可以保存为文本形式，例如电话号码、身份证号码、股票代码等。所以，文本并没有严格意义上的概念。事实上，Excel 将许多不能理解为数值(包括日期时间)和公式的数据都视为文本。文本不能用于数值计算，但可以比较大小。

逻辑值

逻辑值是一种特殊的参数，它只有 TRUE(真)和 FALSE(假)两种类型。

例如，公式

```
=IF(A3=0,"0",A2/A3)
```

中的 A3=0 就是一个可以返回 TRUE(真)或 FLASE(假)两种结果的参数。当 A3=0 为 TRUE 时，则公式返回结果为 0，否则返回 A2/A3 的计算结果。

在逻辑值之间进行四则运算时，可以认为 TRUE=1，FLASE=0，例如：

```
TRUE+TRUE=2
FALSE*TRUE=0
```

逻辑值与数值之间的运算，可以认为 TRUE=1，FLASE=0，例如：

```
TRUE-1=0
FALSE*5=0
```

在逻辑判断中，非 0 的不一定都是 TRUE，例如公式：

```
=TRUE<5
```

如果把 TRUE 理解为 1，公式的结果应该是 TRUE。但实际上结果是 FALSE，原因是逻辑值就是逻辑值，不是 1，也不是数值，在 Excel 中规定，数字<字母<逻辑值，因此应该是 TRUE>5。

总之，TRUE 不是 1，FALSE 也不是 0，它们不是数值，它们就是逻辑值。只不过有些时候可以把它"当成"1 和 0 来使用。但是逻辑值和数值有着本质的区别。

错误值

经常使用 Excel 的用户可能都会遇到一些错误信息，例如#N/A!、#VALUE!等，出现这些错误的原因有很多种，如果公式不能计算出正确结果，Excel 将显示一个错误值。例如，在需要数字的公式中使用文本、删除了被公式引用的单元格等。

公式

公式是 Excel 中一种非常重要的数据，Excel 作为一款电子数据表格软件，其许多强大的计算功能都是通过公式来实现的。

公式通常都是以"="开头，它的内容可以是简单的数学公式，例如：

=16*62*2600/60-12

也可以包括 Excel 的内置函数，甚至是用户自定义的函数，例如：

=IF(F3<H3,"",IF(MINUTE(F3-H3)>30,"50 元","20 元"))

若用户要在单元格中输入公式，可以在开始输入的时候以一个等号=开头，表示当前输入的是公式。除了等号外，使用加号或者减号开头也可以使 Excel 识别其内容为公式，但是在按下 Enter 键确认后，Excel 还是会在公式的开头自动加上=号。

当用户在单元格内输入公式并确认后，默认情况下会在单元格内显示公式的运算结果。公式的运算结果，从数据类型上来说，也大致可以区分为数值型数据和文本型数据两大类。选中公式所在的单元格后，在编辑栏内也会显示公式的内容。在 Excel 中有以下 3 种等效方法，可以在单元格中直接显示公式的内容。

▽ 选择【公式】选项卡，在【公式审核】组中单击【显示公式】按钮，使公式内容直接显示在单元格中，再次单击该按钮，则显示公式计算结果。

▽ 在【Excel 选项】对话框中选择【高级】选项卡，然后选中或取消选中该选项卡中的【在单元格中显示公式而非计算结果】复选框。

▽ 按下 Ctrl+~组合键，在"公式"与在"值"的显示方式之间进行切换。

5.4.2　在工作表中输入数据

数据输入是日常办公中使用 Excel 工作的一项必不可少的工作，对于某些特定的行业和特定的岗位来说，在工作中输入数据甚至是一项频率很高却又效率极低的工作。如果用户学习并掌握一些数据输入的技巧，就可以极大地简化数据输入的操作，提高工作效率。

要在单元格内输入数值和文本类型的数据，用户可以在选中目标单元格后，直接向单元格内输入数据，如图 5-24 所示。数据输入结束后按下 Enter 键或者使用鼠标单击其他单元格都可以确认完成输入。要在输入过程中取消本次输入的内容，则可以按下 Esc 键退出输入状态。

当用户输入数据的时候(Excel 工作窗口底部状态栏的左侧显示"输入"字样)，原有编辑栏的左边出现两个新的按钮，分别是 ✕ 和 ✓。如果用户单击 ✓ 按钮，可以对当前输入的内容进行确认，如果单击 ✕ 按钮，则表示取消输入，如图 5-25 所示。

图 5-24　输入数据

图 5-25　确认与取消输入

1. 数据显示与输入的关系

在单元格中输入数据后，将在单元格中显示数据的内容(或者公式的结果)，同时在选中单元格时，在编辑栏中显示输入的内容。用户可能会发现，有些情况下在单元格中输入的数值和文本，与单元格中的实际显示并不完全相同。

实际上，Excel 对于用户输入的数据存在一种智能分析功能，软件总是会对输入数据的标识符及结构进行分析，然后以它所认为最理想的方式显示在单元格中，有时甚至会自动更改数据的格式或者数据的内容。对于此类现象及其原因，大致可以归纳为以下几种情况。

Excel 系统规范

如果用户在单元格中输入位数较多的小数，例如 111.555 678 333，而单元格列宽设置为默认值时，单元格内会显示 111.5557。这是由于 Excel 系统默认设置了对数值进行四舍五入显示的原因。

当单元格列宽无法完整显示数据的所有部分时，Excel 将会自动以四舍五入的方式对数值的小数部分进行截取显示。如果将单元格的列宽调整得很大，显示的位数相应增多，但是最大也只能显示到保留 10 位有效数字。虽然单元格的显示与实际数值不符，但是当用户选中此单元格时，在编辑栏中仍可以完整显示整个数值，并且在数据的计算过程中，Excel 也是根据完整的数值进行计算的，而不是代之以四舍五入后的数值。

如果用户希望以单元格中实际显示的数值来参与数值计算，可执行以下操作。

(1) 打开【Excel 选项】对话框，选择【高级】选项卡，选中【将精度设为所显示的精度】复选框，并在弹出的提示对话框中单击【确定】按钮，如图 5-26 所示。

(2) 在【Excel 选项】对话框中单击【确定】按钮完成设置。

图 5-26　设置以单元格实际显示的数值来参与数值计算

如果单元格的列宽很小，则数值的单元格内容显示会变为"#"符号，此时只要增加单元格列宽就可以重新显示数字。

与以上 Excel 系统规范类似，还有一些数值方面的规范，使得数据输入与实际显示不符，具体如下：

▽ 当用户在单元格中输入非常大或者非常小的数值时，Excel 会在单元格中自动以科学记数法的形式来显示。

▽ 输入大于 15 位有效数字的数值时(例如 18 位身份证号码)，Excel 会对原数值进行 15 位有效数字的自动截断处理，如果输入的数值是正数，则超过 15 位部分补零。

▽ 当输入的数值外面包括一对半角小括号时，例如(123456)，Excel 会自动以负数的形式来保存和显示括号内的数值，而括号不再显示。

▽　当用户输入以 0 开头的数值时(例如股票代码)，Excel 会因将其识别为数值而将前置的 0 清除。

▽　当用户输入末尾为 0 的小数时，系统会自动将非有效位数上的 0 清除，使其符合数值的规范显示。

对于上面提到的情况，如果用户需要以完整的形式输入数据，可以参考下面的方法解决问题。

▽　对于不需要进行数值计算的数字，例如身份证号码、信用卡号码、股票代码等，可以将数据形式转换成文本形式来保存和显示完整数字内容。在输入数据时，以单引号 ' 开始输入数据，Excel 会将所输入的内容自动识别为文本数据，并以文本形式在单元格中保存和显示，其中的单引号 ' 不显示在单元格中(但在编辑栏中显示)。

▽　用户也可以先选中目标单元格，右击鼠标，在弹出的快捷菜单中选择【设置单元格格式】命令，打开【设置单元格格式】对话框，选择【数字】选项卡，在【分类】列表框中选择【文本】选项，并单击【确定】按钮，如图 5-27 所示。这样，可以将单元格格式设置为文本形式，在单元格中输入的数据将保存并显示为文本。

设置成文本后的数据无法正常参与数值计算，如果用户不希望改变数值类型，希望在单元格中能够完整显示的同时，仍可以保留数值的特性，可以参考以下操作。

(1) 以学生编号代码 000321 为例，选取目标单元格，打开【设置单元格格式】对话框，选择【数字】选项卡，在【分类】列表框中选择【自定义】选项。

(2) 在对话框右侧的【类型】文本框中输入 000000，然后单击【确定】按钮，如图 5-28 所示。

图 5-27　将数据设置为"文本"类型

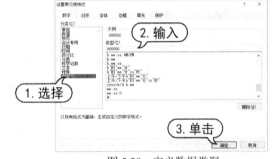

图 5-28　定义数据类型

(3) 此时再在单元格中输入 000321，即可完全显示数据，并且仍保留数值的格式。

对于小数末尾中的 0 的保留显示(例如某些数字保留位数)，与上面的例子类似。用户可以在输入数据的单元格中设置自定义的格式，例如 0.00000(小数点后面 0 的个数表示需要保留显示小数的位数)。除了自定义的格式外，使用系统内置的"数值"格式也可以达到相同的效果。在【设置单元格格式】对话框中选择【数值】选项后，对话框右侧会显示【小数位数】微调框，使用该微调框调整需要显示的小数位数，就可以将用户输入的数据按照需要的保留位置来显示。

除了以上提到的这些数值输入情况外，某些文本数据的输入也存在输入与显示不符的情况。例如，在单元格中输入内容较长的文本时(文本长度大于列宽)，如果目标单元格右侧的单元格内没有内容，则文本会完整显示甚至"侵占"到右侧的单元格，如图 5-29 所示(A1 单元格的显示)；而如果右侧单元格中本身就包含内容，则文本就会显示不完全，如图 5-30 所示。

图 5-29　数据"侵占"右侧单元格

图 5-30　数据显示不全

若用户需要将如图 5-30 所示的文本输入在单元格中完整显示出来，有以下几种方法。

▽　将单元格所在的列宽调整得更大，容纳更多字符的显示(列宽最大可以容纳 255 个字符)。

▽　选中单元格，打开【设置单元格格式】对话框，选择【对齐】选项卡，在【文本控制】区域中选中【自动换行】复选框(或者在【开始】选项卡的【对齐方式】组中单击【自动换行】按钮)，如图 5-31 所示。此时，单元格中数据的效果如图 5-32 所示。

图 5-31　【对齐】选项卡

图 5-32　数据输入自动换行效果

自动格式

在实际工作中，当用户输入的数据中带有一些特殊符号时，会被 Excel 识别为具有特殊含义，从而自动为数据设定特有的数字格式来显示。

▽　在单元格中输入某些分数时，如 11/12，单元格会自动将输入数据识别为日期形式，显示为日期的格式"11 月 12 日"，同时单元格的格式也会自动被更改。当然，如果用户输入的对应日期不存在，例如 11/32(11 月没有 32 天)，单元格还会保持原有输入显示。但实际上此时单元格还是文本格式，并没有被赋予真正的分数数值意义。

▽　当单元格中输入带有货币符号的数值时，例如$500，Excel 会自动将单元格格式设置为相应的货币格式，在单元格中也可以以货币的格式显示(自动添加千位分隔符、数值标红显示或者加括号显示)。如果选中单元格，可以看到在编辑栏内显示的是实际数值(不带货币符号)。

自动更正

Excel 软件中预置有一种"纠错"功能，会在用户输入数据时进行检查，在发现包含有特定条件的内容时，会自动进行更正，例如以下几种情况。

▽　在单元格中输入(R)时，单元格中会自动更正为®。

▽　在输入英文单词时，如果开头有连续两个大写字母，例如 EXcel，则 Excel 软件会自动将其更正为首字母大写的 Excel。

以上情况的产生，都是基于 Excel 中【自动更正选项】的相关设置。"自动更正"是一项非常实用的功能，它不仅可以帮助用户减少英文拼写错误，纠正一些中文成语错别字和错误用法，还可以为用户提供一种高效的输入替换用法——输入缩写或者特殊字符，系统自动替换为全称或者用户需要的内容。上面列举的第一种情况，就是通过"自动更正"中内置的替换选项来实现的。用户也可以根据自己的需要进行设置，具体方法如下。

(1) 选择【文件】选项卡，在显示的选项区域中选择【选项】选项，打开【Excel 选项】对话框，选择【校对】选项卡。

(2) 在显示的【校对】选项区域中单击【自动更正选项】按钮，如图 5-33 所示。

(3) 在打开的【自动更正】对话框中，用户可以通过选中相应复选框及列表框中的内容对原有的更正替换项目进行设置，也可以新增用户的自定义设置。例如，在单元格中输入 EX 的时候，就自动替换为 Excel，可以在【替换】文本框中输入 EX，然后在【替换为】文本框中输入 Excel，最后单击【添加】按钮，这样就可以成功添加一条用户自定义的自动更正项目，添加完毕后单击【确定】按钮确认操作，如图 5-34 所示。

如果用户不希望输入的内容被 Excel 自动更改，可以对自动更正选项进行以下设置：

▽ 打开【自动更正】对话框，取消【键入时自动替换】复选框的选中状态，以使所有的更正项目停止使用。

▽ 取消选中某个单独的复选框，或者在对话框下面的列表框中删除某些特定的替换内容，来中止一些特定的自动更正项目。例如，要取消前面提到的连续两个大写字母开头的英文更正功能，可以取消【更正前两个字母连续大写】复选框的选中状态。

图 5-33　【校对】选项卡

图 5-34　【自动更正】对话框

自动套用格式

自动套用格式与自动更正类似，当在输入内容中发现包含特殊的文本标记时，Excel 会自动对单元格添加超链接。例如，当用户输入的数据中包含@、WWW、FTP、FTP://、HTTP://等文本内容时，Excel 会自动为此单元格添加超链接，并在输入数据下显示下画线，如图 5-35 所示。

如果用户不愿意输入的文本内容被加入超链接，可以在确认输入后未做其他操作前按下 Ctrl+Z 组合键来取消超链接的自动加入。也可以通过【自动更正选项】按钮来进行操作。例如在单元格中输入 www.sina.com，Excel 会自动为单元格加上超链接，当鼠标移动至文字上方时，会在开头文字的下方出现一个条状符号，将鼠标移动到该符号上，会显示【自动更正选项】下拉按钮，单击该下拉按钮，将显示如图 5-36 所示的列表。

图 5-35　Excel 为网址自动添加超链接

图 5-36　【自动更正选项】下拉列表

▽ 在上图所示的下拉列表中选择【撤销超链接】命令，可以取消在单元格中创建的超链接。如果选择【停止自动创建超链接】命令，在今后类似输入时就不会再加上超链接(但之前已经生成的超链接将继续保留)。

▽ 如果在上图所示的下拉列表中选择【控制自动更正选项】命令，将显示【自动更正】对话框。在该对话框中，取消选中【Internet 及网络路径替换为超链接】复选框，同样可以达到停止自动创建超链接的效果。

2. 日期与时间的输入与识别

日期和时间属于一类特殊的数值类型，其特殊的属性使此类数据的输入以及 Excel 对输入内容的识别，都有一些特别之处。

在中文版的 Windows 系统的默认日期设置下，可以被 Excel 自动识别为日期数据的输入形式如下。

▽ 使用短横线分隔符 "-" 的输入，如表 5-1 所示。

表 5-1　Excel 识别短横线分隔符 "-" 的情况

单元格输入	Excel 识别	单元格输入	Excel 识别
2027-1-2	2027 年 1 月 2 日	27-1-2	2027 年 1 月 2 日
90-1-2	1990 年 1 月 2 日	2027-1	2027 年 1 月 1 日
1-2	当前年份的 1 月 2 日		

▽ 使用斜线分隔符 "/" 的输入，如表 5-2 所示。

表 5-2　Excel 识别斜线分隔符 "/" 的情况

单元格输入	Excel 识别	单元格输入	Excel 识别
2027/1/2	2027 年 1 月 2 日	27/1/2	2027 年 1 月 2 日
90/1/2	1990 年 1 月 2 日	2027/1	2027 年 1 月 1 日
1/2	当前年份的 1 月 2 日		

▽ 使用中文 "年月日" 的输入，如表 5-3 所示。

表 5-3　Excel 识别 "年月日" 输入的情况

单元格输入	Excel 识别	单元格输入	Excel 识别
2027 年 1 月 2 日	2027 年 1 月 2 日	27 年 1 月 2 日	2027 年 1 月 2 日
90 年 1 月 2 日	1990 年 1 月 2 日	2027 年 1 月	2027 年 1 月 1 日
1 月 2 日	当前年份的 1 月 2 日		

▽ 使用包括英文月份的输入，如表 5-4 所示。

表 5-4　Excel 识别包括英文月份输入的情况

单元格输入	Excel 识别	单元格输入	Excel 识别
March 2		Mar 2	
2 Mar	当前年份的 3 月 2 日	Mar-2	当前年份的 3 月 2 日
2-Mar		Mar/2	

对于以上 4 类可以被 Excel 识别的日期输入，有以下几点补充说明。

▽ 年份的输入方式包括短日期(如 90 年)和长日期(如 1990 年)两种。当用户以两位数字的短日期方式来输入年份时，软件默认将 0~29 之间的数字识别为 2000 年~2029 年，而将 30~99 之间的数字识别为 1930 年~1999 年。为了避免系统自动识别造成的错误理解，建议在输入年份的时候，使用 4 位完整数字的长日期方式，以确保数据的准确性。

▽ 短横线分隔符"-"与斜线分隔符"/"可以结合使用。例如输入 2027-1/2 与 2027/1/2 都可以表示"2027 年 1 月 2 日"。

▽ 当用户输入的数据只包含年份和月份时，Excel 会自动以这个月的 1 号作为它的完整日期值。例如，输入 2027-1 时，会被系统自动识别为 2027 年 1 月 1 日。

▽ 当用户输入的数据只包含月份和日期时，Excel 会自动以系统当年年份作为这个日期的年份值。例如输入 1-2，如果当前系统年份为 2027 年，则会被 Excel 自动识别为 2027 年 1 月 2 日。

▽ 包含英文月份的输入方式可以用于只包含月份和日期的数据输入，其中月份的英文单词可以使用完整拼写，也可以使用标准缩写。

　　除了上面介绍的可以被 Excel 自动识别为日期的输入方式外，其他不被识别的日期输入方式，则会被识别为文本形式的数据。例如使用"."分隔符来输入日期 2027.1.2，这样输入的数据只会被 Excel 识别为文本格式，而不是日期格式，导致数据无法参与各种运算，给数据的处理和计算造成不必要的麻烦。

5.4.3　应用填充与序列

　　除了通常的数据输入方式外，如果数据本身包括某些顺序上的关联特性，用户还可以使用 Excel 所提供的填充功能快速地批量录入数据。

1. 快速填充数据

　　当用户需要在工作表连续输入某些"顺序"数据时，例如星期一、星期二……，甲、乙、丙……等，可以利用 Excel 的自动填充功能实现快速输入。例如，要在 A 列连续输入 1~7 的数字，只需要在 A1 单元格中输入 1，在 A2 单元格中输入 2，然后选中 A1:A2 单元格区域，拖动单元格右下角的控制柄即可，如图 5-37 所示。

图 5-37　快速填充数据

2. 认识与填充序列

　　在 Excel 中可以实现自动填充的"顺序"数据被称为序列。在前几个单元格内输入序列中的元素，就可以为 Excel 提供识别序列的内容及顺序信息，以及 Excel 在使用自动填充功能时，自动按照序列中的元素、间隔顺序来依次填充。

用户可以在【自定义序列】对话框中查看可以被自动填充的序列包括哪些，如图 5-38 所示。

图 5-38　查看 Excel 自动填充包含的序列

在图 5-38 所示的【自定义序列】对话框左侧的列表中显示了当前 Excel 中可以被识别的序列(所有的数值型、日期型数据都是可以被自动填充的序列，不再显示于列表中)，用户也可以在右侧的【输入序列】文本框中手动添加新的数据序列作为自定义序列，或者引用表格中已经存在的数据列表作为自定义序列进行导入。

Excel 中自动填充的使用方式相当灵活，用户并非必须从序列中的一个元素开始自动填充，而是可以始于序列中的任何一个元素。当填充的数据到达序列尾部时，下一个填充数据会自动取序列开头的元素，循环地继续填充。例如在图 5-39 所示的表格中，显示了从"六月"开始自动填充多个单元格的结果。

图 5-39　自动填充月份

除了对自动填充的起始元素没有要求之外，填充时序列中的元素的顺序间隔也没有严格限制。

当需要只在一个单元格中输入序列元素时(除了纯数值数据外)，自动填充功能默认以连续顺序的方式进行填充。而当用户在第一个、第二个单元格内输入具有一定间隔的序列元素时，Excel 会自动按照间隔的规律来选择元素进行填充，例如在如图 5-40 所示的表格中，显示了从六月、九月开始自动填充多个单元格的结果。

图 5-40　填充具有间隔的序列元素

3. 设置填充选项

自动填充完成后，填充区域的右下角将显示【填充选项】按钮，将鼠标指针移动至该按钮上并单击，在弹出的菜单中可显示更多的填充选项，如图 5-41 所示。

在图 5-41 所示的菜单中，用户可以为填充选择不同的方式，如【反填充格式】【不带格式填充】等，甚至可以将填充方式改为复制，使数据不再按照序列顺序递增，而是与最初的单元格保持一致。填充选项按钮下拉菜单中的选项内容取决于所填充的数据类型。例如图 5-42 所示的填充目标数据是日期型数据，则在菜单中显示了更多日期有关的选项，例如【以月填充】【以年填充】等。

图 5-41　填充选项

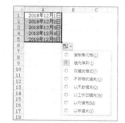

图 5-42　日期型数据的填充选项

【例 5-3】 继续例 5-2 的操作，在"学生基本信息表"工作表中输入并填充数据。 📹 视频

(1) 将鼠标指针分别置于工作表第 1、2 列单元格中，输入图 5-43 所示的文本数据，然后在 A3 单元格中输入"1"。

(2) 选中 A3 单元格，将鼠标指针置于单元格右下角的控制柄上，当指针变为十字状态时，按住 Ctrl 键的同时向下拖动鼠标，创建图 5-44 所示的编号。

图 5-43　输入表格数据

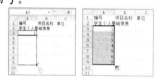

图 5-44　填充表格数据

(3) 重复以上操作，完成"学生基本信息表"表格结构的输入，如图 5-45 所示。

(4) 选中表格中"出生日期""入学年月""填表日期"和"审核日期"等与日期有关的单元格，按下 Ctrl+1 组合键，打开【设置单元格格式】对话框，在【分类】列表中选择【日期】选项，然后在【类型】列表中选择一种日期类型，并单击【确定】按钮，如图 5-46 所示。

图 5-45　输入"学生基本信息表"表格结构

图 5-46　设置日期型数据格式

5.5　使用公式和函数

使用公式和函数不仅可以帮助用户快速并准确地计算表格中的数据，还可以解决办公中的各种查询与统计问题。

5.5.1 制作规范的数据表

在 Excel 中使用公式与函数对数据进行计算与统计或执行排序、筛选与汇总之前，用户首先需要按照一定的规范将自己的数据整理在工作表内，形成规范的数据表。Excel 数据表通常由多行、多列的数据组成，其通常的结构如图 5-47 所示。

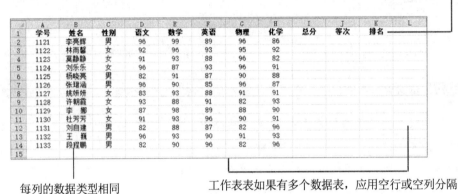

第一行为文本字段的标题，并且没有重复的标题

每列的数据类型相同

工作表表如果有多个数据表，应用空行或空列分隔

图 5-47　用于本节实例的"学生成绩表"数据表

1. 创建规范的数据表

在制作类似上图所示的数据表时，用户应注意以下几点：

▽　如果输入的内容过长，可以使用"自动换行"功能避免列宽增加。

▽　表格的每一列输入相同类型的数据。

▽　为数据表的每一列应用相同的单元格格式。

2. 使用【记录单】添加数据

当需要为数据表添加数据时，用户可以直接在表格的下方输入，也可以使用 Excel 的"记录单"功能输入。

要执行【记录单】命令，用户可以在选中数据表中的任意单元格后，依次按下 Alt、D、O 键，打开图 5-48 所示的对话框。

单击图 5-48 所示对话框中的【新建】按钮，将打开数据列表对话框，在该对话框中根据表格中的数据标题输入相关的数据(可按下 Tab 键在对话框中的各个字段之间快速切换)，如图 5-49 所示。

最后，单击【新建】或【关闭】按钮，即可在数据表中添加新的数据。

执行【记录单】命令后打开的对话框名称与当前工作表名称一致，该对话框中各按钮的功能说明如下。

图 5-48 打开记录单

图 5-49 添加记录

▽ 新建：单击【新建】按钮可以在数据表中添加一组新的数据。

▽ 删除：删除对话框中当前显示的一组数据。

▽ 还原：在没有单击【新建】按钮之前，恢复所编辑的数据。

▽ 上一条：显示数据表中的前一组记录。

▽ 下一条：显示数据表中的下一组记录。

▽ 条件：设置搜索记录的条件后，单击【上一条】和【下一条】按钮显示符合条件的记录。

▽ 关闭：关闭当前对话框。

5.5.2 使用公式

1. 公式简介

公式是以=号为引导，通过运算符按照一定的顺序组合进行数据运算和处理的等式，函数则是按特定算法执行计算的产生一个或一组结构的预定义的特殊公式。

公式的组成元素为等号 "="、运算符和常量、单元格引用、函数、名称等，如表 5-5 所示。

表 5-5 公式的组成元素

公 式	说 明
=18*2+17*3	包含常量运算的公式
=A2*5+A3*3	包含单元格引用的公式
=销售额*奖金系数	包含名称的公式
=SUM(B1*5,C1*3)	包含函数的公式

由于公式的作用是计算结果，在 Excel 中，公式必须要返回一个值。

输入公式

在 Excel 中，当以=号作为开始在单元格中输入数据时，软件将自动切换成输入公式状态，以+、-号作为开始输入数据时，软件会自动在其前面加上等号并切换成输入公式状态。

在 Excel 的公式输入状态下，使用鼠标选中其他单元格区域时，被选中区域将作为引用自动输入到公式中。

计算机基础与实训教材系列

【例 5-4】 使用公式在"学生成绩表"中计算学生考试总分。  视频

(1) 选中 I2 单元格，输入"="，然后单击 D2 单元格。

(2) 输入"+"，单击 E2 单元格。

(3) 重复步骤 2 的操作，在 I2 单元格中输入如图 5-50 所示的公式:

=D2+E2+F2+G2+H2

(4) 按下 Ctrl+Enter 键，即可在 I2 单元格中计算出该学生的总分。

图 5-50　在单元格中输入公式

编辑公式

按下 Enter 键或者 Ctrl+Shift+Enter 键，可以结束普通公式和数组公式的输入或编辑状态。如果用户需要对单元格中的公式进行修改，可以使用以下 3 种方法:

▽ 选中公式所在的单元格，然后按下 F2 键。

▽ 双击公式所在的单元格。

▽ 选中公式所在的单元格，单击窗口中的编辑栏。

删除公式

选中公式所在的单元格，按下 Delete 键可以清除单元格中的全部内容，或者进入单元格编辑状态后，将光标放置在某个位置并按下 Delete 键或 Backspace 键，删除光标后面或前面的公式部分内容。当需要删除多个单元格数组公式时，须选中其所在的全部单元格再按下 Delete 键。

复制与填充公式

如果用户要在表格中使用相同的计算方法，可以通过【复制】和【粘贴】功能实现操作。此外，还可以根据表格的具体制作要求，使用不同方法在单元格区域中填充公式，以提高工作效率。

【例 5-5】 继续例 5-4 的操作，将 I2 单元格中的公式复制到 I3:I15 区域。  视频

(1) 选中 I2 单元格，将鼠标指针置于单元格右下角，当鼠标指针变为黑色十字形状时，按住鼠标左键向下拖动至 I15 单元格。

(2) 释放鼠标左键后，I2 单元格中的公式将被复制到 I3:I15 单元格区域，如图 5-51 所示。

图 5-51　填充公式

此外，用户还可以使用以下几种方法在连续的单元格区域中填充公式。

▽ 双击 I2 单元格右下角的填充柄：选中 I2 单元格后，双击该单元格右下角的填充柄，公式将向下填充到其相邻列第一个空白单元格的上一行，即 I15 单元格。

▽ 使用快捷键：选择 I2：I15 单元格区域，按下 Ctrl+D 组合键，或者选择【开始】选项卡，在【编辑】组中单击【填充】下拉按钮，在弹出的下拉列表中选择【向下】命令(当需要将公式向右复制时，可以按下 Ctrl+R 组合键)。

▽ 使用选择性粘贴：选中 I2 单元格，在【开始】选项卡的【剪贴板】组中单击【复制】按钮，或者按下 Ctrl+C 组合键，然后选择 I2：I15 单元格区域，在【剪贴板】组中单击【粘贴】按钮，在弹出的菜单中选择【公式】命令 🗋。

▽ 多单元格同时输入：选中 I2 单元格，按住 Shift 键，单击所需复制单元格区域的另一个对角单元格 I15，然后单击编辑栏中的公式，按下 Ctrl+Enter 组合键，则 I2：I15 单元格区域中将输入相同的公式。

2. 认识公式运算符

运算符用于对公式中的元素进行特定的运算，或者用来连接需要运算的数据对象，并说明进行了哪种公式运算。Excel 中包含算术运算符、比较运算符、文本运算符和引用运算符 4 种类型的运算符，其说明如表 5-6 所示。

表 5-6　公式中的运算符简介

符　号	说　明
-	负号，算术运算符。例如，=10*-5=-50
%	百分号，算术运算符。例如，=500*8%=4
^	乘幂，算术运算符。例如，5^2=25
*和/	乘和除，算术运算符。例如 6*3/9=2
+和-	加和减，算术运算符。例如 =5+7-12=0
=,<>,>,<,>=,<=	等于、不等于、大于、小于、大于等于和小于等于，比较运算符。例如： =(B1=B2) 判断 B1 与 B2 相等 =(A1<>"K01") 判断 A1 不等于 K01 =(A1>=1) 判断 A1 大于等于 1
&	连接文本，文本运算符。例如 ="Excel"&"案例教程" 返回"Excel 案例教程"
:	冒号，区域运算符。例如 =SUM(A1:E6) 引用冒号两边所引用的单元格为左上角和右下角之间的单元格组成的矩形区域
(单个空格)	单个空格，交叉运算符。例如 =SUM(A1:E6 C3:F9) 引用 A1:E6 与 C3:F9 的交叉区域 C3:E6

(续表)

符　号	说　明
,	逗号，联合运算符。例如 =RANK(A1,(A1:A5,B1:B5))　第二参数引用 A1:A5 和 B1:B5 两个不连续的区域

在上表中，算术运算符主要包含加、减、乘、除、百分比以及乘幂等各种常规的算术运算；比较运算符主要用于比较数据的大小，包括对文本或数值的比较；文本运算符主要用于将文本字符或字符串进行连接与合并；引用运算符是 Excel 特有的运算符，主要用于在工作表中产生单元格引用。

数据的比较原则

在 Excel 中，数据可以分为文本、数值、逻辑值、错误值等几种类型。其中，文本用一对半角双引号" "所包含的内容来表示，例如"Date"是由 4 个字符组成的文本。日期与时间是数值的特殊表现形式，数值1表示1天。逻辑值只有TRUE和FALSE两个，错误值主要有#VALUE!、#DIV/0!、#NAME?、#N/A、#REF!、#NUM!、#NULL!等几种组成形式。

除了错误值外，文本、数值与逻辑值比较时按照以下顺序排列：

…、-2、-1、0、1、2、…、A~Z、FALSE、TRUE

即数值小于文本，文本小于逻辑值，错误值不参与排序。

运算符的优先级

如果公式中同时用到多个运算符，Excel 将会依照运算符的优先级来依次完成运算。如果公式中包含相同优先级的运算符，例如，公式中同时包含乘法和除法运算符，则 Excel 将从左到右进行计算。如表 5-7 所示的是 Excel 中的运算符优先级。其中，运算符优先级从上到下依次降低。

表 5-7　Excel 中运算符的优先级

运算符	说　明
:(冒号)、(单个空格)和,(逗号)	引用运算符
–	负号
%	百分比
^	乘幂
* 和 /	乘和除
+ 和 –	加和减
&	连接两个文本字符串
=、<、>、<=、>=、<>	比较运算符

如果要更改求值的顺序，可以将公式中需要先计算的部分用括号括起来。例如，公式=8+2*4的值是 16，因为 Excel 2010 按先乘除后加减的顺序进行运算，即先将 2 与 4 相乘，然后再加上

8，得到结果 16。若在该公式上添加括号，公式=(8+2)*4，则 Excel 2010 先用 8 加上 2，再用结果乘以 4，得到结果 40。

3. 理解公式中的常量

在 Excel 公式中，可以输入包含数值的单元格引用或数值本身，其中数值或单元格引用称为常量。

(1) 常量参数

公式中可以使用常量进行运算。常量指的是在运算过程中自身不会改变的值，但是公式以及公式产生的结果都不是常量。

▽　数值常量，如：

=(3+9)* 制作三角函数查询表 5/2

▽　日期常量，如：

DATEDIF("2010-10-10",NOW(),"m")

▽　文本常量，如：

"I Love"&"You"

▽　逻辑值常量，如：

=VLOOKIP("王小燕",A:B,2,FALSE)

▽　错误值常量，如：

=COUNTIF(A:A,#DIV/0!)

数值与逻辑值转换

在公式运算中逻辑值与数值的关系如下。

▽　在四则运算及乘幂、开方运算中，TRUE=1，FALSE=0。

▽　在逻辑判断中，0=FALSE，所有非 0 数值=TRUE。

▽　在比较运算中，数值<文本<FLASE<TRUE。

文本型数字与数值转换

文本型数字可以作为数值直接参与四则运算，但当此类数据以数组或者单元格引用的形式作为某些统计函数(如 SUM、AVERAGE 和 COUNT 函数等)的参数时，将被视为文本来运算。例如，在 A1 单元格中输入数值 1，在 A2 单元格中输入前置单引号的数字'2，则对数值 1 和文本型数字 2 的运算如下所示。

▽　=A1+A2：文本 2 参与四则运算被转换为数值，返回 3。

▽　=SUM(A1：A2)：文本 2 在单元格中视为文本，未被 SUM 函数统计，返回 1。

▽　=SUM(1, "2")：文本 2 直接作为参数视为数值，返回 3。

▽　=COUNT(1, "2")：文本 2 直接作为参数视为数值，返回 2。

▽　=COUNT({1, "2"})：文本 2 在常量数组中视为文本，可被 COUNTA 函数统计，但未被 COUNT 函数统计，返回 1。

▽　=COUNTA({1, "2"})：文本 2 在常量数组中视为文本，可被 COUNTA 函数统计，但未被 COUNT 函数统计，返回 2。

(2) 常用常量

以公式 1 和公式 2 为例介绍公式中的常用常量，这两个公式分别可以返回表格中 A 列单元格区域中最后一个数值型和文本型的数据，如图 5-52 所示。

公式 1：

=LOOKUP(9E+307,A:A)

公式 2：

=LOOKUP("龥",A:A)

图 5-52　使用公式返回表格 A 列数据

在公式 1 中，9E+307 是数值 9 乘以 10 的 307 次方的科学记数法表示形式，也可以写作 9E307。根据 Excel 计算规范限制，在单元格中允许输入的最大值为 9.99999999999999E+307，因此采用较为接近限制值且一般不会用到的一个大数 9E+307 来简化公式输入，用于在 A 列中查找最后一个数值。

在公式 2 中，使用"龥"(yuè)字的原理与 9E+307 相似，是接近字符集中最大全角字符的单字，此外也常用"座"或者 REPT("座",255)来产生一串"很大"的文本，以查找 A 列中的最后一个数值型数据。

4. 单元格的引用

Excel 工作簿可以由多张工作表组成，单元格是工作表中最小的组成元素，以窗口左上角第一个单元格为原点，向下向右分别为行、列坐标的正方向，由此构成的单元格在工作表上所处位置的坐标集合。在公式中使用坐标方式表示单元格在工作中的"地址"，实现对存储于单元格中的数据调用，这种方法称为单元格的引用。

相对引用

相对引用是通过当前单元格与目标单元格的相对位置来定位引用单元格的。

相对引用包含了当前单元格与公式所在单元格的相对位置。默认设置下，Excel 使用的都是相对引用，当改变公式所在单元格的位置时，引用也会随之改变，例如图 5-53 所示。

绝对引用

绝对引用就是公式中单元格的精确地址，与包含公式的单元格的位置无关。绝对引用与相对引用的区别在于：复制公式时使用绝对引用，则单元格引用不会发生变化。绝对引用的操作方法是，在列标和行号前分别加上美元符号$。例如，$D$2 表示单元格 D2 的绝对引用，而 $D$2:$E$5 表示单元格区域 D2:E5 的绝对引用，如图 5-54 所示。

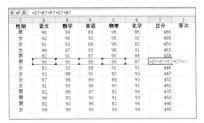

图 5-53　相对引用

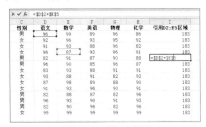

图 5-54　绝对引用

混合引用

混合引用指的是在一个单元格引用中，既有绝对引用，同时也包含相对引用，即混合引用具有绝对列和相对行，或具有绝对行和相对列。绝对引用列采用 $A1、$B1 的形式，绝对引用行采用 A$1、B$1 的形式。如果公式所在单元格的位置改变，则相对引用改变，而绝对引用不变。如果多行或多列地复制公式，相对引用自动调整，而绝对引用不做调整，如图 5-55 所示。

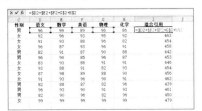

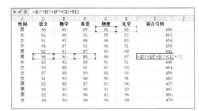

图 5-55　混合引用

综上所述，如果用户需要在复制公式时能够固定引用某个单元格地址，则需要使用绝对引用符号$，加在行号或列号的前面。

在 Excel 中，用户可以使用 F4 键在各种引用类型中循环切换，其顺序如下。

绝对引用→行绝对列相对引用→行相对列绝对引用→相对引用

以公式=A2 为例，在单元格中输入公式后按 4 下 F4 键，将依次变为：

=$A$2→=A$2→=$A2→=A2

合并区域引用

Excel 除了允许对单个单元格或多个连续的单元格进行引用以外，还支持对同一工作表中不连续的单元格区域进行引用，称为"合并区域"引用，用户可以使用联合运算符","将各个区域的引用间隔开，并在两端添加半角括号( )将其包含在内，具体如下。

【例 5-6】 在"学生成绩表"中通过合并区域引用计算学生成绩排名。 视频

(1) 打开工作表后，在 K2 单元格中输入以下公式:

=RANK(I2,($I$2:$I$15))

(2) 并向下复制到 K15 单元格，学生成绩排名结果如图 5-56 所示。

图 5-56　统计学生考试成绩排名

交叉引用

在使用公式时，用户可以利用交叉运算符(单个空格)取得两个单元格区域的交叉区域，具体方法如下。

【例 5-7】 在"学生成绩表"中通过交叉引用查询"张珺涵"的数学考试成绩。 视频

(1) 打开工作表后，在 I2 单元格中输入公式:

=E:E 7:7

(2) 按下 Ctrl+Enter 组合键即可在 I2 单元格显示"张珺涵"的数学成绩，如图 5-57 所示。

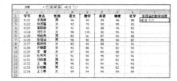 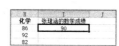

图 5-57　通过交叉引用查询成绩

5.5.3　使用函数

Excel 中的函数与公式一样，都可以快速计算数据。公式是由用户自行设计的对单元格进行计算和处理的表达式，而函数则是在 Excel 中已经被软件定义好的公式。

1. 函数的基础知识

用户在 Excel 中输入和编辑函数之前，首先应掌握函数的基本知识。

函数的结构

在公式中使用函数时，通常由表示公式开始的=号、函数名称、左括号、以半角逗号相间隔的参数和右括号构成，此外，公式中允许使用多个函数或计算式，通过运算符进行连接。

=函数名称(参数 1,参数 2,参数 3,…)

有的函数可以允许多个参数，如 SUM(A1:A5,C1:C5)使用了两个参数。另外，也有一些函数没有参数或不需要参数，例如，NOW 函数、RAND 函数等没有参数，ROW 函数、COLUMN 函数等则可以省略参数返回公式所在的单元格行号、列标数。

函数的参数，可以由数值、日期和文本等元素组成，也可以使用常量、数组、单元格引用或其他函数。当使用函数作为另一个函数的参数时，称为函数的嵌套。

函数的参数

Excel 函数的参数可以是常量、逻辑值、数组、错误值、单元格引用或嵌套函数等(其指定的参数都必须为有效参数值)，其各自的含义如下。

▽ 常量：指的是不进行计算且不会发生改变的值，如数字 100 与文本"家庭日常支出情况"都是常量。

▽ 逻辑值：逻辑值即 TRUE(真值)或 FALSE(假值)。

▽ 数组：用于建立可生成多个结果或可对在行和列中排列的一组参数进行计算的单个公式。

▽ 错误值：即#N/A、空值或_等值。

▽ 单元格引用：用于表示单元格在工作表中所处位置的坐标集。

▽ 嵌套函数：嵌套函数就是将某个函数或公式作为另一个函数的参数使用。

函数的分类

Excel 函数包括【自动求和】【最近使用的函数】【财务】【逻辑】【文本】【日期和时间】【查找与引用】【数学和三角函数】以及【其他函数】几大类上百个具体函数，每个函数的应用各不相同。例如，常用函数包括 SUM(求和)、AVERAGE(计算算术平均数)、ISPMT、IF、HYPERLINK、COUNT、MAX、SIN、SUMIF、PMT。

在常用函数中，使用频率最高的是 SUM 函数，其作用是返回某一单元格区域中所有数字之和，例如=SUM(A1:G10)，表示对 A1:G10 单元格区域内所有数据求和。SUM 函数的语法是：

SUM(number1,number2, ...)

其中，number1, number2, ...为 1 到 30 个需要求和的参数。说明如下：

▽ 直接输入到参数表中的数字、逻辑值及数字的文本表达式将被计算。

▽ 如果参数为数组或引用，只有其中的数字将被计算。数组或引用中的空白单元格、逻辑值、文本或错误值将被忽略。

▽ 如果参数为错误值或为不能转换成数字的文本，将会导致计算错误。

函数的易失性

有时，用户打开一个工作簿不做任何编辑就关闭，Excel 会提示"是否保存对文档的更改?"。这种情况可能是因为该工作簿中用到了具有 Volatile 特性的函数，即"易失性函数"。这种特性表现在使用易失性函数后，每激活一个单元格或者在一个单元格中输入数据，甚至只是打开工作簿，具有易失性的函数都会自动重新计算。易失性函数在以下条件下不会引发自动重新计算：

▽ 工作簿的重新计算模式被设置为【手动计算】时。

▽ 当手动设置列宽、行高而不是双击调整为合适列宽时(但隐藏行或设置行高值为 0 除外)。

▽ 当设置单元格格式或其他更改显示属性的设置时。

▽ 激活单元格或编辑单元格内容但按 Esc 键取消时。

常见的易失性函数有以下几种。

▽ 获取随机数的 RAND 和 RANDBETWEEN 函数，每次编辑会自动产生新的随机值。

▽ 获取当前日期、时间的 TODAY、NOW 函数，每次返回当前系统的日期、时间。

▽ 返回单元格引用的 OFFSET、INDIRECT 函数，每次编辑都会重新定位实际的引用区域。

▽ 获取单元格信息的 CELL 函数和 INFO 函数，每次编辑都会刷新相关信息。

此外，SUMF 函数与 INDEX 函数在实际应用中，当公式的引用区域具有不确定性时，每当其他单元格被重新编辑，也会引发工作簿重新计算。

2. 函数的输入与编辑

用户可以直接在单元格中输入函数，也可以在【公式】选项卡的【函数库】组中使用 Excel 内置的列表实现函数的输入。

【例 5-8】 在"学生成绩表"中使用函数计算学生考试平均分。 视频

(1) 打开工作表后选中 I2 单元格，选择【公式】选项卡，在【函数库】组中单击【其他函数】下拉按钮，在弹出的菜单中选择【统计】| AVERAGE 选项，如图 5-58 所示。

(2) 在打开的【函数参数】对话框中，在 AVERAGE 选项区域的 Number1 文本框中输入计算平均值的范围，这里输入 D2:H2，如图 5-59 所示。

图 5-58　选择函数

图 5-59　设置数据引用范围

(3) 单击【确定】按钮，此时即可在 I2 单元格中显示计算结果。

用户在运用函数进行计算时，有时需要对函数进行编辑，编辑函数的方法如下。

(1) 选择需要编辑函数的 I2 单元格，单击【插入函数】按钮 *fx*，如图 5-60 所示。

(2) 打开【函数参数】对话框，在 Number1 文本框中即可对函数的参数进行编辑，例如将数据引用地址更改为 E2:H2，忽略"语文"成绩计算学生的平均分，如图 5-61 所示。

图 5-60　编辑函数　　　　　　　　图 5-61　修改函数的引用地址

(3) 单击【确定】按钮后即可在工作表中看到编辑函数后的结果。

此外，用户在熟练掌握函数的使用方法后，也可以直接选择需要编辑的单元格，在编辑栏中对函数进行编辑。

Excel 软件提供了多种函数进行计算和应用，比如统计与求和函数、日期和时间函数、查找和引用函数等。下面将通过实例介绍几个常用函数的具体应用案例。

3. 使用函数统计"学生成绩表"中的成绩分段人数

每次考试结束后，成绩统计分析是必不可少的步骤，统计各分数段人数是必有一项，下面将以本节制作的"学生成绩表"为例，介绍统计考试成绩各个档次人数的方法。

【例 5-9】 在"学生成绩表"中使用函数统计考试成绩分段人数。 视频

(1) 打开"学生成绩表"，删除表格中多余的数据，并输入图 5-62 所示的分段标准。

(2) 选中 K2 单元格，输入公式：

```
=COUNTIF(I:I,"<70")&"人"
```

(3) 按下 Enter 键，在 K3 单元格中输入公式：

```
=COUNTIF(I:I,"<=89.9")&"人"
```

(4) 按下 Enter 键，在 K4 单元格中输入公式：

```
=COUNTIF(I:I,">=89.9")-COUNTIF(I:I,">=94.9")&"人"
```

(5) 按下 Enter 键，在 K5 单元格中输入公式：

```
=COUNTIF(I:I,">=94.9")-COUNTIF(I:I,">=99.9")&"人"
```

(6) 按下 Ctrl+Enter 组合键，学生考试平均分分段统计结果如图 5-63 所示。

计算机基础与实训教材系列

179

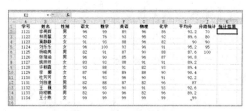

图 5-62　输入分段标准

图 5-63　使用函数统计分段结果

(7) 此外，用户还可以利用函数统计参加某项考试的人数以及男女生参考的人数。在 J8 单元格中输入"语文参考人数"，选中 K8 单元格。

(8) 在 K8 单元格中输入公式：

=COUNTA(D2:D15)

(9) 按下 Ctrl+Enter 键，即可在 K8 单元格中统计参加语文考试的人数，如图 5-64 所示。

(10) 在 J10 和 J11 单元格中分别输入"男生"和"女生"，然后选中 K10 单元格。

(11) 在 K10 单元格中输入公式：

=COUNTIF(C2:C15,"男")

(12) 在 K11 单元格中输入公式：

=COUNTIF(C2:C15,"女")

(13) 此时，即可在 K10 和 K11 单元格统计参加考试的男生和女生人数，如图 5-65 所示。

图 5-64　统计语文参考人数

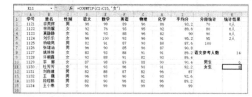

图 5-65　统计"男生"和"女生"参考人数

4. 使用函数对"学生成绩表"中的数据划分等次

现在学校大多给学生的成绩评定都是分等次的(划分为 A、B、C、D、E 等次)，60 分以下得 E，70 以下得 D，80 分以下得 C、90 分以下为 B，95 分以上为 A，在工作表中录入了学生成绩以后，用户可以参考以下方法为考试成绩划分等次。

【例 5-10】　在"学生成绩表"中，利用函数为考试成绩划分等次。 🎬 视频

(1) 打开"学生成绩表"后选中 K 列，右击鼠标，在弹出的快捷菜单中选择【插入】命令，如图 5-66 所示，在 I 列之后插入一个空的 J 列。

(2) 在 J1 单元格中输入"等次划分"，选中 J2 单元格，输入以下公式：

=IF(I2<60,"E",IF(I2<=70,"D",IF(I2<=89.9,"C",IF(I2<=94.9,"B",IF(I2>=95,"A")))))

(3) 按下 Ctrl+Enter 组合键，即可在 J2 单元格计算出学生"李亮辉"的等次，向下复制公式，可以得到所有学生的考试等次，如图 5-67 所示。

图 5-66　插入空列

图 5-67　统计学生考试等次

5.6　数据管理

在日常工作中，当用户面临海量的数据时，需要对数据按照一定的规律排序、筛选、分类汇总，以从中获取最有价值的信息。此时，熟练地掌握相应的 Excel 功能就显得十分重要了。

5.6.1　数据排序

数据排序是指按一定规则对数据进行整理、排列，这样可以为数据的进一步处理做好准备。Excel 提供了多种方法对数据清单进行排序，可以按升序、降序的方式排序，也可以由用户自定义排序(例如，按"性别"排序)。

【例 5-11】　在"教师基本信息表"中设置按"性别"排序数据。🎬视频

(1) 打开图 5-68 所示的"教师基本信息表"，选中数据表中的任意单元格，选择【数据】选项卡，单击【排序和筛选】组中的【排序】按钮，如图 5-69 所示。

⬛	A	B	C	D	E	F	G	H	I	J
1	编号	姓名	性别	院系	籍贯	出生日期	入职日期	奖金	基本工资	
2	1	刘小辉	男	计算机系	北京	2001/6/2	2020/9/3	4750	2000	
3	2	徐克义	女	计算机系	北京	1998/9/2	2018/9/3	4981	4000	
4	3	张芳宁	女	计算机系	北京	1997/8/21	2018/9/3	4711	2000	
5	4	王志远	女	中文系	北京	1999/5/4	2018/9/3	4982	3000	
6	5	邹一超	男	中文系	南京	1990/7/3	2018/9/3	5000	2092	
7	6	陈明明	男	中文系	哈尔滨	1987/7/21	2019/9/3	2500	4671	
8	7	徐凯杰	女	计算机系	哈尔滨	1982/7/5	2019/9/3	4500	6073	
9	8	王志远	女	计算机系	徐州	1983/2/1	2019/9/3	4500	6721	
10	9	王秀婷	女	计算机系	武汉	1985/6/2	2017/9/3	3000	6872	
11	10	马文哲	女	数学系	西安	1978/5/23	2017/9/3	6000	2921	
12	11	王启元	男	中文系	南京	1972/4/2	2010/9/3	8000	9102	
13	12	董建涛	男	计算机系	扬州	1991/3/5	2010/9/3	8000	8971	
14	13	许知远	男	计算机系	苏州	1992/8/5	2010/9/3	8000	2301	
15										

图 5-68　教师基本信息表

(2) 打开【排序】对话框，单击【主要关键字】选项后的【次序】下拉按钮，从弹出的下拉列表中选择【自定义序列】选项，如图 5-70 所示。

计算机基础与实训教材系列

图 5-69 【排序和筛选】组

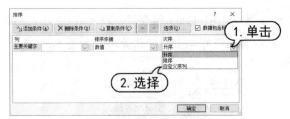

图 5-70 【排序】对话框

(3) 打开【自定义序列】对话框，在【输入序列】文本框中输入自定义排序条件"男，女"后，单击【添加】按钮，然后单击【确定】按钮，如图 5-71 所示。

(4) 返回【排序】对话框后，将【主要关键字】设置为【性别】，将【排序依据】设置为【数值】，然后单击【确定】按钮，即可完成自定义排序操作，效果如图 5-72 所示。

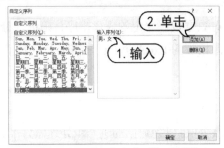

图 5-71 【自定义序列】对话框

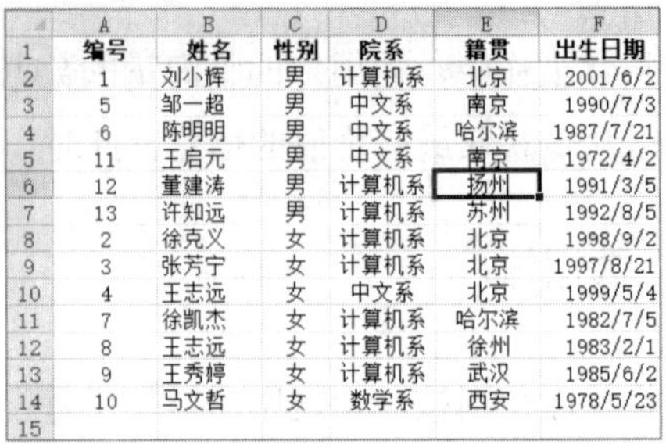

	A	B	C	D	E	F
1	编号	姓名	性别	院系	籍贯	出生日期
2	1	刘小辉	男	计算机系	北京	2001/6/2
3	5	邹一超	男	中文系	南京	1990/7/3
4	6	陈明明	男	中文系	哈尔滨	1987/7/21
5	11	王启元	男	中文系	南京	1972/4/2
6	12	董建涛	男	计算机系	扬州	1991/3/5
7	13	许知远	男	计算机系	苏州	1992/8/5
8	2	徐克义	女	计算机系	北京	1998/9/2
9	3	张芳宁	女	计算机系	北京	1997/8/21
10	4	王志远	女	中文系	北京	1999/5/4
11	7	徐凯杰	女	计算机系	哈尔滨	1982/7/5
12	8	王志远	女	计算机系	徐州	1983/2/1
13	9	王秀婷	女	计算机系	武汉	1985/6/2
14	10	马文哲	女	数学系	西安	1978/5/23
15						

图 5-72 按性别排序结果

5.6.2 数据筛选

筛选是一种用于查找数据清单中数据的快速方法。经过筛选后的数据清单只显示包含指定条件的数据行，以供用户浏览、分析之用。

1. 自动筛选

打开【数据】选项卡，选择【排序和筛选】组中的【筛选】按钮，然后单击列标题中的下拉箭头，可对数据表中的数据执行自动筛选，例如从表格中筛选出数据表中"计算机系"的教师。

【例 5-12】 继续例 5-11 的操作，筛选出数据表中"计算机系"的教师。 🎬视频

(1) 选中数据表中的任意单元格后，单击【数据】选项卡中的【筛选】按钮。

(2) 此时，【筛选】按钮将呈现为高亮状态，数据列表中所有字段标题单元格中会显示图 5-73 所示的下拉箭头，单击【院系】标题列边的下拉箭头，在弹出的列表中只选中【计算机系】复选框，然后单击【确定】按钮。

(3) 筛选出"计算机系"老师的结果如图 5-74 所示。

在筛选数值型数据字段时，筛选下拉菜单中会显示【数字筛选】命令，用户选择该命令后，可以通过选择具体的逻辑条件与条件值，实现指定数值的筛选操作。

图 5-73　设置筛选条件

图 5-74　数据筛选结果

【例 5-13】继续例 5-12 的操作，设置筛选出"基本工资"最高的 5 条记录。🎬视频

(1) 选中数据表中的任意单元格后，单击【数据】选项卡中的【筛选】按钮。单击【基本工资】标题列边的下拉箭头，从弹出的列表中选择【10 个最大的值】选项，如图 5-75 所示。

(2) 打开【自动筛选前 10 个】对话框，在【最大】选项后的文本框中输入 5，然后单击【确定】按钮，如图 5-76 所示。

图 5-75　设置数字筛选

图 5-76　【自动筛选前 10 个】对话框

2. 自定义筛选

在筛选文本型数据字段时，在筛选下拉菜单中选择【文本筛选】命令，在弹出的子菜单中无论选择哪一个选项，都会打开【自定义自动筛选方式】对话框。在该对话框中用户可以选择逻辑条件和输入具体的条件值，完成自定义的筛选。例如，从"教师基本信息表"中筛选出姓"王"的教师。

【例 5-14】继续例 5-13 的操作，设置筛选出数据表中姓"王"的教师。🎬视频

(1) 选中数据表中的任意单元格后，单击【数据】选项卡中的【筛选】按钮。单击【姓名】标题列边的下拉箭头，从弹出的菜单中选择【文本筛选】|【开头是】选项，如图 5-77 所示。

(2) 打开【自定义自动筛选方式】对话框，在【姓名】文本框后的文本框中输入"王"，然后单击【确定】按钮，如图 5-78 所示，即可从数据表中筛选出姓"王"的教师。

通过设置【数字筛选】，用户还可以从数据表中筛选出两个数字之间的记录，例如，从"教师基本信息表"中筛选出基本工资介于 2000 和 3000 之间的教师。

图 5-77 文本筛选

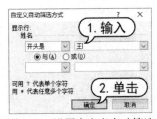

图 5-78 设置自定义自动筛选

【例 5-15】 设置筛选数据表中基本工资介于 2000 和 3000 之间的记录。 ⊙ 视频

(1) 选中数据表中的任意单元格后,单击【数据】选项卡中的【筛选】按钮。单击【基本工资】标题列边的下拉箭头,从弹出列表中选择【介于】选项。

(2) 打开【自定义自动筛选方式】对话框,在【大于或等于】文本框中输入 2000,在【小于或等于】文本框中输入 3000,然后单击【确定】按钮。

(3) 此时,数据表中将筛选出基本工资在 2000 与 3000 之间的记录,如图 5-79 所示。

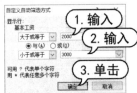

图 5-79 筛选基本工资介于 2000 和 3000 之间的记录

5.6.3 分类汇总

分类汇总数据,即在按某一条件对数据进行分类的同时,对同一类别中的数据进行统计运算。分类汇总被广泛应用于财务、统计等领域,用户要灵活掌握其使用方法,应掌握创建、隐藏、显示以及删除它的方法。

Excel 2010 可以在数据清单中自动计算分类汇总及总计值。用户只需指定需要进行分类汇总的数据项、待汇总的数值和用于计算的函数(例如,求和函数)即可。如果使用自动分类汇总,工作表必须组织成具有列标志的数据清单。在创建分类汇总之前,用户必须先根据需要对分类汇总的数据列进行数据清单排序。

【例 5-16】 在"教师基本信息表"中创建分类汇总,汇总各院系教师"基本工资"平均值。 ⊙ 视频

(1) 打开 "教师基本信息表" 工作表后,选中 "院系" 列,选择【数据】选项卡,在【排序和筛选】组中单击【升序】按钮,在打开的【排序提醒】对话框中单击【排序】按钮,如图 5-80 所示。

(2) 选中任意一个单元格,在【数据】选项卡的【分级显示】组中单击【分类汇总】按钮。

(3) 在打开的【分类汇总】对话框中单击【分类字段】下拉列表按钮,在弹出的下拉列表中选择【院系】选项;单击【汇总方式】下拉按钮,从弹出的下拉列表中选择【平均值】选项;分别选中【院系】【基本工资】【替换当前分类汇总】和【汇总结果显示在数据下方】复选框,然后单击【确定】按钮,如图 5-81 所示。

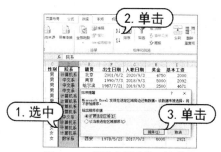

图 5-80 【排序提醒】对话框

图 5-81 【分类汇总】对话框

(4) 此时，数据将按各院系"基本工资"的平均值分类汇总，效果如图 5-82 所示。

1 2 3		A	B	C	D	E	F	G	H	I	J
	1	编号	姓名	性别	院系	籍贯	出生日期	入职日期	奖金	基本工资	
	2	1	刘小辉	男	计算机系	北京	2001/6/2	2020/9/3	4750	2000	
	3	12	董建涛	男	计算机系	扬州	1991/3/5	2010/9/3	8000	8971	
	4	13	许知远	男	计算机系	苏州	1992/8/5	2010/9/3	8000	2301	
	5	2	徐克义	女	计算机系	北京	1998/9/2	2018/9/3	4981	4000	
	6	3	张芳宁	女	计算机系	北京	1997/8/21	2018/9/3	4711	2000	
	7	7	徐凯杰	女	计算机系	哈尔滨	1982/7/5	2019/9/3	4500	6073	
	8	8	王志远	女	计算机系	徐州	1983/2/1	2019/9/3	4500	6721	
	9	9	王秀婷	女	计算机系	武汉	1985/6/2	2017/9/3	3000	6872	
	10				计算机系 平均值					4867.25	
	11	10	马文哲	女	数学系	西安	1978/5/23	2017/9/3	6000	2921	
	12				数学系 平均值					2921	
	13	5	邹一超	男	中文系	南京	1990/7/3	2018/9/3	5000	2092	
	14	6	陈明明	男	中文系	哈尔滨	1987/7/21	2019/9/3	2500	4671	
	15	11	王启元	男	中文系	南京	1972/4/2	2018/9/3	8000	9102	
	16	4	王志远	女	中文系	北京	1999/5/4	2018/9/3	4982	3000	
	17				中文系 平均值					4716.25	
	18				总计平均值					4671.077	
	19										

图 5-82 分类汇总结果

5.6.4 数据透视表

数据透视表是一种从 Excel 数据表、关系数据库文件或 OLAP 多维数据集中的特殊字段中总结信息的分析工具，它能够对大量数据快速汇总并建立交叉列表的交互式动态表格，帮助用户分析、组织数据。

【例 5-17】 在"教师基本信息表"中创建数据透视表。 😊 视频

(1) 打开"教师基本信息表"后，选中数据表中的任意单元格，选择【插入】选项卡，单击【表格】组中的【数据透视表】按钮。打开【创建数据透视表】对话框，选中【现有工作表】单选按钮，单击⬛按钮，如图 5-83 所示。

(2) 单击 A16 单元格，然后按下 Enter 键。返回【创建数据透视表】对话框后，在该对话框中单击【确定】按钮。在显示的【数据透视表字段列表】窗格中，选中需要在数据透视表中显示的字段，如图 5-84 所示。

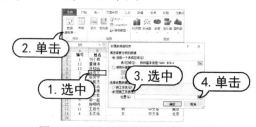

图 5-83 【创建数据透视表】对话框

图 5-84 【数据透视表字段列表】窗格

(3) 单击工作表中的任意单元格，关闭【数据透视表字段列表】窗格，完成数据透视表的创建，效果如图 5-85 所示。

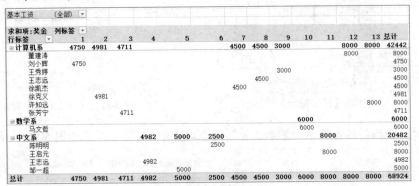

基本工资	(全部)													
求和项:奖金	列标签													
行标签	1	2	3	4	5	6	7	8	9	10	11	12	13	总计
计算机系	4750	4981	4711				4500	4500	3000			8000	8000	42442
董建涛												8000		8000
刘小辉	4750													4750
王秀婷									3000					3000
王志远								4500						4500
徐凯杰							4500							4500
徐克义		4981												4981
许知远												8000		8000
张芳宁			4711											4711
数学系									6000					6000
马文哲									6000					6000
中文系				4982	5000	2500						8000		20482
陈明明						2500								2500
王启元												8000		8000
王志远				4982										4982
邹一超					5000									5000
总计	4750	4981	4711	4982	5000	2500	4500	4500	3000	6000	8000	8000	8000	68924

图 5-85　创建数据透视表

5.7　数据图表化

为了能更加直观地表现电子表格中的数据，用户可将数据以图表的形式来表示，因此图表在制作电子表格时具有极其重要的作用。

5.7.1　创建图表

创建与编辑图表是使用 Excel 制作专业图表的基础操作。要创建图表，首先需要在工作表中为图表提供数据，然后根据数据的展现需求，选择需要创建的图表类型。Excel 提供了以下两种创建图表的方法。

▽ 选中目标数据后，使用【插入】选项卡的【图表】组中的按钮创建图表。
▽ 选中目标数据后，按下 F11 键，在打开的新建工作表中设置图表的类型。

【例 5-18】 使用"教师工资表"中的数据创建图表。 ◎视频

(1) 选择图 5-86 所示的 "教师工资表"中用于创建图表的数据区域，选择【插入】选项卡，在【图表】组中单击对话框启动器按钮，如图 5-87 所示，打开【插入图表】对话框。

	A	B	C	D	E	F	G	H	I	J
1	月份	姓名	岗位	薪资工资	津贴	提高部分	绩效工资	合计	社保月缴	
2	1月	刘小辉	六级	1800	600	370	3930	6700	865	
3	1月	董建涛	七级	2000	750	544	2919	6213	829	
4	1月	许知远	六级	1800	700	352	2987	5839	741	
5	1月	徐克义	八级	2200	650	285	3102	6237	748	
6	1月	张芳宁	六级	1800	1050	276	3270	6396	722	
7	1月	徐凯杰	六级	1800	1200	298	3310	6608	742	
8	1月	王志远	七级	2000	800	349	2890	6039	741	
9										

图 5-86　教师工资表

(2) 在【插入图表】对话框左侧的列表框中选择图表分类，在右侧的列表框中选择一种图

表分类，并单击【确定】按钮，如图 5-88 所示。

图 5-87　【图表】组

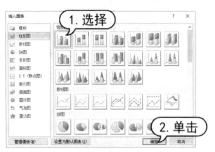

图 5-88　【插入图表】对话框

(3) 此时，在工作表中创建图表，Excel 软件将自动打开【图表工具】的【设计】选项卡，如图 5-89 所示。

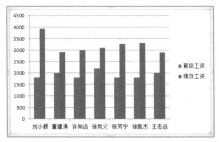

图 5-89　创建图表

5.7.2　编辑图表

在工作表中成功创建图表后，用户还可以根据工作中的实际需求，对图表的类型、数据系列、数据点、坐标轴以及各种分析线(例如误差线、趋势线)等进行编辑设置，从而制作出效果专业并且实用的图表。

1. 选择数据源

在工作表中插入图表后，默认该图表为选中状态。此时，在【设计】选项卡的【数据】组中单击【选择数据】按钮，将打开如图 5-90 所示的【选择数据源】对话框。在该对话框中单击【图表数据区域】文本框右侧的▦按钮，可以在工作表中选择图表所要呈现的数据区域；单击对话框右侧【水平(分类)轴标签】下的【编辑】按钮，打开【轴标签】对话框，可以在工作表中设定轴标签的区域，如图 5-91 所示。

图 5-90　【选择数据源】对话框

图 5-91　设定轴标签区域

计算机基础与实训教材系列

2. 添加/删除数据系列

在图 5-90 所示的【选择数据源】对话框中单击【添加】按钮，然后在打开的【编辑数据系列】对话框中设置要添加的数据系列名和系列值，并单击【确定】按钮，即可在图表中添加新的数据系列，如图 5-92 所示。

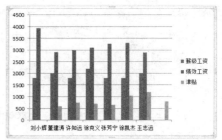

图 5-92　添加数据系列

在【选择数据源】对话框中选中需要删除的数据系列，然后单击【删除】按钮，即可将其从图表中删除。

3. 调整坐标轴

使用 Excel 默认格式创建图表后，图表中坐标轴的设置和格式都会由 Excel 自动设置。在实际应用中，经常需要对坐标轴进行调整，例如自定义其最大值、最小值以及刻度的间隔数值等。

调整坐标轴格式

以图 5-92 所示的图表为例，主要纵坐标轴对应"绩效工资"列中的数值，其最大值为 4500，最小值为 0，每个刻度之间的间隔单位为 500。

双击主要纵坐标轴，在打开的【设置坐标轴格式】对话框中，用户可以选中【最大值】和【最小值】选项后的【固定】单选按钮，在【最大值】文本框中输入 6000 将主要纵坐标轴的最大值设置为 6000，在【最小值】文本框中输入 1000，将主要纵坐标轴的最小值设置为 1000，如图 5-93 所示。此时，图表数值轴中最大值和最小值将被修改，图表效果也随之发生改变，如图 5-94 所示。

图 5-93　【设置坐标轴格式】对话框

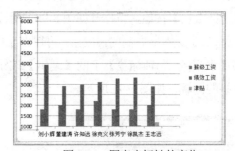

图 5-94　图表坐标轴的变化

4. 更改图表类型

成功创建图表后，如果需要对图表的类型进行修改，可以在选中图表后，单击【设计】选项卡【类型】组中的【更改图表类型】按钮，打开【更改图表类型】对话框，在该对话框中选取一种图表类型后，单击【确定】按钮即可，如图 5-95 所示。

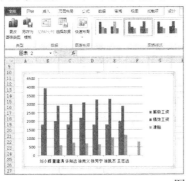 

图 5-95　更改图表类型

5.7.3　修饰图表

图表是一种利用点、线、面等多种元素，展示统计信息的属性(时间性、数量性等)，对知识挖掘和信息直观生动感受起关键作用的"图形结构"，它能够很好地将数据直观、形象地进行展示。但是，在工作表中成功创建图表后，一般会使用 Excel 默认的样式，只能满足制作简单图表的需求。如果用户需要用图表表达复杂、清晰或特殊的数据含义，就需要进一步对图表进行修饰和处理。

1. 应用图表布局

选中工作表中的图表后，在【设计】选项卡的【布局】组中单击一种布局样式(例如"样式6")，即可将该布局样式应用于图表之上，如图 5-96 所示。

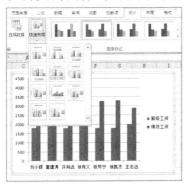 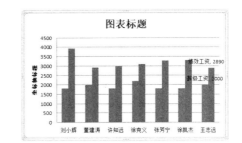

图 5-96　应用图表布局

2. 选择图表样式

图表样式指的是 Excel 内置的图表中各种数据点形状和颜色的固定组合方式。

选中图表后，在【设计】选项卡的【图表样式】组中单击【其他】按钮，从弹出的图表样式库中选择一种图表样式，即可将该样式应用于图表，如图 5-97 所示。

计算机基础与实训教材系列

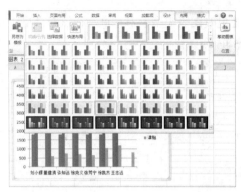
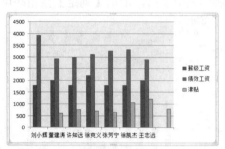

图 5-97 选择图表样式

3. 设置图表标题

在【布局】选项卡的【标签】组中，单击【图表标题】下拉按钮，在弹出的下拉列表中选择【图表上方】选项，可以在图表中显示标题框，在标题框中输入文本，即可为图表添加标题，如图 5-98 所示。

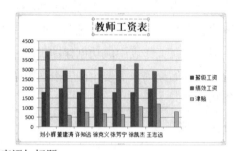

图 5-98 为图表添加标题

4. 添加模拟运算表

在【布局】选项卡的【标签】组中，单击【模拟运算表】下拉按钮，在弹出的下拉列表中选择【显示模拟运算表】选项，可以在图表中显示模拟运算表，如图 5-99 所示。

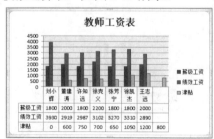

图 5-99 为图表添加模拟运算表

5.8 实例演练

本章的实例演练将指导用户使用 Excel 的合并计算功能。

5.8.1　按类合并计算

若表格中的数据内容相同，但表头字段、记录名称或排列顺序不同时，就不能使用按位置合并计算，此时可以使用按类合并的方式对数据进行合并计算。

【例 5-19】 在工作簿的多个工作表中按类合并计算数据。 ◎视频

(1) 打开"成绩表"工作簿后，选中"总分"工作表中的 A1 单元格，如图 5-100 所示。

(2) 选择【数据】选项卡，在【数据工具】组中单击【合并计算】按钮，打开【合并计算】对话框，单击【函数】下拉按钮，在弹出的下拉列表中选中【求和】选项，如图 5-101 所示。

图 5-100　选中 A1 单元格

图 5-101　【合并计算】对话框

(3) 单击【引用位置】文本框后的 按钮，选择"第一次模拟考试"工作表标签，选择 A1:C14 单元格区域，并按下 Enter 键，如图 5-102 所示。

(4) 返回【合并计算】对话框后，单击【添加】按钮，如图 5-103 所示。

图 5-102　选中单元格区域

图 5-103　添加引用位置

(5) 使用相同的方法，引用"第二次模拟考试"工作表中的 A1:C14 单元格区域数据，在【合并计算】对话框中选中【首行】和【最左列】复选框，单击【确定】按钮，如图 5-104 所示。

(6) Excel 软件将自动切换到"总分"工作表，显示按类合并计算的结果，如图 5-105 所示。

图 5-104　添加第二处引用位置

图 5-105　按类合并计算结果

5.8.2 按位置合并计算

采用按位置合并计算要求多个表格中数据的排列顺序与结构完全相同,这样才能得出正确的计算结果。

【例5-20】 在工作簿的多个工作表中按位置合并计算数据。 视频

(1) 打开工作簿后,选中"总分"工作表中的D2单元格,选择【数据】选项卡,在【数据工具】组中单击【合并计算】按钮,在打开的【合并计算】对话框中单击【函数】下拉列表按钮,并在弹出的下拉列表中选中【求和】选项。

(2) 在【合并计算】对话框中单击【引用位置】文本框后的，然后切换到"第一次模拟考试"工作表并选中D2:D14单元格区域,并按下Enter键,如图5-106所示。

(3) 返回【合并计算】对话框后,单击【添加】按钮,将引用的位置添加到【所有引用位置】列表框中。

(4) 再次单击按钮,选择"第二次模拟考试"工作表,Excel自动将该工作表中的相同的单元格区域添加到【合并计算】对话框的【引用位置】文本框中。

(5) 在【合并计算】对话框中单击【添加】按钮,再单击【确定】按钮,即可在"总分"工作表中查看合并计算结果,如图5-107所示。

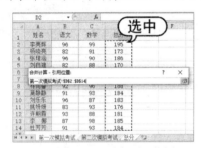

图5-106 选择引用位置

图5-107 按位置合并计算结果

5.9 习题

1. 如何在保存Excel工作簿时设置密码?
2. 简述如何使用"记录单"功能在数据表中添加数据。
3. 简述相对引用与绝对引用的区别。
4. 创建一个"通讯录"工作簿(内容自定),并设置单元格和工作表的格式。
5. 使用Excel创建"员工业绩考核表"表(内容自定),并在输入数据后添加饼状图表。

第6章

PowerPoint 2010
演示文稿设计

　　PowerPoint 是一款专门用来制作演示文稿的应用软件，使用 PowerPoint 可以制作出集文字、图形、图像、声音、视频等多媒体元素为一体的演示文稿，让信息以更轻松、更高效的方式表达出来。本章将通过实例操作，从素材收集、逻辑构思和内容排版的角度，详细介绍使用 PowerPoint 2010 制作优秀演示文稿的具体方法。

本章重点

- PowerPoint 的基础知识
- 制作"工作汇报"演示文稿
- 设置演示文稿动画效果
- 放映与输出演示文稿

二维码教学视频

6.1 PowerPoint 2010 概述

PowerPoint 2010 是微软公司推出的一款功能强大的幻灯片制作软件,该软件与 Word、Excel 等常用办公软件一样,是 Office 办公软件系列中的一个重要组成部分,深受各行各业办公人员的青睐。

6.1.1 应用领域

PowerPoint 通常用于制作"演讲"型或"阅读"型的演示文稿,演示文稿不但能够通过逻辑结构,展示演示者需要表达的内容或观点,还可以利用声音、视频、动画等多媒体资料,使内容更加直观、形象,更具说服力。目前,PowerPoint 主要有以下三大用途。

▽ 商业演示:最初开发 PowerPoint 软件的目的就是为各种商业活动提供一个内容丰富的多媒体产品或服务演示的平台,帮助销售人员向最终用户演示产品或服务的优越性,如图 6-1 所示。

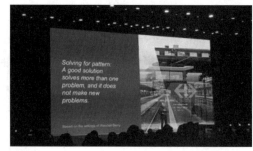

图 6-1 商业演示

▽ 交流演示:PowerPoint 演示文稿是宣讲者的演讲辅助手段,以交流为用途,被广泛用于培训、研讨会、产品发布等领域,如图 6-2 所示。

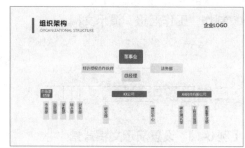

图 6-2 交流演示

▽ 娱乐演示:由于 PowerPoint 支持文本、图像、动画、音频和视频等多种媒体内容的集成,因此,很多用户都使用 PowerPoint 来制作各种娱乐性质的演示文稿,如手工剪纸集、相册等,如图 6-3 所示,通过 PowerPoint 的丰富表现功能来展示多媒体娱乐内容。

图 6-3　娱乐演示

6.1.2　工作界面

PowerPoint 2010 的工作界面主要由标题栏、功能区、预览窗格、编辑窗口、备注栏、状态栏、快捷按钮和显示比例滑动条等元素组成，如图 6-4 所示。

图 6-4　PowerPoint 2010 的工作界面

PowerPoint 2010 的工作界面和 Word 2010 相似，其中相似的元素在此不再重复介绍了，仅介绍一下 PowerPoint 常用的预览窗格、编辑窗口、备注栏以及快捷按钮和显示比例滑动条。

▽　预览窗格：包含两个选项卡，在【幻灯片】选项卡中显示了幻灯片的缩略图，单击某个缩略图可在主编辑窗口查看和编辑该幻灯片；在【大纲】选项卡中可对幻灯片的标题文本进行编辑。

▽ 编辑窗口：它是 PowerPoint 2010 的主要工作区域，用户对文本、图像等多媒体元素进行操作的结果都将显示在该区域。

▽ 备注栏：在该栏中可分别为每张幻灯片添加备注文本。

▽ 快捷按钮和显示比例滑动条：该区域包括 6 个快捷按钮和 1 个【显示比例滑动条】。其中：4 个视图按钮，可快速切换视图模式；1 个比例按钮，可快速设置幻灯片的显示比例；最右边的 1 个按钮，可使幻灯片以合适比例显示在主编辑窗口；另外，通过拖动【显示比例滑动条】中的滑块，可以直观地改变编辑区的大小。

6.1.3 基本操作

在一般情况下，用户只要在电脑中安装 Office 2010，PowerPoint 2010 就会被默认安装。在使用 PowerPoint 2010 制作演示文稿之前，首先需要掌握演示文稿和幻灯片的基本操作。

1. 创建、保存与打开演示文稿

要制作演示文稿，用户首先需要掌握创建与保存演示文稿的方法。在 PowerPoint 中创建一个空白演示文稿的方法有以下两种：

▽ 单击【文件】按钮，在弹出的菜单中选择【新建】命令，打开 Microsoft Office Backstage 视图，在中间的【可用的模板和主题】列表框中选择【空白演示文稿】选项，单击【创建】按钮即可，如图 6-5 所示。

▽ 按下 Ctrl+N 组合键。

在 PowerPoint 中保存演示文稿的方法主要有以下几种：

▽ 单击快速访问工具栏上的【保存】按钮 ⊟。

▽ 单击【文件】按钮，在弹出的菜单中选择【保存】命令(或按下 Ctrl+S 组合键)。

▽ 单击【文件】按钮，在弹出的菜单中选择【另存为】命令(或按下 F12 键)，打开【另存为】对话框，设置演示文稿的保存路径后，单击【保存】按钮，如图 6-6 所示。

图 6-5 新建演示文稿

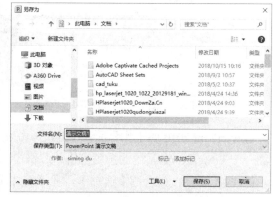

图 6-6 【另存为】对话框

当演示文稿被保存在计算机中后，双击演示文稿文件，即可使用 PowerPoint 将其打开。

2. 操作幻灯片

在 PowerPoint 中，幻灯片即是演示文稿播放时显示的页面，它是整个演示文稿的重要组成部分。在 PowerPoint 2010 中按下 Ctrl+N 组合键创建一个新的演示文稿后，软件将默认生成一张图 6-4 所示的空白幻灯片。一张幻灯片无法制作出一个完整的演示文稿，因此，用户需要掌握添加、选择、移动、复制与删除幻灯片等基本操作。

添加幻灯片

在 PowerPoint 中要为演示文稿添加新的幻灯片，用户可采用以下几种方法：

▽ 打开【开始】选项卡，在【幻灯片】组中单击【新建幻灯片】按钮，即可添加一张默认版式的幻灯片。

▽ 当需要应用其他版式新建幻灯片时，单击【新建幻灯片】按钮右下方的下拉箭头，在弹出的下拉菜单中选择需要的版式，即可使用选择的版式新建幻灯片，如图 6-7 所示。

图 6-7　在演示文稿中插入不同版式的幻灯片

▽ 在幻灯片预览窗格中，选择一张幻灯片，按下 Enter 键，将在该幻灯片的下方添加一张新的幻灯片(该幻灯片的版式与选择的幻灯片一致)。

选择幻灯片

在 PowerPoint 的默认普通视图中，用户可以使用以下几种方法使演示文稿中的一张或多张幻灯片处于选中状态。

▽ 选择单张幻灯片：在 PowerPoint 左侧的预览窗格中单击需要的幻灯片即可。

▽ 选择编号相连的多张幻灯片：在预览窗格中首先单击起始编号的幻灯片，然后按住 Shift 键，单击结束编号的幻灯片，如图 6-8 所示。

▽ 选择编号不相连的多张幻灯片：在预览窗格中按住 Ctrl 键的同时，依次单击需要选择的每张幻灯片，即可同时选中单击的多张幻灯片。在按住 Ctrl 键的同时再次单击已选中的幻灯片，则取消选择该幻灯片，如图 6-9 所示。

图 6-8　选中第 2~4 张幻灯片　　　　图 6-9　选中第 2、第 4 张幻灯片

▽ 选择全部幻灯片：无论是在普通视图还是在幻灯片浏览视图下，按 Ctrl+A 组合键，即可选中当前演示文稿中的所有幻灯片。

移动幻灯片

当用户对当前幻灯片的排序位置不满意时，可以随时对其进行调整。具体的操作方式非常简单：在幻灯片预览窗格中选中要调整的幻灯片，按住鼠标左键直接将其拖放到适当的位置即可。幻灯片被移动后，PowerPoint 2010 会自动对所有幻灯片重新编号，如图 6-10 所示。

复制幻灯片

在制作演示文稿时，为了使新建的幻灯片与已经建立的幻灯片保持相同的版式和设计风格，可以利用幻灯片的复制功能，复制出一张相同的幻灯片，然后再对其进行适当的修改。复制幻灯片的方法是：右击需要复制的幻灯片，在弹出的快捷菜单中选择【复制幻灯片】命令，如图 6-11 所示，再在目标位置进行粘贴。

图 6-10　移动幻灯片　　　　　　　图 6-11　复制幻灯片

此外，用户还可以通过鼠标左键拖动的方法复制幻灯片，方法很简单：选择要复制的幻灯片，按住 Ctrl 键，然后按住鼠标左键拖动选定的幻灯片，在拖动的过程中，出现一条竖线表示选定幻灯片的新位置，此时释放鼠标左键，再松开 Ctrl 键，选择的幻灯片将被复制到目标位置。

删除幻灯片

在演示文稿中删除多余幻灯片是清除大量冗余信息的有效方法。删除幻灯片的方法主要有以下两种：

▽ 在 PowerPoint 幻灯片预览窗格中选择并右击要删除的幻灯片，从弹出的快捷菜单中选择【删除幻灯片】命令。

▽ 在幻灯片预览窗格中选中要删除的幻灯片后，按下 Delete 键即可。

6.2　制作"工作汇报"演示文稿

本节将以制作"工作汇报"演示文稿为例，从设置幻灯片母版和使用占位符开始，详细讲解制作一个常见演示文稿的操作方法，包括插入文本框、插入图片、插入形状、设置动画效果、设置视频和音频、设置超链接和动作按钮等。

6.2.1　设置幻灯片母版

幻灯片母版是存储有关应用的设计模板信息的幻灯片，包括字形、占位符大小或位置、背景设计和配色方案。

在 PowerPoint 中要打开幻灯片母版，通常可以使用以下两种方法：

▽　选择【视图】选项卡，在【母版视图】组中单击【幻灯片母版】选项。

▽　按住 Shift 键后，单击 PowerPoint 窗口右下角视图栏中的【普通视图】按钮 。

打开幻灯片母版后，PowerPoint 将显示如图 6-12 所示的【幻灯片母版】选项卡、版式预览窗格和版式编辑窗口。在幻灯片母版中，对母版的设置主要包括对母版中版式、主题、背景和尺寸的设置，下面将分别进行介绍。

图 6-12　幻灯片母版

1. 设置母版版式

在图 6-12 所示的幻灯片母版的版式预览窗口中，显示了演示文稿母版的版式列表，其由主题页和版式页组成。

设置主题页

主题页是幻灯片母版的母版,其用于设置演示文稿所有页面的标题、文本、背景等元素的样式,当用户为主题页设置格式后,该格式将被应用在演示文稿所有的幻灯片中。

【例 6-1】创建"工作汇报"演示文稿,并为演示文稿所有的幻灯片设置统一背景。 视频

(1) 按下 Ctrl+N 组合键创建一个空白演示文稿文件,然后下 F12 键打开【另存为】对话框,在【文件名】文本框中输入"工作汇报"后,单击【保存】按钮。

(2) 选择【视图】选项卡,在【母版视图】组中单击【幻灯片母版】按钮,进入幻灯片母版视图。

(3) 在图 6-12 所示的版式预览窗格中选中幻灯片主题页,右击鼠标,从弹出的快捷菜单中选择【设置背景格式】命令,如图 6-13 所示。

(4) 打开【设置背景格式】对话框,在【颜色】下拉列表中选择任意一种颜色作为主题页的背景,单击【全部应用】按钮,幻灯片中所有的版式页都将应用相同的背景,如图 6-14 所示。

图 6-13 设置主题页背景

图 6-14 使演示文稿所有幻灯片的背景统一

设置版式页

版式页包括标题页和内容页,其中标题页一般用于演示文稿的封面或封底;内容页可根据演示文稿的内容自行设置(移动、复制、删除或者自定义)。

【例 6-2】在幻灯片母版中调整并删除多余的标题页,然后插入一个自定义内容页。 视频

(1) 继续例 6-1 的操作,选中多余的标题页后,右击鼠标,在弹出的快捷菜单中选择【删除版式】命令,即可将其删除,如图 6-15 所示。

(2) 选中母版中的版式页后,按住鼠标拖动调整(移动)版式页在母版中的位置。

(3) 选中某个版式后,右击鼠标,在弹出的快捷菜单中选择【插入版式】命令,可以在母版中插入一个如图 6-16 所示的自定义版式。

(4) 选中某一个版式页,为其设置自定义的内容和背景后,该版式效果将独立存在母版中,不会影响其他版式。

计算机基础与实训教材系列

图 6-15　删除版式

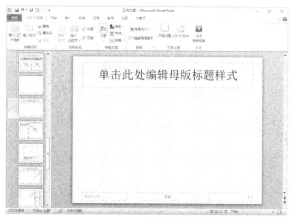

图 6-16　创建自定义版式

2. 应用母版版式

在幻灯片母版中完成版式的设置后，单击 PowerPoint 视图栏中的【普通视图】按钮📄即可退出幻灯片母版。此时，右击幻灯片预览窗格中的幻灯片，在弹出的快捷菜单中选择【版式】命令，可以将母版中设置的所有版式应用在演示文稿中。

【例 6-3】 通过应用版式，在多个幻灯片中同时插入相同的图标。 🎬视频

(1) 继续例 6-2 的操作，选中创建的自定义版式，删除版式上方的标题占位符，然后单击【插入】选项卡中的【图片】按钮，将准备好的图标插入在版式中合适的位置上，如图 6-17 所示。

(2) 单击【幻灯片母版】选项卡中的【关闭母版视图】按钮，退出幻灯片母版。在幻灯片预览窗格中连续按下多次 Enter 键创建多张幻灯片，然后按住 Ctrl 键选中创建的多张幻灯片，右击鼠标，在弹出的快捷菜单中选择【自定义版式】选项，如图 6-18 所示。

图 6-17　在自定义版式中添加图标

图 6-18　将自定义版式应用于幻灯片

完成以上操作后，被选中的多张幻灯片将同时应用"自定义版式"，添加相同的图标。

3. 设置母版主题

在【幻灯片母版】选项卡的【编辑主题】组中单击【主题】下拉按钮，在弹出的下拉列表中，用户可以为母版中所有的版式设置统一的主题样式，如图 6-19 所示。

主题由颜色、字体、效果三部分组成。

颜色

在为母版设置主题后，在【背景】组中单击【颜色】下拉按钮，可以为主题更换不同的颜色组合，如图 6-20 所示。使用不同的主题颜色组合将会改变色板中的配色方案，同时在演示文稿中使用主题颜色所定义的一组色彩。

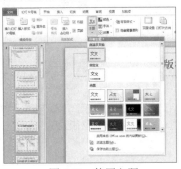

图 6-19　使用主题

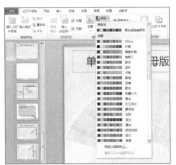

图 6-20　设置主题颜色

字体

在【背景】组中单击【字体】下拉按钮，可以更改主题中默认的文本字体(包括标题、正文的默认中英文字体样式)，如图 6-21 所示。

效果

在【背景】组中单击【效果】下拉按钮，可以使用 PowerPoint 预设的效果组合，改变当前主题中阴影、发光等不同特殊效果的样式，如图 6-22 所示。

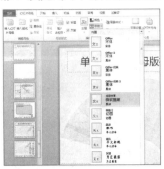

图 6-21　设置主题字体

图 6-22　设置主题效果

4. 设置母版背景

演示文稿背景基本上决定了其页面的设计基调。在幻灯片母版中，单击【背景】组中的【背景样式】下拉按钮，用户可以使用 PowerPoint 预设的背景颜色，或采用自定义格式的方式，为幻灯片主题页和版式页设置背景，如图 6-23 所示。

5. 设置母版尺寸

在幻灯片母版中，用户可以为演示文稿页面设置尺寸比例。常见的演示文稿页面尺寸比例有 16∶9 和 4∶3 两种，如图 6-24 所示。

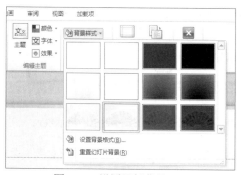

图 6-23　设置母版背景

图 6-24　16：9 和 4：3 的母版尺寸比例

在【幻灯片母版】选项卡的【页面设置】组中单击【页面设置】按钮，打开【页面设置】对话框后，单击【幻灯片大小】下拉按钮，从弹出的下拉列表中可以设置幻灯片母版的尺寸比例，如图 6-25 所示。

16：9 和 4：3 这两种尺寸比例各有特点。16：9 的尺寸比例用于演示文稿的封面图片，4：3 的演示文稿尺寸比例更贴近于图片的原始比例，看上去更自然，如图 6-26 所示。

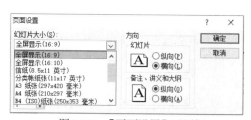

图 6-25　【页面设置】对话框

图 6-26　4：3 尺寸比例下的封面图片

而当使用同样的图片在 16：9 的尺寸比例下时，如果保持宽度不变，用户就不得不对图片进行上下裁剪，如图 6-27 所示。在 4：3 的比例下，演示文稿的图形化排版上可能会显得自由一些，如图 6-28 所示。

图 6-27　16：9 尺寸比例下的图片

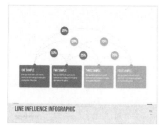

图 6-28　4：3 尺寸比例下的图形化排版

而同样的内容展示在 16：9 的页面中则会显得更加紧凑，如图 6-29 所示。但在实际工作中，对演示文稿页面尺寸比例的选择，用户需要根据演示文稿最终的用途和呈现的终端来确定，例如在目前的主流计算机显示器上显示，如图 6-30 所示。

计算机基础与实训教材系列

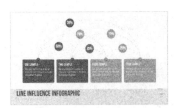  

图 6-29　16：9尺寸比例下的图形化排版　　　　图 6-30　4：3 和 16：9 在显示器上的显示效果

　　由于目前 16：9 的尺寸比例已成为计算机显示器分辨率的主流比例，如果演示文稿只是作为一个文档报告，用于发给观众自行阅读，16：9 的尺寸比例恰好能在显示器屏幕中全屏显示，可以让页面上的文字看起来更大、更清楚。

　　但如果演示文稿是用于会议、提案的"演讲"型演示文稿，则需要根据投影幕布的尺寸设置合适的尺寸。目前，大部分投影幕布的尺寸比例都是 4：3。

6.2.2　使用占位符

　　占位符是设计演示文稿时最常用的一种对象，几乎在所有创建不同版式的幻灯片中都要使用占位符。占位符在演示文稿中的作用主要有以下两点：

　　▽　提升效率：利用占位符可以节省排版的时间，大大地提升了演示文稿制作的速度。

　　▽　统一风格：风格是否统一是评判一份演示文稿质量高低的一个重要指标。占位符的运用能够让整个演示文稿的风格看起来更为一致。

　　在 PowerPoint【开始】选项卡的【幻灯片】组中单击【新建幻灯片】按钮，在弹出的列表中用户可以新建幻灯片，在每张幻灯片的缩略图上可以看到其所包含的占位符的数量、类型与位置。例如选择名为【标题和内容】的幻灯片，将在演示文稿中看到如图 6-31 所示的幻灯片，其中包含两个占位符：标题占位符用于输入文字，内容占位符不仅可以输入文字，还可以添加其他类型的内容。内容占位符中包含 6 个按钮，通过单击这些按钮可以在占位符中插入表格、图表、图片、SmartArt 图形、视频文件等内容，如图 6-32 所示。

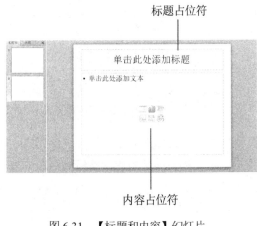 

图 6-31　【标题和内容】幻灯片　　　　　　图 6-32　内容占位符

掌握了占位符的操作，就可以掌握制作一个完整演示文稿内容的基本方法。下面将通过几个简单的实例，介绍在演示文稿中插入并应用占位符，制作风格统一的演示文稿的方法。

1. 插入占位符

除了 PowerPoint 自带的占位符外，用户还可以在演示文稿中插入一些自定义的占位符，从而增强页面效果。

【例 6-4】 利用占位符在演示文稿的不同幻灯片页面中插入相同尺寸的图片。 视频

(1) 继续例 6-3 的操作，进入母版视图，在窗口左侧的预览窗口中选中例 6-2 创建的"自定义版式"，然后选择【幻灯片母版】选项卡，在【母版版式】组中单击【插入占位符】按钮，在弹出的列表中选择【图片】选项，如图 6-33 所示。

(2) 按住鼠标左键，在幻灯片中绘制一个图片占位符使其刚好覆盖整个幻灯片页面，在【关闭】组中单击【关闭母版视图】按钮关闭母版视图。

(3) 单独选中一张应用"自定义版式"的幻灯片，该幻灯片中将包含步骤 2 绘制的图片占位符。单击该占位符中的【图片】按钮，如图 6-34 所示。

图 6-33　插入图片占位符

图 6-34　单击占位符中的图片按钮

(4) 打开【插入图片】对话框，选中一个图片文件，单击【插入】按钮。

(5) 此时，即可在幻灯片中的占位符中插入一张图片，如图 6-35 所示。重复以上的操作，即可在演示文稿中插入多张图片大小统一的幻灯片，如图 6-36 所示。

图 6-35　利用占位符插入图片

图 6-36　在不同幻灯片中插入大小相同的图片

2. 运用占位符

在 PowerPoint 中占位符的运用可归纳为以下几种类型:

▽ 重复运用:在幻灯片中通过插入多个占位符,并灵活排版制作如图 6-37 所示的效果。

▽ 样机演示:即在演示文稿中实现电脑样机效果,如图 6-38 所示。

图 6-37　重复运用

图 6-38　样机演示

▽ 普通运用:直接插入文字、图片占位符,目的是提升演示文稿制作的效率,同时也能够保证风格统一。

【例 6-5】 在幻灯片中的图片上使用占位符,制作出样机演示效果。　■视频

(1) 打开一个演示文稿后,切换至幻灯片母版视图,在窗口左侧的列表中插入一个【自定义】版式。选择【插入】选项卡,在【图像】组中单击【图片】选项,在幻灯片中插入一个如图 6-39 所示的样机图片。

(2) 选择【幻灯片母版】选项卡,在【母版版式】组中单击【插入占位符】选项,在弹出的列表中选择【媒体】选项,然后在幻灯片中的样机图片的屏幕位置绘制一个媒体占位符,如图 6-40 所示。

图 6-39　插入样机图片

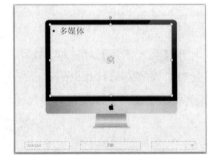

图 6-40　插入媒体占位符

(3) 删除自定义版式上方的标题占位符,在【幻灯片母版】选项卡中单击【关闭母版视图】按钮,关闭母版视图。

(4) 在幻灯片预览窗格中选中第 5 张幻灯片,在【开始】选项卡中单击【新建幻灯片】下拉按钮,从弹出的列表中选择【自定义】选项,在幻灯片中插入一个如图 6-41 所示的版式。

(5) 单击幻灯片中占位符内的【插入视频文件】按钮,在打开的对话框中选择一个视频文件,然后单击【插入】按钮,即可在演示文稿中创建如图 6-42 所示的样机演示效果。

图 6-41　插入自定义版式

图 6-42　样机演示效果

3. 调整占位符

调整占位符主要是指调整占位符的大小。当占位符处于选中状态时，将鼠标指针移动到占位符右下角的控制点上，此时鼠标指针变为 形状。按住鼠标左键并向内拖动，调整到合适大小时释放鼠标即可缩小占位符，如图 6-43 所示。

另外，在占位符处于选中状态时，系统自动打开【绘图工具】的【格式】选项卡，在【大小】组的【形状高度】和【形状宽度】文本框中可以精确地设置占位符的大小，如图 6-44 所示。

图 6-43　调整占位符大小

图 6-44　【大小】组

当占位符处于选中状态时，将鼠标指针移动到占位符的边框时将显示 形状，此时按住鼠标左键并拖动文本框到目标位置，释放鼠标即可移动占位符。当占位符处于选中状态时，可以通过键盘方向键来移动占位符的位置。使用方向键移动的同时按住 Ctrl 键，可以实现占位符的微移。

4. 旋转占位符

在设置演示文稿时，占位符可以任意角度旋转。选中占位符，在【格式】选项卡的【排列】组中单击【旋转对象】按钮 ，在弹出的下拉列表中选择相应选项即可实现按指定角度旋转占位符，如图 6-45 所示。

若在图 6-45 所示的列表中选择【其他旋转选项】选项，在打开的【设置形状格式】对话框中，用户可以自定义占位符的旋转角度，如图 6-46 所示。

图 6-45　【旋转】下拉列表　　　　　　　图 6-46　【设置形状格式】对话框

6.2.3　使用文本框

文本框是一种特殊的形状，也是一种可移动、可调整大小的文字容器，它与文本占位符非常相似。使用文本框可以在幻灯片中放置多个文字块，使文字按照不同的方向排列，也可以突破幻灯片版式的制约，实现在幻灯片中任意位置添加文字信息的目的。

1. 添加文本框

PowerPoint 提供了两种形式的文本框：横排文本框和竖排文本框，分别用来放置水平方向的文字和垂直方向的文字。

打开【插入】选项卡，在【文本】组中单击【文本框】按钮下方的下拉箭头，在弹出的下拉列表中选择【绘制横排文本框】命令，移动鼠标指针到幻灯片的编辑窗口，当指针形状变为↓形状时，在幻灯片页面中按住鼠标左键并拖动，鼠标指针变成十字形状，当拖动到合适大小的矩形框后，释放鼠标完成横排文本框的插入；同样在【文本】组中单击【文本框】按钮下方的下拉箭头，在弹出的下拉列表中选择【竖排文本框】命令，移动鼠标指针在幻灯片中绘制竖排文本框，如图 6-47 所示。绘制完文本框后，光标自动定位在文本框内，即可开始输入文本。

图 6-47　绘制文本框

2. 设置文本框属性

文本框中新输入的文字只有默认格式，需要用户根据演示文稿的实际需要进行设置。文本框上方有一个圆形的旋转控制点，如图 6-47 所示，拖动该控制点可以方便地将文本框旋转至任意角度。

另外，在 PowerPoint 中用户可以通过各种对话框设置文本框及文本框中文本字体的属性，下面将举例介绍。

设置文本框中文本的字符间距

字符间距是指幻灯片中字与字之间的距离。在通常情况下，文本是以标准间距显示的，这样的字符间距适用于绝大多数文本，但有时候为了创建一些特殊的文本效果，需要扩大或缩小字符间距。

在 PowerPoint 中，用户选中文本框后，单击【开始】选项卡【字体】组中的对话框启动器按钮，打开【字体】对话框，选择【字符间距】选项卡可以调整文本框中的字符间距。

【例 6-6】 在"工作汇报"演示文稿中插入一个横排文本框，并设置文本字符间距。📹视频

(1) 打开"工作汇报"演示文稿后，选择【插入】选项卡，在【文本】组中单击【文本框】下拉按钮，从弹出的下拉列表中选择【绘制横排文本框】选项，在幻灯片中绘制一个横排文本框，并在文本框中输入图 6-48 所示的文本。

(2) 选中文本框，单击【开始】选项卡【字体】组右下角的对话框启动器按钮，打开【字体】对话框，选择【字符间距】选项卡，在【度量值】数值框中输入 3.8，然后单击【确定】按钮，如图 6-49 所示。

图 6-48　插入文本框

图 6-49　【字符间距】选项卡

(3) 此时，文本框中字符的间距将如图 6-50 所示。

设置文本框中文本的字体格式

在 PowerPoint 中，为文本框中的文字设置合适的字体、字号、字形和字体颜色等，可以使幻灯片的内容清晰明了。通常情况下，设置字体、字号、字形和字体颜色的方法有两种：通过【字体】组设置和通过【字体】对话框设置。

▽ 通过【字体】组设置：在 PowerPoint 中，选择相应的文本，打开【开始】选项卡，在【字体】组中可以设置字体、字号、字形和颜色。

▽ 通过【字体】对话框设置：选择相应的文本，打开【开始】选项卡，在【字体】组中单击对话框启动器按钮，打开【字体】对话框的【字体】选项卡，在其中设置字体、字号、字形和字体颜色，如图 6-51 所示。

图 6-50　字符间距设置效果

图 6-51　【字体】选项卡

设置文本框中文本的对齐方式

选中演示文稿中的文本框后，用户可以通过【开始】选项卡【段落】组中的选项设置文本框中文本的对齐方式(具体操作与 Word 软件相似，这里不再详细阐述)。

设置文本框中文本的行距

选中文本框后，单击【开始】选项卡【段落】组中的对话框启动器按钮，在打开的【段落】对话框中可以设置文本框中文本的行距、段落缩进以及行间距。

【例 6-7】在"工作汇报"演示文稿中插入一个横排文本框,并设置其中文本的行距。 视频

(1) 在幻灯片中插入多个横排文本框，并在其中输入文本。在【开始】选项卡的【字体】组中为文本设置字体颜色(白色)和字号大小，如图 6-52 所示。

(2) 选中需要设置行间距的文本框，单击【段落】组中的对话框启动器按钮，打开【段落】对话框，将【行距】设置为【固定值】，在其后的微调框中输入 26 磅，单击【确定】按钮，如图 6-53 所示。

图 6-52 文本框中的文本

图 6-53 【段落】对话框

(3) 此时，文本框中文本的行距效果如图 6-54 所示。

设置文本框中文本四周的间距

选中文本框后，右击鼠标，从弹出的快捷菜单中选择【设置形状格式】命令，打开【设置形状格式】对话框，在【文本框】选项卡的【内部边距】选项组中调整【上】【下】【左】和【右】文本框的数值可以设置文本框四周的间距，如图 6-55 所示。

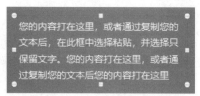

图 6-54 设置文本行距后的效果

图 6-55 【设置形状格式】对话框

6.2.4　使用图片

图片是演示文稿中不可或缺的重要元素，合理地处理演示文稿中插入的图片不仅能够形象地向观众传达信息，起到辅助文字说明的作用，同时还能美化页面的效果，从而更好地吸引观众的注意力。

1. 插入图片

在 PowerPoint 2010 中选择【插入】选项卡，在【图像】组中用户可以在幻灯片中插入图片、剪贴画或屏幕截图，如图 6-56 所示(具体操作方法与 Word 相似)。

【例 6-8】　在"工作汇报"演示文稿中使用图片修饰幻灯片页面。　　视频

(1) 单击【插入】选项卡中的【图片】按钮，打开【插入图片】对话框。

(2) 在【插入图片】对话框中选中一个图片文件后单击【确定】按钮，即可在幻灯片中插入图片，如图 6-57 所示。将鼠标指针放置在幻灯片中的图片上，按住左键拖动，可以调整图片在幻灯片中的位置。

图 6-56　【图像】组

图 6-57　在幻灯片中插入图片

(3) 选中演示文稿的最后一张幻灯片，单击【图像】组中的【剪贴画】按钮，打开【剪贴画】窗格，在【搜索文字】文本框中输入"谢谢"，单击【搜索】按钮。

(4) 单击要插入幻灯片中的剪贴画图片，即可将剪贴画图片插入幻灯片中，如图 6-58 所示。

(5) 选择演示文稿的第 4 张幻灯片。使用浏览器打开一个网页或使用软件打开一个窗口，单击【图像】组中的【屏幕截图】按钮，在弹出的列表中将显示该窗口的缩略图，选择缩略图会将打开的网页或软件窗口以截图的形式插入幻灯片中，如图 6-59 所示。

图 6-58　插入剪贴画

图 6-59　插入屏幕截图

2. 编辑图片

在制作演示文稿的过程中，用户可以利用 PowerPoint 提供的功能对图片执行裁剪、缩放、删除背景、调整图层等编辑操作，使图片最大可能地满足幻灯片页面设计与排版的需求。下面将通过实例，详细介绍编辑图片的具体方法。

裁剪图片

在大部分情况下，我们在演示文稿中插入的图片会显得过大或者过小。此时，就需要通过"裁剪"命令来对图片进行合适的处理。

【例 6-9】 裁剪"工作汇报"演示文稿中插入的图片。　📹视频

(1) 继续例 6-8 的操作，选中演示文稿第一张幻灯片中的图片，选择【格式】选项卡，在【大小】组中单击【裁剪】按钮，显示图片裁剪框。

(2) 拖动图片四周的裁剪框，确定图片的裁剪范围，如图 6-60 所示。

(3) 在编辑窗口中单击图片以外的任意位置，完成对图片的裁剪，效果如图 6-61 所示。

图 6-60　调整裁剪框　　　　　　　　　　图 6-61　图片裁剪效果

缩放图片

选中演示文稿中的图片后，将鼠标指针放置在图片四周的控制柄上，按住鼠标左键拖动即可对图片执行缩放操作，如图 6-62 所示。

图 6-62　缩放图片

删除背景

使用 PowerPoint 软件提供的"删除背景"功能，用户可以将幻灯片页面中的图片背景删除，从而实现抠图效果。

【例 6-10】 删除"工作汇报"演示文稿中例 6-8 插入的图片的背景。 视频

(1) 继续例 6-9 的操作，选中演示文稿最后一张幻灯片，选择【格式】选项卡，在【调整】组中单击【删除背景】按钮，显示【背景消除】选项卡，进入图片背景删除模式。

(2) 调整背景删除框，确定图片中需要保留的区域，单击【背景消除】选项卡中的【标记要保留的区域】按钮，然后单击图片中需要保留的区域，如图 6-63 所示。

(3) 单击【背景消除】选项卡中的【保留更改】按钮，即可完成图片背景的删除操作，效果如图 6-64 所示。

图 6-63　确定要保留的区域

图 6-64　删除图片背景效果

调整图层位置

在 PowerPoint 中，用户可以通过右击幻灯片中的文本框、占位符、形状、图片等元素，从弹出的快捷菜单中选择【置于顶层】或【置于底层】命令，设置元素的图层位置。

【例 6-11】 调整"工作汇报"演示文稿图片的图层位置。 视频

(1) 继续例 6-10 的操作，选中演示文稿第一张幻灯片中的图片，右击鼠标，在弹出的快捷菜单中选择【置于底层】|【置于底层】命令，如图 6-65 所示。

(2) 此时，图片将被置于当前幻灯片图层的最底层，显示出幻灯片中设置的占位符和文本框内容，如图 6-66 所示。

图 6-65　将图片置于底层

图 6-66　幻灯片效果

3. 美化图片

在 PowerPoint 中选中一张图片后，用户可以通过【格式】选项卡【调整】组中的【更正】【颜色】和【艺术效果】等下拉按钮，调整图片的显示效果，也可以在【格式】选项卡的【样式】组中，为图片设置效果、边框等样式。

设置锐化/柔化、亮度/对比度

选中图片后，单击【格式】选项卡中的【更正】下拉按钮，在弹出的列表中用户可以使用 PowerPoint 预设的样式，为图片设置锐化/柔化、亮度/对比度。在【更正】下拉列表中选择【图片更正选项】命令，打开【设置图片格式】对话框，用户可以详细设置图片的亮度、对比度等参数，如图 6-67 所示。

图 6-67 设置图片的【更正】选项

设置颜色饱和度、色调、重新着色

单击【格式】选项卡中的【颜色】下拉按钮，在弹出的列表中用户可以为图片设置颜色饱和度、色调并重新着色。在【颜色】下拉列表中选择【其他变体】选项，用户可以使用弹出的颜色选择器将图片设置为各种不同的颜色。例如，选择"黑色"，可以将图片变为图 6-68 所示的黑白图片。

图 6-68 将图片设置为黑白图片

设置艺术效果

单击【格式】选项卡中的【艺术效果】下拉按钮，在弹出的列表中用户可以在图片上使用 PowerPoint 预设的艺术效果。例如，图 6-69 所示为设置【玻璃】艺术效果后的图片。在【艺术效果】下拉列表中选择【艺术效果选项】命令，用户也可在打开的【设置图片格式】对话框中为艺术效果设置透明度、缩放比例等参数，如图 6-70 所示。

图 6-69　设置【玻璃】艺术效果

图 6-70　设置艺术效果参数

在制作演示文稿的过程中，巧妙地运用 PowerPoint 软件的图片调整功能，也可帮助我们制作出各种效果非凡的图片。

设置边框

选中图片后，单击【格式】选项卡【图片样式】组中的【图片边框】下拉按钮，将弹出图 6-71 所示的下拉列表。在该下拉列表中，用户可以设置图片的边框颜色、边框粗细和边框样式。

▽　【主题颜色】和【标准色】：用于设置图片边框的颜色。

▽　【无轮廓】：设置图片没有轮廓。

▽　【粗细】：用于设置图片边框的粗细。

▽　【虚线】：用于设置图片边框的样式，包括圆点、方点、画线-点等，如图 6-72 所示。

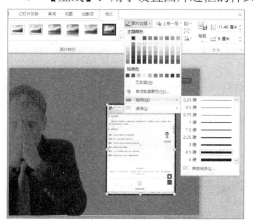

图 6-71　设置图片边框

图 6-72　设置边框样式

计算机基础与实训教材系列

▽ 【其他轮廓颜色】：选择该选项后，将打开【颜色】对话框，在该对话框中用户可以自定义图片边框的颜色。

设置效果

单击【格式】选项卡【图片样式】组中的【效果】下拉按钮，在弹出的下拉列表中，用户可以为图片设置各种特殊效果，如图 6-73 所示。

使用图片样式

在【格式】选项卡的【图片样式】组中单击【其他】按钮，用户可以将 PowerPoint 内置的图片样式(28 种)应用于图片之上，如图 6-74 所示。

图 6-73　设置图片效果

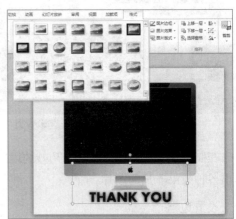

图 6-74　设置图片样式

6.2.5　使用形状

形状在演示文稿中的运用非常普遍，一般情况下它本身是不包含任何信息的，虽然常作为辅助元素应用，但是也发挥着巨大的作用。

1. 插入形状

在 PowerPoint 中选择【插入】选项卡，然后单击【插图】组中的【形状】下拉按钮，从弹出的下拉列表中用户可以选择在幻灯片中插入的形状。

【例 6-12】 在"工作汇报"演示文稿中通过插入形状绘制一个矩形和两个圆形形状。 ▣视频

(1) 继续例 6-11 的操作，选中演示文稿中的第 4 张幻灯片，选择【插入】选项卡，单击【插图】组中的【形状】下拉按钮，从弹出的列表中选择【矩形】选项，如图 6-75 所示。

(2) 按住鼠标左键在编辑窗口中拖动，绘制一个"矩形"形状。

(3) 重复步骤 1 的操作，单击【形状】下拉按钮，从弹出的列表中选择【椭圆】选项，然后按住 Shift 键的同时在编辑窗口中拖动，绘制图 6-76 所示的两个圆形形状。

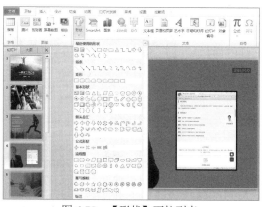

图 6-75　【形状】下拉列表

图 6-76　绘制圆形形状

(4) 右击步骤 1 绘制的矩形形状，在弹出的快捷菜单中选择【置于底层】|【置于底层】命令，将矩形形状置于底层，其效果将如图 6-77 所示。

2. 设置形状格式

右击幻灯片中的形状，在弹出的快捷菜单中选择【设置形状格式】命令，将打开【设置形状格式】对话框，在该对话框的【填充】【线条颜色】等选项卡中，可以设置形状的填充和线条等基本格式。

【例 6-13】 继续例 6-12 的操作，设置幻灯片中插入形状的填充与线条格式。🎬 视频

(1) 按住 Ctrl 键同时选中幻灯片中绘制的两个圆形形状，右击鼠标，在弹出的快捷菜单中选择【设置形状格式】命令，打开【设置形状格式】对话框。

(2) 在【设置形状格式】对话框中选择【填充】选项卡，选中【纯色填充】单选按钮后，单击【颜色】下拉按钮，从弹出的列表中选择【白色】选项，如图 6-78 所示。

图 6-77　形状效果

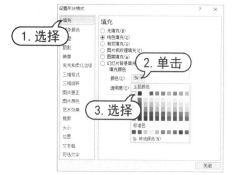

图 6-78　设置形状填充颜色

(3) 在【设置形状格式】对话框中选择【线条颜色】选项卡，选择【实线】单选按钮后单击【颜色】下拉按钮，从弹出的下拉列表中选择【深蓝】选项，如图 6-79 所示，然后单击【关闭】按钮。

(4) 单击【插图】组中的【形状】下拉按钮，在幻灯片中插入一个"圆角矩形"图形，然后参考以上方法，为该形状设置填充和线条颜色，完成后的幻灯片效果如图 6-80 所示。

计算机基础与实训教材系列

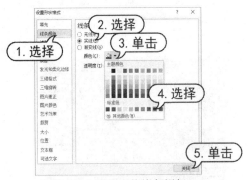

图 6-79　设置形状线条颜色

图 6-80　页面中的形状效果

3. 调整形状

调整形状指的是对规则的图形形态的一些改变，主要包括调整控制点、编辑顶点等。

调整控制点

控制点主要针对一些可改变角度的图形，例如三角形，用户可以调整它的角度，又如圆角矩形，我们可以设置它四个角的弧度。在幻灯片中选中形状后，将鼠标指针放置在形状四周的控制点上，然后按住鼠标左键拖动，即可通过调整形状控制点使形状发生变化，如图 6-81 所示。

编辑顶点

在 PowerPoint 中，右击形状，在弹出的快捷菜单中选择【编辑顶点】命令，进入顶点编辑模式，用户可以改变形状的外观。在顶点编辑模式中，形状显示为路径、顶点和手柄三部分，如图 6-82 所示。

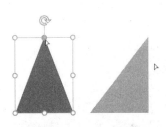

图 6-81　调整形状控制点

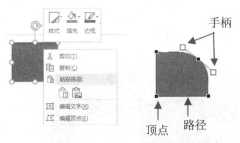

图 6-82　编辑形状顶点

4. 设置蒙版

演示文稿中的图片蒙版实际上就是遮罩图片上的一个形状。在许多商务设计中，在图片上使用蒙版，可以瞬间提升页面的显示效果。

【例 6-14】 在"工作汇报"演示文稿中使用蒙版修饰幻灯片页面效果。 🎬 视频

(1) 继续例 6-13 的操作，选中"工作汇报"演示文稿的第 2 张幻灯片，单击【插入】选项卡中的【形状】下拉按钮，从弹出的列表中选择【矩形】选项，在幻灯片中绘制两个矩形形状，如图 6-83 所示。

(2) 按住 Ctrl 键同时选中页面中的两个形状，选择【格式】选项卡，单击【形状轮廓】下拉按钮，从弹出的下拉列表中选择【无轮廓】选项。

(3) 右击幻灯片左侧的形状，在弹出的快捷菜单中选择【设置形状格式】命令，打开【设置形状格式】对话框，选择【填充】选项卡，将【透明度】设置为 63%，如图 6-84 所示。

图 6-83　绘制矩形形状

图 6-84　设置形状的透明度

(4) 在幻灯片中插入文本框，并调整文本框的位置，即可制作出效果如图 6-85 所示的目录页。

(5) 使用同样的方法，为演示文稿的第 3 张幻灯片设置蒙版，效果如图 6-86 所示。

图 6-85　蒙版效果

图 6-86　第 3 章幻灯片效果

(6) 为演示文稿的第 4 张幻灯片设置蒙版，效果如图 6-87 所示。

(7) 为演示文稿的第 5 张幻灯片设置蒙版，并在页面中设置文本框，效果如图 6-88 所示。

图 6-87　第 4 章幻灯片效果

图 6-88　第 5 章幻灯片效果

计算机基础与实训教材系列

6.2.6 设置动画效果

在PowerPoint中为演示文稿设置动画包括设置各个幻灯片之间的切换动画和在幻灯片中为某个对象设置动画。通过设定与控制动画效果，可以使演示文稿的视觉效果更加突出，重点内容更加生动。

1. 设置幻灯片切换动画

幻灯片切换动画是指一张幻灯片如何从屏幕上消失，以及另一张幻灯片如何显示在屏幕上的方式。幻灯片切换方式可以是简单地以一个幻灯片代替另一个幻灯片，也可以使幻灯片以特殊的效果出现在屏幕上，如图 6-89 所示。

选择幻灯片切换动画

在 PowerPoint 中，用户可以为一组幻灯片设置同一种切换方式，也可以为每张幻灯片设置不同的切换方式。要为幻灯片添加切换动画，可以选择【切换】选项卡，在【切换到此幻灯片】组中进行设置。在该组中单击按钮，从打开的幻灯片动画效果列表中选择一种动画选项即可，如图 6-90 所示。

图 6-89　幻灯片切换效果

图 6-90　设置幻灯片切换效果

完成幻灯片切换动画的选择后，在 PowerPoint 的【切换】选项卡中，用户除了可以选择各类动画"切换方案"外，还可以为所选的切换效果配置音效、改变切换速度和换片方式。

设置幻灯片切换效果

完成幻灯片切换动画的选择后，在 PowerPoint 的【切换】选项卡中，用户除了可以选择各类动画"切换方案"外，还可以为所选的切换效果配置音效、改变切换速度和换片方式。

【例 6-15】 为"工作汇报"演示文稿中的所有幻灯片统一设置"棋盘"切换效果。 🔘视频

(1) 继续例 6-14 的操作，选择【切换】选项卡，单击【切换到此幻灯片】组中的按钮，从

弹出的列表中选择【棋盘】选项，如图 6-90 所示。

(2) 在【计时】组中单击【声音】下拉按钮，在弹出的下拉列表中选择【打字机】选项，为幻灯片应用该声音效果。

(3) 在【计时】组的【持续时间】微调框中输入"01.50"。为幻灯片设置持续时间的目的是控制幻灯片的切换速度，以便查看幻灯片内容。

(4) 在【计时】组中取消选中【单击鼠标时】复选框，选中【设置自动换片时间】复选框，并在其后的微调框中输入"00:10.00"，如图 6-89 所示。

(5) 单击【全部应用】按钮，将设置好的计时选项应用到每张幻灯片中。

(6) 单击状态栏中的【幻灯片浏览】按钮，切换至幻灯片浏览视图，查看设置后的自动切片时间，如图 6-92 所示。

图 6-91　【计时】组　　　　　　　　　　图 6-92　幻灯片浏览视图

选中幻灯片，打开【切换】选项卡，在【切换到此幻灯片】组中单击【其他】按钮，从弹出的【细微型】切换效果列表框中选择【无】选项，即可删除该幻灯片的切换效果。

2. 设置幻灯片对象动画

所谓对象动画，是指为幻灯片内部某个对象设置的动画效果。对象动画设计在幻灯片中起着至关重要的作用，具体体现在三个方面：一是清晰地表达事物关系，如以滑轮的上下滑动作数据的对比，是由动画的配合体现的；二是更能配合演讲，当幻灯片进行闪烁和变色时，观众的目光就会随演讲内容而移动；三是增强效果表现力，例如设置不断闪动的光影、漫天飞雪、落叶飘零、亮闪闪的效果等。

设置对象动画

在 PowerPoint 中选中一个对象(图片、文本框、形状等)，在【动画】选项卡的【动画】组中单击【其他】按钮，在弹出的列表中即可为对象选择一个动画效果，如图 6-93 所示。

此外，在【高级动画】组中单击【添加动画】按钮，在弹出的列表中也可以为对象设置动画效果，如图 6-94 所示。

演示文稿中的对象动画包含进入、强调、退出和动作路径 4 种效果。其中"进入"是指通过动画方式让效果从无到有；"强调"动画是指本来就有，到合适的时间就显示一下；"退出"

是指在已存在的幻灯片中，实现从有到无的过程；"动作路径"指本来就有的动画，沿着指定路线发生位置移动。

图 6-93　为对象选择动画　　　　　　　　　　　图 6-94　添加动画

设置动画的触发方式

选择【动画】选项卡，单击【高级动画】组中的【动画窗格】按钮，打开【动画窗格】窗格，单击该窗格中动画后方的倒三角按钮，从弹出的菜单中选择【计时】选项，可以打开动画设置对话框，如图 6-95 所示。

不同的动画，打开的动画设置对话框的名称也不相同，以下图所示的【飞入】对话框为例，在该对话框的【计时】选项卡中单击【开始】下拉按钮，在弹出的列表中用户可以修改动画的触发方式，如图 6-96 所示。

图 6-95　【动画窗格】窗格

图 6-96　【飞入】对话框

其中，通过单击鼠标的方式触发可分为两种，一种是在任意位置单击鼠标即可触发，另一种是必须单击某一个对象才可以触发。前者是幻灯片动画默认的触发类型，后者就是我们常说的触发器了。单击上图所示对话框中的【触发器】按钮，在显示的选项区域中，用户可以对触发器进行详细设置，如图 6-97 所示。

设置对象动画的时长

动画的时长就是动画的执行时间，PowerPoint 在动画设置对话框中(以图 6-97 所示的【飞入】对话框为例)预设了 5 种时长，分别为非常快、快速、中速、慢速、非常慢，分别对应 0.5~5 秒不等，实际上，动画的时长可以设置为 0.01 秒到 59.00 秒之间的任意数字，如图 6-98 所示。

图 6-97　设置动画触发器

图 6-98　设置动画时长

设置对象动画的延迟

延迟时间，是指动画从被触发到开始执行所需的时间。为动画添加延迟时间，就像是把普通炸弹变成了定时炸弹。与动画的时长一样，延迟时间也可以设置为 0.01 秒到 59.00 秒之间的任意数字。

以图 6-97 所示的"飞入"动画为例，如果将【延迟】参数设置为 2.5，表示动画被触发后，将再过 2.5 秒才执行(若将【延迟】参数设置为 0，则动画被触发后将立即开始执行)。

设置对象动画的重复

动画的重复次数，是指动画被触发后连续执行几次。值得注意的是，重复次数未必非要是整数，小数也可以。当重复次数为小数时，动画可能执行到一半就会戛然而止。换言之，当把一个退出动画的重复次数设置为小数时，这个退出动画实际上就相当于一个强调动画。

以图 6-97 所示的"飞入"动画为例，在【飞入】对话框中单击【重复】下拉按钮，即可在弹出的列表中为动画设置重复次数。

6.2.7　设置声音和视频

声音和视频是比较常用的媒体形式。在一些特殊环境下，为演示文稿插入声音和视频可以很好地烘托演示氛围，例如在喜庆的婚礼演示文稿中加入背景音乐，在演讲型演示文稿中插入一段独白视频，或者为一个精彩的动画效果添加配音。

1. 在演示文稿中插入声音

使用 PowerPoint 在演示文稿中插入声音效果的方法有以下几种。

▽ 直接插入音频文件：选择【插入】选项卡，在【媒体】组中单击【音频】按钮，在弹出的列表中选择【文件中的音频】选项，如图 6-99 所示，打开【插入音频】对话框，用户可以将计算机中保存的音频文件插入演示文稿中。

▽ 录制演示时插入旁白：选择【幻灯片放映】选项卡，在【设置】组中单击【录制幻灯片演示】按钮，打开【录制幻灯片演示】对话框，选中【旁白和激光笔】复选框后，单击

【开始录制】按钮。此时，幻灯片进入全屏放映状态，用户可以通过话筒录制幻灯片演示旁白语音，按下 Esc 键结束录制，PowerPoint 将在每张幻灯片的右下角添加语音，如图 6-100 所示。

图 6-99　插入文件中的音频

图 6-100　录制演示旁白

在演示文稿中插入计算机中保存的音频文件后，将在幻灯片中显示声音图标。声音图标在演示文稿放映时将会显示在页面中，用户如果想要使其隐藏，可以在选中图标后，选择【播放】选项卡，然后选中【音频选项】组中的【放映时隐藏】复选框，如图 6-101 所示。

在 PowerPoint 的默认设置下，演示文稿页面中插入的声音在播放一遍后将自动停止。如果用户要使声音能够在演示文稿中循环播放，可以在选中页面中的声音图标后，选择【播放】选项卡，选中【音频选项】组中的【循环播放，直到停止】复选框，如图 6-101 所示。

2. 在演示文稿中插入视频

选择【插入】选项卡，在【媒体】组中单击【视频】按钮下方的箭头，在弹出的下拉列表中选择【文件中的视频】选项，如图 6-102 所示，打开【插入视频文件】对话框，选中一个视频文件后，单击【插入】按钮，即可在演示文稿中插入一个视频。拖动视频四周的控制点，调整视频大小；将鼠标指针放置在视频上按住左键拖动，调整视频的位置，使其和演示文稿中的其他元素的位置相互协调。

图 6-101　【音频选项】组

图 6-102　在演示文稿中插入文件中的视频

如果用户想要让演示文稿中的视频在放映时自动播放，可以在选中视频后，选择【播放】选项卡，在【视频选项】组中单击【开始】下拉按钮，从弹出的下拉列表中选择【自动】选项，如图 6-103 所示。

如果用户希望演示文稿在播放到包含视频的幻灯片时全屏播放视频，可以在选中页面中的视频后，选择【播放】选项卡，在【视频选项】组中选中【全屏播放】复选框，如图 6-103 所示。

此外，在 PowerPoint 中，用户可以根据演示文稿页面版式的需要将视频播放窗口的形状设置为各种特殊形状，例如三角形、平行四边形或者圆形。具体设置方法是：选中页面中的视频，选择【格式】选项卡，在【视频样式】组中单击【视频形状】下拉按钮，从弹出的列表中选择一种形状即可，如图 6-104 所示。

图 6-103　【视频选项】组

图 6-104　设置视频的形状

6.2.8　设置超链接和动作按钮

在 PowerPoint 中，可以为幻灯片中的文本、图像等对象添加超链接或者动作按钮。当放映幻灯片时，可以在添加了超链接的文本或动作的按钮上单击，程序将自动跳转到指定的页面，或者执行指定的程序。

1. 设置超链接

超链接实际上是指向特定位置或文件的一种连接方式，用户可以利用它指定程序的跳转位置。超链接只有在幻灯片放映时才有效。在 PowerPoint 中，超链接可以跳转到当前演示文稿中的特定幻灯片、其他演示文稿中的特定幻灯片、自定义放映、电子邮件地址、文件或 Web 页上。

【例 6-16】　为"工作汇报"演示文稿的目录页文本框添加超链接。　 视频

(1) 继续例 6-15 的操作，选中目录页中的文本框后，右击鼠标，在弹出的快捷菜单中选择【超链接】命令，打开【插入超链接】对话框，选择【本文档中的位置】选项后，在对话框右侧的列表中选择要链接的目标幻灯片，如图 6-105 所示。

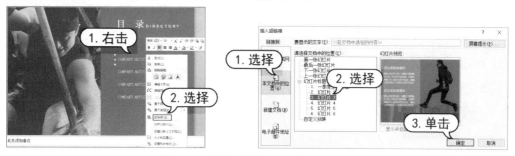

图 6-105　创建一个演示文稿内部超链接

(2) 单击对话框中的【确定】按钮，即可为目录页中选中的文本框创建一个链接到指定幻灯片的超链接。

计算机基础与实训教材系列

在图 6-105 所示的【插入超链接】对话框中，用户可以设置超链接的链接目标：

▽ 若要链接到同一演示文稿中的另一张幻灯片，选择【本文档中的位置】选项即可。

▽ 若要链接到其他演示文稿中的某张幻灯片或者网页与文件，选择【现有文件或网页】选项即可。

▽ 若要链接到电子邮件地址，选择【电子邮件地址】选项即可。

如果用户要删除对象上设置的超链接，只需要右击该对象，在弹出的快捷菜单中选择【取消超链接】命令即可。

2. 设置动作按钮

在演示文稿中添加动作按钮，用户可以很方便地对幻灯片的播放进行控制。在一些有特殊要求的演示场景中，使用动作按钮能够使演示过程更加便捷。

【例 6-17】 在"工作汇报"演示文稿中设置动作按钮。 视频

(1) 继续例 6-16 的操作，选择第 3 张幻灯片，选择【插入】选项卡，在【插图】组中单击【形状】下拉按钮，从弹出的下拉列表中选择【动作按钮】栏中的一种动作按钮(例如"前进或下一项")，如图 6-106 所示。

(2) 按住鼠标指针，在演示文稿页面中绘制一个大小合适的动作按钮。打开【动作设置】对话框，单击【超链接到】下拉按钮，从弹出的下拉列表中选择一个动作(本例选择"下一张幻灯片"动作)，然后单击【确定】按钮，如图 6-107 所示。

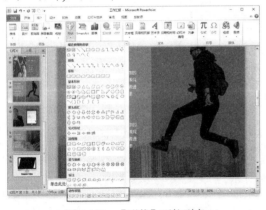

图 6-106 【形状】下拉列表

图 6-107 设置【动作设置】对话框

(3) 此时，将在页面中添加一个执行"前进或下一项"动作的按钮。

6.3 放映演示文稿

在 PowerPoint 中，除了可以通过单击【幻灯片放映】选项卡中的【从头开始】与【从当前幻灯片开始】按钮，或单击软件窗口右下角的【幻灯片放映】图标 来放映演示文稿外，还可以使用快捷键来放映演示文稿。

▽ 按 F5 键从头放映：使用 PowerPoint 打开演示文稿后，用户只要按下 F5 键，即可快速将演示文稿从头开始播放。但需要注意的是：在笔记本电脑中，功能键 F1~F12 往往与其他功能绑定在一起，例如在 Surface 的键盘上，F5 键就与计算机的"音量减小"功能绑定。此时，只有在按下 F5 键的同时再多按一个 Fn 键(一般在键盘底部的左侧)，才算是按下了 F5 键，演示文稿才会开始放映。

▽ 按 Ctrl+P 组合键暂停放映并激活激光笔：在演示文稿的放映过程中，按下 Ctrl+P 组合键，将立即暂停当前正在播放的幻灯片，并激活 PowerPoint 的"激光笔"功能，应用该功能用户可以在幻灯片放映页面中对内容进行涂抹或圈示。

▽ 按 B 键进入黑屏页状态：在放映演示文稿时，有时需要观众自行讨论演讲的内容。此时，为了避免演示文稿中显示的内容对观众产生影响，用户可以按下 B 键，使演示文稿进入黑屏模式。当观众讨论结束后，再次按下 B 键即可恢复播放。

▽ 按 Shift+F5 组合键从当前选中的幻灯片开始放映：在 PowerPoint 中，用户可以通过按下 Shift+F5 组合键，从当前选中的幻灯片开始放映演示文稿。

▽ 按 S 或"+"键暂停或重新开始演示文稿自动放映：在演示文稿放映时，如果用户要暂停放映或重新恢复幻灯片的自动放映，按下 S 键或【+】键即可。

▽ 快速返回演示文稿的第一张幻灯片：在演示文稿放映的过程中，如果用户需要使放映页面快速返回第一张幻灯片，只需要同时按住鼠标的左键和右键两秒钟左右即可。

▽ 按 Esc 键快速停止播放：在演示文稿放映时，按下 Esc 键将立即停止放映，并在 PowerPoint 中选中当前正在放映的幻灯片。

6.4　输出演示文稿

有时，为了让演示文稿可以在不同的环境下都能被观众看到，我们需要将制作好的演示文稿输出为不同格式的文件或打包为 CD。

6.4.1　将演示文稿输出为其他格式的文件

完成演示文稿的制作后，按下 F12 键，打开【另存为】对话框，单击该对话框中的【保存类型】下拉按钮，在弹出的列表中显示了 PowerPoint 2010 所支持输出的所有文件类型(例如 JPEG格式的图片、Windows Media 格式的视频、PDF 格式的文档)，选择一个合适的文件类型后，单击【保存】按钮即可将演示文稿输出为指定格式的文件。

6.4.2　将演示文稿打包为 CD

虽然目前 CD 很少被使用，但如果由于某些特殊的原因(例如向客户赠送产品说明 PPT)，用户需要将 PPT 打包为 CD，可以参考以下方法进行操作。

计算机基础与实训教材系列

(1) 选择【文件】选项卡，在弹出的菜单中选择【保存并发送】选项，在显示的【保存并发送】选项区域中选择【将演示文稿打包成CD】选项，并单击【打包成CD】按钮，如图 6-108 所示。

(2) 打开【打包成CD】对话框，单击【添加】按钮，如图 6-109 所示。

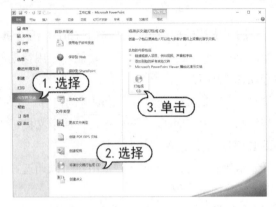

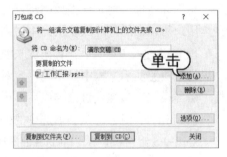

图 6-108　【保存并发送】选项区域　　　　　图 6-109　【打包成 CD】对话框

(3) 打开【添加文件】对话框，选择需要一次性打包的 PPT 文件路径，选中需要打包的演示文稿文档(若有附属文件一并选中)，然后单击【添加】按钮，如图 6-110 所示。

(4) 返回【打包成 CD】对话框，单击【复制到文件夹】按钮，打开【复制到文件夹】对话框，设置"文件夹名称"和"位置"，然后单击【确定】按钮，如图 6-111 所示。

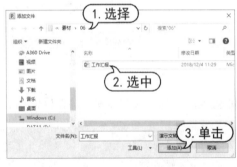

图 6-110　【添加文件】对话框　　　　　　图 6-111　【复制到文件夹】对话框

(5) 在打开的提示对话框中单击【是】按钮，即可复制文件到文件夹。

此后，使用刻录设备将打包成 CD 的演示文稿文件刻录在 CD 上，将 CD 放入光驱并双击其中的演示文稿文件，即可开始放映演示文稿。

如果用户希望在演示文稿被打包成 CD 之后，为其设置一个密码，可以在【打包成 CD】对话框中单击【选项】按钮，打开【选项】对话框，在【打开每个演示文稿时所用密码】和【修改每个演示文稿时所用密码】文本框中输入密码后，单击【确定】按钮，返回【打包成 CD】对话框再执行以上操作即可。

6.5　实例演练

　　本章用一个完整的案例，详细介绍了使用 PowerPoint 2010 制作"工作汇报"演示文稿的方法，下面的实例演练部分将练习制作一个演示文稿的内容过渡页。

【例 6-18】　使用 PowerPoint 2010 设计一个演示文稿内容过渡页。　视频

　　(1) 按下 Ctrl+N 组合键创建一个空白演示文稿后，选择【视图】选项卡，在【母版视图】组中单击【幻灯片母版】按钮，进入幻灯片母版视图。

　　(2) 在【幻灯片母版】选项卡的【页面设置】组中单击【页面设置】按钮，打开【页面设置】对话框，将【幻灯片大小】设置为【全屏显示(16：9)】，如图 6-112 所示。

　　(3) 在窗口左侧的列表中选择【空白】版式，在【幻灯片母版】选项卡的【母版版式】组中单击【插入占位符】按钮，在弹出的列表中选择【图片】选项，如图 6-113 所示。

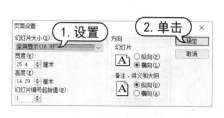

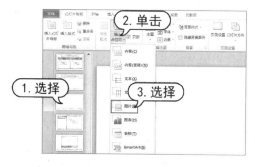

图 6-112　【页面设置】对话框

图 6-113　插入图片占位符

　　(4) 按住鼠标左键，在幻灯片编辑区域中绘制一个图片占位符并调整其位置。

　　(5) 选择【幻灯片母版】选项卡，在【关闭】组中单击【关闭母版视图】按钮，关闭幻灯片母版视图。

　　(6) 在【开始】选项卡的【幻灯片】组中单击【新建幻灯片】按钮，在弹出的列表中选择【空白】选项。

　　(7) 在演示文稿中插入一个空白幻灯片后，单击该幻灯片中占位符上的【图片】按钮，打开【插入图片】对话框，选择一个图片素材文件后单击【确定】按钮，通过图片占位符在幻灯片中插入一个图片。

　　(8) 选择【插入】选项卡，在【插图】组中单击【形状】按钮，在弹出的列表中选择【矩形】选项，然后按住鼠标指针在幻灯片中的图片上绘制一个矩形图形，使其正好将图片遮盖住，如图 6-114 所示。

　　(9) 右击绘制的矩形图形，在弹出的快捷菜单中选择【设置形状格式】命令，在打开的对话框中将矩形图形的填充模式设置为【渐变填充】，如图 6-115 所示。

　　(10) 重复步骤 8 的操作，在幻灯片中绘制一个等腰三角形，并在【格式】选项卡的【形状样式】组中，将其【形状填充】颜色设置为【黑色】，效果如图 6-116 所示。

計算机基础与实训教材系列

图 6-114　绘制矩形形状

图 6-115　设置渐变填充

(11) 选中绘制的等腰三角形，按下 Ctrl+D 组合键将其复制一份，然后选中复制的等腰三角形，在【格式】选项卡的【形状样式】组中将其【形状填充】设置为【无填充颜色】，【形状轮廓】设置为【白色】，【粗细】设置为【1.5 磅】。

(12) 选择【插入】选项卡，在【文本】组中单击【文本框】按钮，在弹出的列表中选择【绘制横排文本框】选项。

(13) 按住鼠标左键，在幻灯片中绘制一个横排文本框，在其中输入标题文本"1"，并在【开始】选项卡的【字体】组中设置文本的字体格式和大小。

(14) 使用同样的方法，在幻灯片中插入一个用于输入内容的文本框，并在其中输入文本，完成本例实例的操作。最终效果如图 6-117 所示。

图 6-116　绘制等腰三角形

图 6-117　幻灯片效果

6.6　习题

1. 简述 PowerPoint 的工作界面由哪几部分组成？
2. 简述如何为演示文稿母版设置统一背景。
3. 简述如何为幻灯片中的动画设置动画效果。
4. 尝试制作一个拉幕效果的幻灯片动画。
5. 创建一个空白演示文稿，并尝试使用 PowerPoint 2010 自带的模板制作一个"工作总结"演示文稿。

第7章

多媒体技术基础

多媒体是指将文字、图像和声音等单一媒体有机结合在一起的媒体，它相比传统的文字或图像媒体能传递更多的信息，已经成为当今计算机技术中的核心部分。有了它，广大用户可以得到视觉、听觉以及其他感官上的享受。本章主要介绍多媒体技术的相关知识。

本章重点

- 媒体在计算机中的两种含义
- 多媒体的基本要素及主要特性
- 数字音频、视频的特征、技术指标
- 计算机动画的原理、文件格式和制作方法
- 多媒体的关键技术
- 多媒体计算机的系统组成
- 数字图像与图像的基本属性、文件格式

7.1 多媒体技术概述

多媒体(Multimedia)简单地说是指文本(Text)、图形(Graphics)、图像(Image)、声音(Sound)、动画(Animation)、视频(Video)等多种媒体的统称。多媒体技术的定义目前有多种解释，可根据多媒体技术的环境特征来给出一个综合的描述，其意义可归纳为：计算机综合处理多种媒体信息，包括文本、图形、图像、声音、动画以及视频等，在各种媒体信息间按某种方式建立逻辑连接，集成为具有交互能力的信息演示系统。

7.1.1 多媒体概念

多媒体技术涉及许多学科，如图像处理技术、声音处理技术、视频处理技术以及三维动画技术等，它是一门跨学科的综合性技术。多媒体技术用计算机把各种不同的电子媒体集成并控制起来，这些媒体包括计算机屏幕显示、视频、语言和声音的合成以及计算机动画等，且使整个系统具有交互性，因此多媒体技术又可看成一种界面技术，它使得人机界面更为形象、生动、友好。

多媒体技术以计算机为核心，计算机技术的发展为多媒体技术的应用奠定了坚实的基础。国外有的专家把个人计算机(PC)、图形用户界面(GUI)和多媒体(Multimedia)称为近年来计算机发展的三大里程碑。

多媒体的主要概念有以下几个。

媒体

媒体(Medium)在计算机领域中主要有两种含义：一是指用于存储信息的实体，如磁带、磁盘、光盘、U盘、半导体存储器等；二是指用于承载信息的载体，如数字、文字、声音、图形、图像、动画等。在计算机领域，媒体一般分为感觉媒体、表示媒体、表现媒体、存储媒体和传输媒体5类。

▽ 感觉媒体指的是能直接作用于人的感官让人产生感觉的媒体。此类媒体包括人类的语言、文字、音乐、自然界的其他声音、静止的或活动的图像、图形和动画等。

▽ 表示媒体是用于传输感觉媒体的手段。其内容上指的是对感觉媒体的各种编码，包括语言编码、文本编码和图像编码等。

▽ 表现媒体是指感觉媒体和计算机中间界面，即感觉媒体传输的电信号和感觉媒体中间的转换所用媒体。表现媒体又分为输入表现媒体和输出表现媒体。输入表现媒体如键盘、鼠标、光笔、数字化仪、扫描仪、麦克风、摄像机等；输出表现媒体如显示器、打印机、扬声器、投影仪等。

▽ 存储媒体是指用于存储表现媒体的介质，包括内存、硬盘、磁带和光盘等。

▽ 传输媒体是指将表现媒体从一处传送到另一处的物理载体，包括导线、电缆、电磁波等。

多媒体的几个基本元素

▽　文本：指以 ASCII 码存储的文件，是最常见的一种媒体形式。

▽　图形：指由计算机绘制的各种几何图形。

▽　图像：指由摄像机或图形扫描仪等输入设备获取的实际场景的静止画面。

▽　动画：指借助计算机生成一系列可供动态实习演播的连续图像。

▽　音频：指数字化的声音，它可以是解说、背景音乐及各种声响。

▽　视频：指由摄像机等输入设备获取的活动画面。

多媒体具有多样化、交互性、集成性和实时性的特征。

7.1.2　多媒体的关键技术

多媒体的关键技术主要包括数据压缩与解压缩、媒体同步、多媒体网络、超媒体等。其中以视频和音频数据的压缩与解压缩技术最为重要。

视频和音频信号的数据量大，同时要求传输速度要高，目前的微机还不能完全满足要求，因此，对多媒体数据必须进行实时的压缩与解压缩。

数据压缩技术又称为数据编码技术，有关它的研究已有 50 年的历史。目前对多媒体信息的数据的编码技术主要有以下几种。

1. JPEG 标准

JPEG(全称是 Joint Photographic Experts Group，联合摄像专家组)是 1986 年制定的主要针对静止图像的第一个图像压缩国际标准。该标准制定了有损和无损两种压缩编码方案，JPEG 对单色和彩色图像的压缩比分别为 10∶1 和 15∶1。许多 Web 浏览器都将 JPEG 图像作为一种标准文件格式以供浏览者浏览网页中的图像。

2. MPEG 标准

MPEG(全称是 Moving Picture Experts Group，动态图像专家组)是国际标准化组织和国际电工委员会组成的一个专家组，现在已成为有关技术标准的代名词。MPEG 是压缩全动画视频的一种标准方法，压缩运动图像。它包括三部分：MPEG-Video、MPEG-Audio、MPEG-System(也可用数字编号代替 MPEG 后面对应的单词)。MPEG 平均压缩比为 50∶1，常用于硬盘、局域网、有线电视信息压缩。

3. H.216 标准(又称为 P(64)标准)

H.216 标准是国际电报电话咨询委员会 CCITT 为可视电话和电视会议制定的标准，是关于视像和声音双向传输的标准。

7.1.3　多媒体计算机系统的组成

多媒体计算机具有能捕获、存储、处理和展示包括文字、图形、声音、动画和活动影像等

计算机基础与实训教材系列

多种类型信息的能力。完整的多媒体计算机系统由多媒体硬件系统和多媒体软件两大部分组成。

1. 多媒体计算机硬件系统

多媒体计算机硬件系统主要包括以下几部分：

▽ 多媒体主机，支持多媒体指令的CPU；

▽ 多媒体输入设备，如录像机、摄像机、话筒等；

▽ 多媒体输出设备，如音箱、耳机等；

▽ 多媒体接口卡，如音频卡、视频卡、图形压缩卡、网络通信卡等；

▽ 多媒体操作控制设备，如触摸式显示屏、鼠标、键盘等。

多媒体计算机硬件系统的组成部分如图7-1所示。

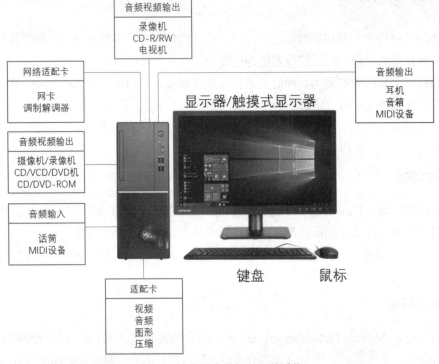

图7-1 多媒体计算机的硬件系统

2. 多媒体计算机软件系统

多媒体计算机软件系统主要包括以下几部分。

▽ 支持多媒体的操作系统；

▽ 多媒体数据管理系统；

▽ 多媒体压缩与解压缩软件；

▽ 多媒体通信软件。

3. 多媒体个人计算机

能够处理多媒体信息的个人计算机称为多媒体个人计算机(Multimedia Personal Computer，

MPC)。目前市场上的主流计算机都是 MPC，而且配置已经远远超过了国际 MPC 标准。

MPC 中声卡、DVD-ROM 驱动器是必须配置的，其他可根据需要选配。下面介绍 MPC 所涉及的主要硬件技术。

声音卡的配置

声音卡又称音频卡或声卡，是 MPC 必选配件，它是计算机进行声音处理的适配器。其作用是从话筒中捕获声音，经过模/数转换器对声音模拟信号以固定的时间进行采样变成数字信息，数字信息便可存储到计算机中。在重放声音时，再把这些数字信息送到声音卡数/模转换器中，以同样的采样频率还原为模拟信号，经放大后作为音频输出。有了声音卡，计算机便具有了听、说、唱的功能。

声音卡有三个基本功能：一是音乐合成发音功能；二是混音器(Mixer)功能和数字声音效果处理器(DSP)功能；三是模拟声音信号的输入和输出功能。

视频卡

图像处理已成为多媒体计算机的热门技术。图像的获取一般可通过两种方法：一种是利用专门的图形、图像处理软件创作所需要的图形；另一种是利用扫描仪或数字照相机把照片、艺术作品或实景输入计算机。然而，上述方法只能采集静止画面，要想捕获动态画面，就要借助于其他设备了。视频卡的作用就是为多媒体 PC 和电视机、录像机或摄像机提供一个接口，用来捕获动态图像，进行实时压缩生成数字视频信号，可以存储并进行各种特技处理，像一般数据一样进行传输。

视频卡是多媒体计算机中处理活动图像的适配器。视频卡是一种统称，并不是必需的，高档视频捕获卡价格昂贵，主要供专业人员使用。在视频卡中，根据功能和所处理的影像源及目标的不同，又可分成许多种类，有视频叠加卡、视频捕获卡、电视编码卡、电视选台卡、压缩/解压卡等。

7.2 声音媒体简介

声音在多媒体课件中不仅可以与文字信息一样，用作叙述、说明课件的内容等，还可以用作背景音乐，起到烘托气氛、强调主题的作用。

7.2.1 音频信息

1. 音频的数字化

在多媒体系统中，声音是指人耳能识别的音频信息。根据声波的特征，可把音频信息分类为规则音频和不规则声音。其中规则音频又可以分为语音、音乐和音效。规则音频是一种连续变化的模拟信号，可用一条连续的曲线来表示，称为声波。声波又可以分解为正弦波的叠加。不规则声音一般指不携带信息的噪音。

计算机内采用二进制数表示各种信息，所以计算机内的音频必须是数字形式的，因此必须把模拟音频信号转化成有限个数字表示的离散序列，即实现音频数字化。在这一处理技术中，涉及音频的抽样、量化和编码。

音频数字化的最大好处是资料传输与保存不易失真。记录的资料只要数字大小不改变，记录的资料内容就不会改变。因此在一般的情况下无论复制多少次，传输多么远，资料的内容都是相同的，不会产生失真。

2. 数字音频的技术指标

数字音频的主要技术指标有采样频率、量化位数和声道数。

采样频率

采样频率是指 1s 内采样的次数。根据奈奎斯特(Harry Nyquist)采样理论：如果对某一模拟信号进行采样，则采样后可还原的最高信号频率只有采样频率的一半。

量化位数

量化位数是对模拟音频信号的幅度轴进行数字化，它决定了模拟信号数字化以后的动态范围。由于计算机按字节运算，一般的量化位数为 8 位和 16 位。量化位数越高，信号的动态范围越大，数字化后的音频信号就越可能接近原始信号，但所需的存储空间也越大。

声道数

有单声道和双声道之分。双声道又称为立体声，在硬件中要占两条线路，音质、音色好，但立体声数字化后所占空间比单声道多一倍。

7.2.2　数字音频文件格式

数字音频是将真实的数字信号保存起来，播放时通过声卡将信号恢复成悦耳的声音。绝大多数声音文件采用了不同的音频压缩算法，在基本保持声音质量不变的情况下尽可能获得更小的文件。

WAVE 文件(.wav)

WAVE 格式是 Microsoft 公司开发的一种声音文件格式，它符合 RIFF(Resource Interchange File Format)文件规范，用于保存 Windows 平台的音频信息资源，被 Windows 平台及其应用程序广泛支持。WAVE 格式支持多种音频位数、采样频率和声道，但其文件尺寸较大，多用于存储简短的声音片段。

AIFF 文件(.aif/.aiff)

AIFF(Audio Interchange File Format, 音频交换文件格式)是苹果计算机公司开发的一种声音文件格式，被 Macintosh 平台及其应用程序所支持。

Audio 文件(.au)

Audio 文件是 Sun Microsystems 公司推出的一种经过压缩的数字声音格式,是 Internet 中常用的声音文件格式。

Sound 文件(.snd)

Sound 文件是 NeXT Computer 公司推出的数字声音文件格式,支持压缩。

Voice 文件(.voc)

Voice 文件是 Creative Labs(创新公司)开发的声音文件格式,多用于保存 Creative Sound Blaster(创新声霸)系列声卡所采集的声音数据,被 Windows 平台所支持。

MPEG 音频文件(.mp1/.mp2/.mp3)

MPEG 标准中的音频部分,即 MPEG 音频层(MPEG Audio Layer)。MPEG 音频文件的压缩是一种有损压缩,根据压缩质量和编码复杂程度的不同可分为三层(MPEG Audio Layer 1/2/3),分别对应 MP1、MP2 和 MP3 这三种声音文件。MPEG 音频编码具有很高的压缩率,MP1 和 MP2 的压缩率分别为 4：1 和 6：1~8：1,而 MP3 的压缩率则高达 10：1~12：1,目前使用最多的是 MP3 文件格式。

7.2.3　MIDI 音乐

MIDI(Musical Instrument Digital Interface,乐器数字接口)是数字音乐/电子合成乐器的统一国际标准,它是一种电子乐器之间以及电子乐器与计算机之间的统一交流协议。MIDI 定义了计算机音乐程序、合成器及其他电子设备交换音乐信号的方式,可用于为不同乐器创建数字声音,可以模拟大提琴、小提琴、钢琴等常见乐器。可以从广义上将 MIDI 理解为电子合成器、计算机音乐的统称,包括协议、设备等相关的含义。

MIDI 接口在硬件上是一个带 MIDI 接口的卡,在技术上是一个世界通用的合成器标准。这种 MIDI 接口,可以把计算机和其他具有 MIDI 接口的乐器、音响设备、灯控设备、录放音采样器等一切演艺器材连为一个大系统。在系统中的每种 MIDI 乐器和 MIDI 设备上,一般都有两个接口:MIDI OUT 和 MIDI IN,有的还有第三个接口,即 MIDI THRU。各种设备必须用专用的 MIDI 电缆才能将它们正确连接起来。系统连接好后,就可以通过计算机的总控制,实现一个人演奏一个大型乐队并操作控制全部舞台声光电效果了。这时音乐家们就可以通过 MIDI 键盘,进行计算机音乐创作了。

由于 MIDI 中不仅存储了各种常规乐器的发音,还存储了大量存在于自然界中的风雨雷电、山呼海啸的声音和动物叫声,甚至存储了自然界中不存在的宇宙之声,这就大大丰富了音乐的表现形式,使计算机音乐可以进入传统音乐所不能进入的境界。

MIDI 文件是一种音乐演奏指令序列，相当于乐谱，可以利用声音输出设备或计算机相连的电子乐器进行演奏，由于不包含声音数据，其文件非常小巧。目前的许多游戏软件和娱乐软件中经常可以发现多以 mid、rmi 为扩展名的音乐文件，这些就是在计算机上最为常用的 MIDI 格式。

7.3 图形图像基础

一般来说，图像所表现的显示内容是自然界的真实景物，或利用计算机技术逼真地绘制出带有光照、阴影等特性的自然界景物，而图形实际上是对图像的抽象，组成图形的画面元素主要是点、线、面或简单的立体图形等，与自然界景物的真实感相差很大。

7.3.1 图形与图像的基本属性

分辨率

分辨率是一个统称，有显示分辨率、图像分辨率、打印分辨率和扫描分辨率等。

颜色深度

颜色深度是指图像中每个像素的颜色(或亮度)信息所占的二进制数位数，记作/像素(bit per pixel，b/p)。

文件的大小

图形与图像文件的大小(也称数据量)是指在磁盘上存储整幅图像所有点的字节数(Bytes)，反映了图像所需数据存储空间的大小。

真彩色

真彩色是指组成一幅彩色图像的每个像素值中，有 R、G、B 三个基色分量，每个基色分量直接决定显示设备的基色强度，这样产生的彩色称为真彩色。

伪彩色

伪彩色图像是每个像素的颜色不是由每个基色分量的数值直接决定，而是把像素值当作彩色查找表(Color Look-Up Table，CLUT)的表项入口地址，去查找一个显示图像时使用的 R、G、B 强度值，用查找出的 R、G、B 强度值产生的彩色称为伪彩色。

直接色

直接色(Direct Color)是把像素值的 R、G、B 分量作为单独的索引值，通过相应的彩色变换表找出 R、G、B 各自的基色强度，用这个强度值产生的彩色称为直接色。

7.3.2　图形与图像的数字化

计算机存储和处理的图形与图像信息都是数字化的。因此，无论以什么方式获取图形与图像信息，最终都要转换为由一系列二进制数代码表示的离散数据的集合，这个集合即所谓的数字图像信息，也就是说图形与图像的获取过程就是图形与图像的数字化过程。

数字化图像可以分为位图和矢量图两种基本类型，如图 7-2 所示。

▽　**位图**：描述和记录图像时，将图像划分成许多栅格，每一个栅格内的图像称为一个像素，描述和记录每一个像素的大小、位置和颜色，就描述和记录了整幅图像。位图的数据量较大，适用于表现内容复杂的图像，尤其是现实中的事物。例如使用基于位图的软件(如 Painter 和 Photoshop)创作的图像，通过扫描仪获取的图像等都是位图图像。

▽　**矢量图**：描述和记录图像时，将图像要素抽象成几何性质的点、线、面、体，并用数字方法描述和记录它们的形状、大小、位置和颜色(包括颜色的过渡变化)。矢量图适用于抽象地或模拟地描绘事物，难以达到逼真的程度。矢量图是使用基于矢量图的软件(如 FreeHand 和 CorelDRAW)创作出来的。

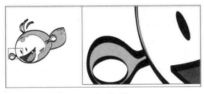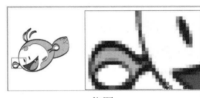

矢量图　　　　　　　　　　　　　　　　　　位图

图 7-2　矢量图和位图的区别

7.3.3　图形与图像文件的格式

图像数据可以压缩，也可以不压缩。如果压缩，还可以采用不同的压缩算法。技术上的一些区别，形成了不同的图像文件格式。

BMP 格式

Windows 通用的图像格式，无压缩，数据量较大。

JPEG 格式

一种压缩格式，数据量小。在图像软件中保存该格式的图像时，可以选择不同的压缩比。质量等级高，压缩比小，图像损失小；质量等级低，压缩比大，图像损失大。JPEG 格式不支持 Alpha 通道，采用该格式的图像，适用于背景素材，不适用于前景素材。

TIFF 格式

也是一种压缩格式，但压缩比没有 JPEG 格式大。可以保存 Alpha 通道，适合作为前景素材。

GIF 格式

一种压缩的 256 色图像格式。Animated GIF 格式是由一系列 GIF 图像生成的动画格式。GIF 图像和 GIF 动画的特点是数据量小，适用于网络传输。在多媒体课件中，适当地加入 GIF 图像或 GIF 动画，可以增添生动活泼的效果。

PSD 格式

图像软件 Photoshop 的专用图像格式，文件容量很大。可保存图像处理过程中的各种编辑信息，如图层、通道和路径等。

7.4 视频信息基础

视频一词译自英文单词 Video，我们看到的电影、电视、DVD、VCD 等都属于视频的范畴。视频是活动的图像。正如像素是一幅数字图像的最小单元一样，一幅数字图像组成了视频，图像是视频的最小和最基本的单元。视频是由一系列图像组成的，在电视中把每幅图像称为一帧(Frame)，在电影中每幅图像称为一格。

与静止图像不同，视频是活动的图像。当以一定的速率将一幅幅画面投射到屏幕上时，由于人眼的视觉暂留效应，我们的视觉就会产生动态画面的感觉，这就是电影和电视的由来。对于人眼来说，若每秒播放 24 格(电影的播放速率)、25 帧(PAL 制电视的播放速度)或 30 帧(NTSC 制电视的播放速率)就会产生平滑和连续的画面效果。

7.4.1 常用的视频文件格式

目前有多种视频压缩编码方法，下面就目前比较流行的一些视频格式进行介绍。

AVI 格式(.avi)

AVI(Audio Video Interleaved, 音频视频交错)是 Microsoft 公司开发的一种符合 RIFF 文件规范的数字音频与视频文件格式，原先用于 Microsoft Video for Windows(VFW)环境，现在已被 Windows、OS/2 等多数操作主流操作系统直接支持。

MPEG(.mpeg/.mpg/.dat)

MPEG 文件格式是运动图像压缩算法的国际标准，它采用有损压缩方法减少运动图像中的冗余信息，同时保证每秒 30 帧的图像动态刷新率，已被几乎所有的计算机平台共同支持。

QuickTime 格式(.mov/.qt)

QuickTime 是 Apple 计算机公司开发的一种音频、视频文件格式，用于保存音频和视频信息，具有先进的视频和音频功能，被包括 Apple Mac OS、Microsoft Windows 在内的所有主流计算机平台支持。

ASF 格式

ASF 是 Advanced Streaming Format 的缩写，是 Microsoft 发展出来的一种可以直接在网上观看视频节目的文件压缩格式。

WMV 格式

一种独立于编码方式的在 Internet 上实时传播多媒体的技术标准，Microsoft 公司希望用其取代 QuickTime 之类的技术标准以及 WAV、AVI 之类的文件扩展名。WMV 的主要优点包括：本地或网络回放、可扩充的媒体类型、部件下载、可伸缩的媒体类型、流的优先级化、多语言支持、环境独立性、丰富的流间关系以及扩展性等。

7.4.2　流媒体信息

1. 流媒体概述

流媒体是从英语 Streaming Media 中翻译过来的，所谓流媒体是指采用流式传输的方式在 Internet/Intranet 播放的媒体格式，如音频、视频或多媒体文件。流媒体在播放前并不下载整个文件，只将开始部分内容存入内存，在计算机中对数据包进行缓存并使媒体数据正确地输出。流媒体的数据流随时传送随时播放，只是在开始时有些延迟。

显然，流媒体实现的关键技术就是流式传输，流式传输是指通过网络传送流媒体(如视频、音频)的技术总称，主要指将整个音频和视频及三维媒体等多媒体文件经过特定的压缩方式解析成一个个压缩包，由视频服务器向用户计算机顺序或实时传送。用户不必等到整个文件全部下载完毕，而是只需经过几秒或几十秒的启动延时即可在用户的计算机上利用解压设备对压缩的 A/V、3D 等多媒体文件解压后进行播放和观看。此时多媒体文件的剩余部分将在后台的服务器内继续下载。与单纯的下载方式相比，这种对多媒体文件边下载边播放的流式传输方式不仅使启动延时大幅度地缩短，而且对系统缓存容量的需求也大大降低，极大地减少了用户等待的时间。

2. 流媒体文件格式

微软高级流格式 ASF(.asf/.wma/.wmv)

ASF 是 Advanced Streaming Format 的简称，由微软公司开发。ASF 格式用于播放网上全动态影像。微软公司将 ASF 定义为同步媒体的统一容器文件格式。音频、视频、图像以及控制命令脚本等多媒体信息通过这种格式，以网络数据包的形式传输，实现流式多媒体内容的发布。

WMA 的全称是 Windows Media Audio，它是微软公司用 ASF 格式开发的与 MP3 格式齐名的一种新的音频格式。由于 WMA 在压缩比和音质方面都超过了 MP3，更是远胜于 RA(Real Audio)，即使在较低的采样频率下也能产生较好的音质，再加上 WMA 有微软的 Windows Media Player 作其强大的后盾，所以一经推出就赢得一片喝彩。

QuickTime 格式

QuickTime(MOV)是 Apple(苹果)公司创立的一种视频格式，在很长的一段时间里，它都是只在苹果公司的 MAC 计算机上存在。后来才发展到支持 Windows 平台的，它无论是在本地播放还是作为视频流格式在网上传播，都是一种优良的视频编码格式。

Real Media 文件格式(.ra/.rm/.ram)

Real Networks 公司的 Real Media 包括 RealAudio、RealVideo 和 RealFlash 三类文件。RealMedia 格式一开始就是定位在视频流应用方面的，也可以说是视频流技术的创始者。它可以在用 56K Modem 拨号上网的条件下实现不间断的视频播放。

7.5 计算机动画简介

动画是通过连续播放一系列画面，给视觉造成连续变化的图画。它的基本原理与电影、电视一样，都是视觉原理。医学已经证明，人类具有"视觉暂留"的特性，就是说人的眼睛看到一幅画面或一个物体后，在 1/24 秒内不会消失。利用这一原理，在一幅画面还没消失前播放出下一幅画面，就会给人造成一种流畅的视觉变化效果，如图 7-3 所示。

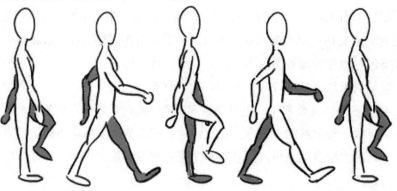

图 7-3 动画示例

因此，电影采用了每秒 24 幅画面的速度拍摄和播放，电视采用了每秒 25(PAL 制)或 30 幅(NSTC 制)画面的速度拍摄和播放。如果以每秒低于 24 幅画面的速度拍摄，就会在播放时出现画面停顿现象。

从制作技术上看，动画可以分为以手工绘制为主的传统动画和以计算机为主的计算机动画。按动作的表现形式来区分，动画大致可以分为接近自然动作的"完善动画"(动画电视)和采用简化、夸张的"局限动画"(幻灯片动画)。如果从空间的视觉效果上看，又可以分为平面动画和三维动画。从播放效果上看，还可以分为顺序动画(连续动作)和交互式动画(反复动作)。从每秒播放的幅数来讲，还有全动画(每秒 24 幅)和半动画(少于 24 幅)之分。

计算机动画(Computer Animation)是动态图形与图像时基媒体的一种形式，它是利用计算机二维和三维图形处理技术，并借助于动画编程软件直接生成或对一系列人工图形进行一种动态处理后生成的可供实时演播的连续画面。

计算机动画具有以下几个特点：

▽ 动画的前后帧之间在内容上有很强的相关性，因而其内容具有时间延续性。

▽ 动画具有时基媒体的实时性，亦即画面内容是时间的函数。

▽ 无论是实时变换生成并演播的动画，还是三维真实感动画，由于计算数据量太大，必须采用合适的压缩方法才能按正常时间播放。

▽ 对计算机性能有更高的要求，要求信息处理速度、显示速度、数据读取速度都要达到实时性的要求。

7.5.1　二维计算机动画制作

一般来说，按计算机软件在动画制作中的作用分类，计算机动画有计算机辅助动画和造型动画两种。计算机辅助动画属于二维动画，其主要用途是辅助动画师制作传统动画，而造型动画则属于三维动画。计算机的使用，大大简化了动画制作的工作程序，提高了效率。这主要表现在以下几个方面。

1. 关键帧(原画)的产生

关键帧以及背景画面，可以用摄像机、扫描仪、数字化仪实现数字化输入，也可以用相应软件直接绘制。动画软件都会提供各种工具，方便绘图。这大大改进了传统动画画面的制作过程，可以随时存储、检索、修改和删除任意画面。传统动画制作中的角色设计及原画创作等几个步骤，一步就完成了。

2. 中间画面的生成

利用计算机对两幅关键帧进行插值计算，自动生成中间画面，这是计算机辅助动画的主要优点之一。这不仅精确、流畅，而且将动画制作人员从烦琐的劳动中解放出来。

3. 分层制作合成

传统动画的一帧画面，是由多层透明胶片上的图画叠加合成的，这是保证质量、提高效率的一种方法，但制作中需要精确对位，而且受透光率的影响，透明胶片最多不超过 4 张。在动画软件中，也同样使用了分层的方法，但对位非常简单，层数从理论上说没有限制，对层的各种控制，如移动、旋转等，也非常容易。

4. 着色

动画着色是非常重要的一个环节。计算机动画辅助着色可以解除乏味、昂贵的手工着色。用计算机描线着色时，界线准确、不需要晾干、不会串色、修改方便，而且不因层数多而影响颜色，速度快，更不需要为前后色彩的变化而头疼。动画软件一般都会提供许多绘画颜料效果，如喷笔、调色板等。

5. 预演

在生成和制作特技效果之前，可以直接在计算机屏幕上演示一下草图或原画，检查动画过程中的动画和时限以便及时发现问题并进行修改。

6. 图库的使用

计算机动画中的各种角色造型以及它们的动画过程，都可以存在图库中反复使用，而且修改也十分方便。在动画中套用动画，就可以使用图库来完成。

7.5.2 动画制作应注意的问题

动画所表现的内容，是以客观世界的物体为基础的，但它又有自己的特点，绝不是简单的模拟。在动画制作中，需要注意以下几个问题。

1. 速度的处理

动画中的速度处理是指动画物体变化的快慢，这里的变化，含义广泛，既可以是位移，也可以是变形，还可以是颜色的改变。显然，在变化程度一定的情况下，所占用的时间越长，速度就越慢；时间越短，速度就越快。在动画中这就体现为帧数的多少。同样，对于加速和减速运动来说，分段调整所用帧数，就可以模拟出速度的变化。

2. 循环动画

许多物体的变化，都可以分解为连续重复而有规律的变化。因此在动画制作中，可以多制作几幅画面，然后像走马灯一样重复循环使用，长时间播放，这就是循环动画。

循环动画由几幅画面构成，要根据动作的循环规律确定。但是，只有三张以上的画面才能产生循环变化效果，两幅画面只能起到晃动的效果。在循环动画中有一种特殊情况，就是反向循环。比如鞠躬的过程，可以只制作弯腰动作的画面，因为用相反的顺序播放这些画面就是抬起的动作。掌握循环动画的制作方法，可以减轻工作量，大大提高工作效率。因此在动画制作中，要养成使用循环动画的习惯。

3. 夸张与拟人

夸张与拟人，是动画制作中常用的艺术手法。许多优秀的作品，无不在这方面有所建树。因此，发挥你的想象力，赋予非生命以生命，化抽象为形象，把人们的幻想与现实紧密交织在一起，创造出强烈、奇妙和出人意料的视觉形象，才能引起用户的共鸣、认可。实际上，这也是动画艺术区别于其他影视艺术的重要特征。

7.5.3　动画文件格式

GIF 文件(.gif)

GIF 是图形交换格式(Graphics Interchange Format)的英文缩写，是由 CompuServe 公司于 20 世纪 80 年代推出的一种高压缩比的彩色图像文件格式。最初，GIF 只是用来存储单幅静止图像的，称为 GIF87a，后来，又进一步发展成为 GIF89s，可以同时存储若干幅静止图像并进而形成连续的动画，目前 Internet 上大量采用的彩色动画文件多为这种格式的 GIF 文件。

Flic 文件(.fli/.flc)

Flic 文件是 Autodesk 公司在其出品的 2D/3D 动画制作软件 Autodesk Animator/Animator Pro/3D Studio 中采用的彩色动画文件格式，其中，FLI 是最初的基于 320×200 分辨率的动画文件格式，而 FLC 则是 FLI 的进一步扩展，采用了更高效的数据压缩技术，其分辨率也不再局限于 320×200。

GIF 和 Flic 文件，通常用来表示由计算机生成的动画序列，其图像相对而言比较简单，因此可以得到比较高的无损压缩率，文件尺寸也不大。然而，对于来自外部世界的真实而复杂的影像信息而言，无损压缩便显得无能为力，而且，即使采用了高效的有损压缩算法，影像文件的尺寸仍然相当庞大。

7.6　实例演练

本章的实例演练将指导用户使用 Adobe Audition 软件编辑音频。

【例 7-1】 使用 Adobe Audition 软件编辑音频。

(1) 启动 Adobe Audition 软件，将麦克风接口插入计算机声卡的麦克风插孔，并检查麦克风是否工作正常。

(2) 选择【文件】|【新建】命令，打开如图 7-4 所示的【新建波形】对话框，在该对话框中设置适当的【采样率】【通道】和【分辨率】后，单击【确定】按钮，返回波形编辑界面。

(3) 保持录制环境的安静，单击【传送器】面板中的■按钮，开始录音。录音完成后，单击■按钮，停止录音。

(4) 单击▶按钮，试听所录制的声音效果。选择【文件】|【另存为】命令对录音文件进行保存(保存时可以选择不同的文件类型)，如图 7-5 所示。

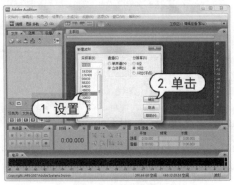

图 7-4　新建波形

图 7-5　保存声音

(5) 选择【效果】|【振幅和压限】|【标准化(进程)】命令，将音频的音量进行标准化设置，如图 7-6 所示。

(6) 选择【效果】|【振幅和压限】|【放大】命令，打开如图 7-7 所示的对话框，在该对话框中拖动相应的滑块可调整音量大小。

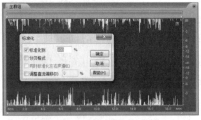

图 7-6　标准化音频

图 7-7　调节音量大小

(7) 在【缩放】面板中单击【水平放大】按钮🔍，将音频波形放大，如图 7-8 所示。

(8) 选取波形前端无声部分作为噪声采样，如图 7-9 所示。

图 7-8　【缩放】面板

图 7-9　采集噪声

(9) 选择【效果】|【修复】|【降噪器】命令，打开【降噪器】对话框，然后单击【获取特性】按钮，采集当前噪声，如图 7-10 所示。

(10) 单击【确定】按钮，进行降噪。然后选取波形前端无声部分，右击鼠标，从弹出的快捷菜单中选择【剪切】命令，删除无声部分的声音，如图 7-11 所示。

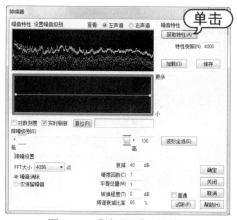

图 7-10　【降噪器】对话框

图 7-11　剪切声音

(11) 选择【效果】|【混响】|【房间混响】命令，即可打开房间混响对话框，对各项相关参数进行设置，如图 7-12 所示。

(12) 单击【预览】按钮■对回声效果进行测试，然后对不满意的地方进行调节，并单击【确定】按钮，为音频文件添加回声效果。

(13) 选择【效果】|【振幅和压限】|【振幅/淡化】命令，即可打开【振幅/淡化】对话框，在该对话框中，用户可拖动其中的滑块，对各项相关参数进行相应的设置，如图 7-13 所示。

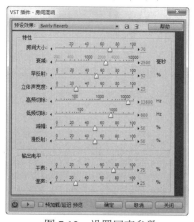

图 7-12　设置回声参数

图 7-13　【振幅/淡化】对话框

(14) 单击【确定】按钮，选择【文件】|【保存】命令，将声音文件保存。

7.7　习题

1. 简述 JPEG 标准、MPEG 标准和 H.216 标准等多媒体关键技术。
2. 多媒体计算机硬件系统主要由哪几部分组成?
3. 图形与图像的基本属性有哪些?
4. 矢量图和位图的区别是什么?
5. 数字音频文件有哪些格式?

计算机基础与实训教材系列

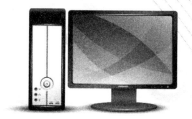

第8章

网页设计与制作

对于许多初学者而言，"制作网页"仅仅是一个概念。网页制作是否需要掌握大量的计算机知识、程序语言和工具软件呢？会不会非常难呢？其实，网页制作就和 Office 文档制作差不多，只要选择合适的软件，掌握如何使用它们，并按照一定的规范来操作，就能够完成网页的制作。本章将通过 Dreamweaver 软件，详细介绍制作网页的方法与技巧。

本章重点

- Dreamweaver 的基础操作
- 创建与编辑站点
- 在网页中插入文本和图像
- 在网页中插入多媒体元素
- 创建网页超链接

二维码教学视频

【例 8-1】 创建本地站点
【例 8-2】 在网页中插入日期
【例 8-3】 设置水平线的格式
【例 8-4】 在网页中插入视频
【例 8-6】 创建并设置网页属性

8.1 网页与网站的概念

网页是网站中的一页，其通常为 HTML 格式。网页既是构成网站的基本元素，也是承载各种网站应用的平台。简单地说，网站就是由网页组成的。

8.1.1 网页的概念

网页(Web Page)，就是网站上的一个页面，如图 8-1 所示，它是一个纯文本文件，是向访问者传递信息的载体，以超文本和超媒体为技术，采用 HTML、CSS、XML 等语言来描述组成页面的各种元素，包括文字、图像、声音等，并通过客户端浏览器进行解析，从而访问者呈现网页的各种内容。

图 8-1　使用浏览器打开一个网页

网页由网址(URL)来识别与存放，访问者在浏览器地址栏中输入网址后，经过一段复杂而又快速的程序，网页将被传送到计算机，然后通过浏览器程序解释页面内容，并最终展示在显示器上。例如，在浏览器中输入网址访问网站：

http://www.bankcomm.com

实际上在浏览器中打开的是：http://www.bankcomm.com/BankCommSite/cn/index.html 文件，其中 index.html 是 www.bankcomm.com 网站服务器主机上默认的主页文件。

8.1.2　网站的概念

网站(Website)，是指在互联网上根据一定的规则，使用 HTML、ASP、PHP 等工具制作的用于展示特定内容的相关网页集合，其建立在网络基础之上，以计算机、网络和通信技术为依托，通过一台或多台计算机向访问者提供服务。

8.2　认识 Dreamweaver

Dreamweaver 是一款可视化的网页制作与编辑软件，它可以针对网络及移动平台设计、开发并发布网页。Dreamweaver 提供直觉式的视觉效果界面，可用于建立及编辑网站，并与最新的网络标准相兼容(同时对 HTML5/CSS3 和 jQuery 等提供支持)。

Dreamweaver 的工作界面如图 8-2 所示，它由菜单栏、【文档】工具栏、文档窗口、【属性】面板、浮动面板组、【通用】工具栏等几部分组成。

图 8-2　Dreamweaver 的工作界面

8.3　创建与编辑站点

Dreamweaver 的基本操作主要指对站点与网页的操作。在 Dreamweaver 中对同一网站中的文件是以"站点"为单位来进行组织和管理的，创建站点后用户可以对网站的结构有一个整体的把握，而创建站点并以站点为基础创建网页也是比较科学、规范的设计方法。

计算机基础与实训教材系列

8.3.1 创建站点

在 Dreamweaver 菜单栏中，选择【站点】|【新建站点】命令，可以打开【站点设置对象】对话框来创建本地站点。

【例 8-1】 使用 Dreamweaver 创建一个本地站点。 视频

(1) 打开【站点设置对象】对话框后，在【站点名称】文本框中输入"新建站点"，然后单击【浏览文件夹】按钮，打开【选择根文件夹】对话框，选择一个用于创建本地站点的文件夹后，单击【选择文件夹】按钮，如图 8-3 所示。

(2) 返回【站点设置对象】对话框，单击【保存】按钮，完成站点的创建。此时，在浮动面板组的【文件】面板中将显示站点文件夹，如图 8-4 所示。

图 8-3 选择站点文件夹

8.3.2 编辑站点

对于 Dreamweaver 中已创建的站点，用户可以通过编辑站点的方法对其进行修改，具体方法如下。

(1) 在菜单栏中选择【站点】|【管理站点】命令，打开【管理站点】对话框，在【名称】列表框中选中需要编辑的站点，如图 8-5 所示。

图 8-4 显示【文件】面板

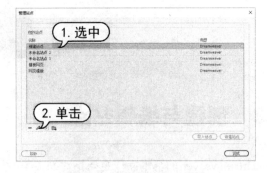

图 8-5 【管理站点】对话框

(2) 单击【管理站点】对话框左下角的【编辑选定站点】按钮。打开图 8-3 所示的【站点

设置对象】对话框，在该对话框中用户可以对站点的各项参数进行编辑。

(3) 最后，单击【保存】按钮，返回【管理站点】对话框，单击【完成】按钮即可。

8.4　创建空白网页

在 Dreamweaver 中创建站点后，用户可以通过按下 Ctrl+N 组合键(或选择【文件】|【新建】命令)，打开【新建文档】对话框，创建空白网页，也可以基于示例文件创建网页。下面将以新建 nesWeb.html 文档为例，介绍新建网页文档的方法。

(1) 启动 Dreamweaver 后，按下 Ctrl+N 组合键，打开图 8-6 所示的【新建文档】对话框，在左侧的列表中选择【新建文档】选项卡。

(2) 在【文件类型】列表中选中 HTML 选项，设置创建一个 HTML 网页文档。

(3) 在【网页标题】文本框中输入网页标题文本"简单图文网页"，单击【文档类型】下拉按钮，在弹出的列表中选择 HTML5 选项，设置网页文档的类型。

(4) 单击【创建】按钮，即可创建一个空白网页文档。

(5) 按下 Ctrl+S 组合键(或选择【文件】|【保存】命令)，将打开如图 8-7 所示的【另存为】对话框，在该对话框的地址栏中设置文档保存的路径，在【文件名】文本框中输入网页文档的名称 nesWeb，然后单击【保存】按钮。

图 8-6　【新建文档】对话框

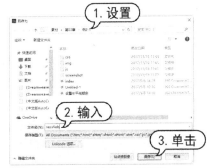

图 8-7　【另存为】对话框

8.5　设置网页文本

编辑网页文本是网页制作最基本的操作。Dreamweaver 提供了多种向网页中添加文本和设置文本格式的方法，用户可以插入文本、设置字体类型、大小颜色和对齐属性，以及使用层叠样式表(CSS)创建和应用自定义文本样式。

8.5.1　输入普通文本

使用 Dreamweaver 在网页中输入文本的具体方法如下。

(1) 将鼠标指针插入创建的网页中，输入文本内容。

(2) 按下 Ctrl+S 组合键(或选择【文件】|【保存】命令)，将网页保存，然后按下 F12 键预览网页，即可查看文本在网页中的效果。

8.5.2　输入文本信息

在使用 Dreamweaver 制作网页时，用户除了可直接输入页面的一般文字以外，常见的文字类信息还包括日期和时间、水平线、特殊字符以及滚动文字，下面将分别进行介绍。

1. 日期和时间

由于网上信息量大，在网页中随时更新内容就显得很重要。在用 Dreamweaver 制作网页时，我们可以在页面中插入当天的信息，并设置自动更新日期，这样，一旦网页被保存，插入的日期就会被自动更新。

【例 8-2】 在网页中插入当前日期。 视频

(1) 按下 Ctrl+O 组合键(或选择【文件】|【打开】命令)，打开【打开】对话框，选择一个网页文件后，单击【打开】按钮，将网页在 Dreamweaver 中打开。

(2) 将光标置于网页中需要插入日期的页面位置，选择【插入】|HTML|【日期】命令。

(3) 打开【插入日期】对话框，在该对话框中设置日期格式。

(4) 单击【确定】按钮，即可在页面中插入当前的系统日期，如图 8-8 所示。

图 8-8　在网页中插入日期和时间

2. 水平线

在网页中插入各种内容时，有时需要区分不同内容。在这种情况下，最简单的方法是插入水平线。水平线可以在不完全分割画面的情况下，以线为基准区分页面的上下区域，被广泛应用于网页文档中需要区分各种类型内容的场景。

在 Dreamweaver 中，用户可以通过选择【插入】|HTML|【水平线】命令，在页面中插入如图 8-9 所示的水平线。

此时，单击选中页面中的水平线，选择【窗口】|【属性】命令，在打开的【属性】面板中可以通过调整各种属性，来制作出不同形状的水平线。

【例 8-3】 在【属性】面板中设置页面中插入的水平线的格式。 视频

(1) 选中页面中插入的水平线后，在【属性】面板的【水平线】文本框中输入 line1，在【宽】

文本框中输入 90，在【高】文本框中输入 10，然后单击【宽】文本框后的【像素】按钮，在弹出的列表中选择%，如图 8-10 所示。

图 8-9　在网页中插入水平线

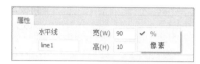

图 8-10　设置水平线的宽和高

(2) 单击【对齐】按钮，在弹出的列表中选择【左对齐】选项，取消【阴影】复选框的选中状态。此时，页面中水平线的效果将如图 8-11 所示。

图 8-11　水平线的效果

3. 特殊字符

对于网页中的普通文字，用户可以在【设计】视图下直接输入，但有一些特殊的符号以及空格则需要使用【插入】面板和 HTML 语言单独进行定义。

在 Dreamweaver 中，选择【窗口】|【插入】命令，可以打开【插入】面板。在【插入】面板中单击【字符】按钮，在弹出的列表中单击相应的字符，即可在网页中插入相应的特殊字符。如果用户在【字符】列表中选择【其他字符】选项，还可以打开【插入其他字符】对话框，在页面中插入其他更多的字符，如图 8-12 所示。

如果用户需要将特殊字符包含在网页中，必须将字符的标准实体名称或符号(#)上加上它在标准字符集里面的位置编号，包含在一个符号(&)和分号之间，而且中间没有空格。例如，在页面中插入一个(©)符号，效果如图 8-13 所示。

图 8-12　【插入其他字符】对话框

京网文【2023】0934-983号 ©2029Baidu 使用百度前必读

图 8-13　在页面中插入特殊符号的效果

8.5.3　设置网页文本属性

在 Dreamweaver 中，用户选择【窗口】|【属性】命令，可以打开如图 8-14 所示的【属性】面板设置文本的大小、颜色等属性，并且除了可以设置 HTML 的基本属性外，也可以通过单击

计算机基础与实训教材系列

CSS 按钮切换至 CSS【属性】面板设置 CSS 文本的扩展属性。

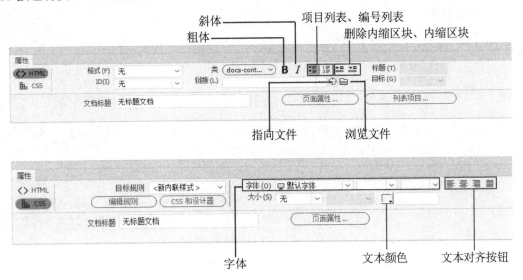

图 8-14　文本【属性】面板

在制作网页时,选中文本或文本所在的位置插入点后,可以利用【属性】面板对文本属性进行以下修改。

格式

在【格式】下拉列表(如图 8-15 所示)中包含软件预定义的字体样式。选择的字体样式将应用于插入点所在的整个段落中,因此不需要另外选择文本。

▽ 无:不指定任何格式。

▽ 段落:将多行的文本内容设置为一个段落。选择段落格式后,在选择内容的前后部分分别生成一个空行。

▽ 标题 1~标题 6:提供网页文件中的标题格式。数字越大,字号越小。

▽ 预先格式化的:在文档窗口中输入的键盘空格等将如实显示在页面中。

类

用于选择当前文档中使用的样式。如果是与文本相关的样式,可以如实应用字体大小或字体颜色等属性。

B 和 I

单击 B 按钮,可以将选中的页面文本设置为粗体;单击 I 按钮,可以将文本字体设置为斜体。

项目列表、编号列表

单击【项目列表】按钮,可以在选中的文本上创建项目列表;单击【编号列表】按钮,可以在选中的文本上创建编号列表。

删除内缩区块、内缩区块

【删除内缩区块】按钮 和【内缩区块】按钮 ，用于设置文本减少右缩进或增加右缩进，效果如图 8-16 所示。

图 8-15　【格式】列表

右缩进　　　　删除右缩进

图 8-16　缩进区块与删除缩进区块效果

字体

【字体】选项区域用于指定网页中被选中文本的字体，如图 8-17 所示。除了现有字体外，还可以在页面中添加使用新字体。

大小

【大小】选项区域用于指定网页中文本字体的大小。使用 HTML 标签时，可以指定字体的大小，默认大小为 3，用户可以根据需要使用+或-来更改字体大小；使用 CSS 时，可以用像素或磅值等单位指定字体大小，如图 8-18 所示。

图 8-17　【字体】列表

图 8-18　设置文本字体大小的单位

文本颜色

【文本颜色】按钮用于指定选中文本的颜色。在 Dreamweaver 中，用户可以利用颜色选择器或【吸管】工具设置文本字体的颜色，也可以通过直接输入颜色代码的方式设置文本颜色。

文本对齐

【对齐】选项区域中的文本对齐按钮用于指定文本的对齐方式，可以选择左对齐、居中对齐、右对齐、两端对齐等不同的对齐方式。

文本字体

指定网页文件的文本字体时，用户应使用在所有系统上都安装的基本字体。中文基本字体即 Windows 自带的宋体、黑体、隶书等。

在【属性】面板中单击【字体】按钮，在弹出的堆栈列表中将列出如 Times New Roman、

Times、serif 等各种字体。应用字体堆栈就可以在文本中一次性指定三种以上的字体。例如，可以对文本应用宋体、黑体、隶书三种中文字体构成的字体堆栈，之后，在网页访问者的计算机中首先确认是否安装有"宋体"字体，若没有相关字体就再检查是否有"黑体"字体，如果也没有该字体，就用"隶书"字体来显示页面中的文本，即预先指定可使用的两三种字体后，从第一种字体开始一个一个进行确认(第三种字体最好指定为 Windows 自带的基本字体)。

8.6　在网页中插入图像

图像是网页中最基本的元素之一，制作精美的图像可以大大增强网页的视觉效果。图像所蕴含的信息量对于网页而言更加显得重要。使用 Dreamweaver 在网页中插入图像通常用于添加图形界面(如按钮)、创建具有视觉感染力的内容(如照片、背景等)或交互式设计元素。

8.6.1　插入网页图像素材

在【设计】视图中直接为网页插入图片是一种比较快捷的方法。用户在文档窗口中找到网页上需要插入图片的位置后，选择【插入】| Image 命令，然后在打开的【选择图像源文件】对话框中选中计算机中的图片文件，并单击【确定】按钮，如图 8-19 所示。

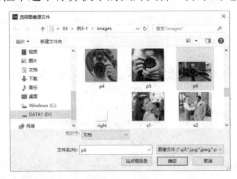

图 8-19　在网页中插入图片

8.6.2　设置网页背景图像

背景图像是网页中的另外一种图像显示方式，该方式的图像既不影响文件输入也不影响插入式图像的显示。在 Dreamweaver 中，用户将鼠标光标插入网页文档中，然后单击【属性】面板中的【页面属性】按钮，即可打开【页面属性】对话框设置当前网页的背景图像，具体方法如下。

(1) 按下 Ctrl+Shift+N 组合键快速创建一个网页文档后，在【属性】面板中单击【页面属性】按钮。

(2) 在打开的【页面属性】对话框的【分类】列表框中选中【外观(CSS)】选项，然后单击对话框右侧【外观(CSS)】选项区域中的【浏览】按钮，如图 8-20 所示。

(3) 打开【选择图像源文件】对话框，选中一个图像文件，单击【确定】按钮。

(4) 返回【页面属性】对话框，依次单击【应用】和【确定】按钮，即可为网页设置背景图像，效果如图 8-21 所示。

图 8-20　【页面属性】对话框

图 8-21　网页背景图像效果

8.6.3　设置网页图像属性

在 Dreamweaver 中选中不同的网页元素，【属性】面板将显示相应的属性参数。如果选中图像，【属性】面板将显示如图 8-22 所示的设置界面，用于设置图像的属性。

【编辑】选项区域

图 8-22　图像【属性】面板

使用 Dreamweaver 在网页文档中插入图像后，可以在图像的【属性】面板中设置图像的大小、源文件等参数。掌握图像【属性】面板中的各项设置功能，有利于制作出更加精美的网页。

设置图像名称

在 Dreamweaver 中选中网页中的图像后，在打开的【属性】面板的 ID 文本框中用户可以对网页中插入的图像进行命名操作。

在网页中插入图像的时候可以不设置图像名称，但在图像中应用动态 HTML 效果，或利用脚本的时候，应输入英文来表示图像，不可以使用特殊字符，并且在输入的内容中不能有空格。

设置图像大小

在 Dreamweaver 中调整图像大小有以下两种方法。

▽ 选中网页文档中的图像，打开【属性】面板，在【宽】和【高】文本框中分别输入图像的宽度和高度，单位为像素。

▽ 选中网页中的图像后，在图像周围会显示 3 个控制柄，调整不同的控制柄即可分别在水平、垂直、水平和垂直 3 个方向调整图像大小，如图 8-23 所示。

设置显示图像替换文本

在制作网页的过程中，若用户需要设置文字替换网页中的某个图像，可以参考以下方法。

(1) 选中网页中插入的图像文件，按下 Ctrl+F3 组合键。

(2) 显示图像【属性】面板，【替换】列表框中输入替换文本内容即可，如图 8-24 所示。

图 8-23　拖动图像控制柄

图 8-24　设置图像替换文本

(3) 按下 F12 键在浏览器中显示网页，当图片无法显示时，即可显示图像替换文本。

更改图像源文件

在图像【属性】面板的 src 文本框中显示了网页中被选中图像的文件路径，若用户需要使用其他图像替换页面中选中的图像，可以单击 src 文本框后的【浏览文件】按钮□再选择新图像文件的源文件。

设置图像链接

在图像【属性】面板的【链接】文本框中用户可以设置单击图像后显示的链接文件路径。当用户为一个图像设置超链接后，可以在【目标】下拉列表中指定链接文档在浏览器中的显示位置。

设置原始显示图像

当网页中的图像太大时，会需要很长的时间读取图像。在这种情况下，用户可以在图像【属性】面板的【原始】文本框中临时指定网页暂时先显示一个较低分辨率的图像文件。

除了上面介绍的一些设置外，在【属性】面板中还有一些设置选项，其各自的功能说明如下。

▽ 地图：用于制作映射图。

▽ 编辑：对网页中的图像进行大小调整或设置亮度/对比度等简单的编辑操作。

8.7　在网页中插入多媒体元素

除了在页面中使用文本和图像元素来表达网页信息以外，用户还可以向其中插入 Flash SWF、HTML5 Video 以及 Flash Audio 等内容，以丰富网页的效果。

8.7.1　插入 Flash SWF 动画

在众多网页编辑器中，很多用户选择 Dreamweaver 的重要原因是该软件与 Flash 的完美交

互性。Flash 可以制作出各种各样的动画，因此是很多网页设计者在制作网页动画时的首选软件。在 Dreamweaver 中选择【插入】| HTML | Flash SWF 命令，即可在网页中插入 Flash 动画，并显示如图 8-25 所示的 Flash SWF【属性】面板。

图 8-25　Flash SWF【属性】面板

用户可以使用 Flash SWF【属性】面板对 Flash 动画进行大小和相关属性调整，对网页文档中 Flash 动画大小的调整实际是对其背景框大小的调整(Flash 动画本身也会随之变化)。

8.7.2　插入 Flash Video 视频

Flash Video 视频并不是 Flash 动画，它的出现是为了解决 Flash 以前对连续视频只能使用 JPEG 图像进行帧内压缩，并且压缩效率低，文件很大，不适合视频存储的弊端。Flash Video 视频采用帧间压缩的方法，可以有效地缩小文件大小，并保证视频的质量。在 Dreamweaver 中选择【插入】| HTML | Flash Video 命令，可以打开图 8-26 所示的【插入 FLV】对话框，设置在网页中插入 Flash Video 视频。

图 8-26　【属性】面板

8.7.3　插入普通音视频

在 Dreamweaver 中选择【插入】| HTML |【插件】命令，可以在网页中插入一个用于插入普通音视频文件的插件，并同时显示如图 8-27 所示的【属性】面板。

图 8-27　【插入 FLV】对话框

计算机基础与实训教材系列

 **【例8-4】** 在网页文档中插入视频。

(1) 将鼠标指针置于网页中合适的位置，选择【插入】|HTML|【插件】命令。

(2) 打开【选择文件】对话框，选择一个视频文件，单击【确定】按钮。

(3) 此时，将在页面中插入一个效果如图8-28所示的插件。

(4) 在【属性】面板中将插件的【宽】设置为320，将【高】设置为200。

(5) 按下 F12 键，在打开的提示对话框中单击【是】按钮，保存网页，并在浏览器中浏览网页，即可在载入浏览器的同时播放视频，效果如图8-29所示。

图 8-28　网页中插入的插件　　　　　图 8-29　视频播放效果

8.8　在网页中插入表格

网页向访问者提供的信息是多样化的，包括文字、图像、动画和视频等。如何使这些网页元素在网页中的合理位置上显示出来，使网页变得不仅美观而且有条理，是网页设计者在着手设计网页之前必须要考虑的问题。表格的作用就是帮助用户高效、准确地定位各种网页数据，并直观、鲜明地表达设计者的思想。

8.8.1　创建表格

在 Dreamweaver 中，按下 Ctrl+Alt+T 组合键(或选择【插入】| Table 命令)，可以打开 Table 对话框，通过在该对话框中设置表格参数，可以在网页中插入表格，具体操作方法如下。

(1) 将鼠标指针插入网页中合适的位置，按下 Ctrl+Alt+T 组合键。

(2) 打开 Table 对话框，设置行数、列参数，单击【确定】按钮即可，如图8-30所示。

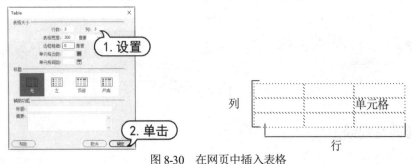

图 8-30　在网页中插入表格

8.8.2　调整表格

在网页中插入表格后，用户可以通过调整表格大小、添加与删除行和列等操作，使表格的形状符合网页制作的需要。

1. 调整表格大小

当表格四周出现黑色边框时，就表示表格已经被选中。将光标移动到表格右下方的尺寸手柄上，光标会变成↖或↕形状。在此状态下按住鼠标左键，向左右、上下或对角线方向拖动即可调整表格的大小。

当鼠标指针移动到表格右下方的手柄处，光标变为↕形状时，可以通过向下拖动来增大表格的高度。

2. 添加行和列

在网页中插入表格后，在操作过程中可能会出现表格的中间需要嵌入单元格的情况。此时，在 Dreamweaver 中执行以下操作即可。

(1) 将鼠标指针插入表格中合适的位置，右击鼠标，在弹出的快捷菜单中选择【表格】|【插入行或列】命令。

(2) 打开图 8-31 所示的【插入行或列】对话框，在其中设置行数、列数以及插入位置。

图 8-31　打开【插入行或列】对话框

(3) 单击【确定】按钮，即可在表格中添加指定数量的行或列。

3. 删除行或列

删除表格行最简单的方法是将鼠标指针移动到行左侧边框处，当光标变为→形状时单击，选中想删除的行，然后按下 Delete 键。

要删除表格中的列，可以将鼠标指针移动到列上方的边缘处，当光标变为↓形状时单击，选中想要删除的列，然后按下 Delete 键即可。

4. 合并与拆分单元格

在制作页面时，如果插入的表格与实际效果不相符，如有缺少或多余单元格的情况，可根据需要，进行拆分和合并单元格操作。

▽ 在要合并的单元格上按住鼠标左键拖动将其选中，选择【编辑】|【表格】|【合并单元格】命令即可合并单元格，如图 8-32 所示。

▽ 选择需要拆分的单元格，选择【编辑】|【表格】|【拆分单元格】命令，或单击【属性】面板中的【合并】按钮，打开【拆分单元格】对话框，如图 8-33 所示；选择要把单元格拆分成行或列，然后再设置要拆分的行数或列数，单击【确定】按钮即可拆分单元格。

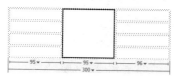

图 8-32　合并后的单元格

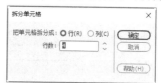

图 8-33　【拆分单元格】对话框

計算機基礎與實訓教材系列

8.9 创建网页超链接

当网页制作完成后，需要在页面中创建链接，使网页能够与网络中的其他页面建立联系。

8.9.1 创建文本和图像链接

在 Dreamweaver 中，要为文档中的文本或图像设置链接，可以参考以下方法。

(1) 选中网页中的文本或图像，右击鼠标，在弹出的快捷菜单中选择【创建链接】命令。

(2) 打开【选择文件】对话框，选择一个网页文件后，单击【确定】按钮，即可在选中的文本或图像与该网页之间创建一个链接。

8.9.2 创建图像映射链接

在 Dreamweaver 中，选中网页内需要添加超链接的图像后，在【属性】面板中将显示如图 8-34 所示的"图像热区"工具，利用这些工具，用户可以在网页图像上创建图像映射链接，之后，当网页在浏览器中被显示时，鼠标指针移动到图像映射链接上时将可以通过单击链接到其他文档。

【例 8-5】在网页中的图像上创建一个图像映射链接。

(1) 打开网页后选中其中的图像，选择【窗口】|【属性】命令，显示【属性】面板，并单击其中的【矩形热点工具】按钮□。

(2) 按住鼠标左键在图像上拖动，绘制如图 8-35 所示的矩形热点区域。

图 8-34　图像热区工具

按住鼠标左键拖动

图 8-35　绘制矩形图像热区

(3) 选中创建的矩形热点区域后，【属性】面板将显示如图 8-36 所示的热点设置。在【链接】文本框中输入链接对应的 URL 地址，即可创建图像映射链接。

图 8-36　热点区域【属性】面板

8.10　实例演练

本章的实例演练将指导用户掌握在 Dreamweaver 中创建网页并设置网页属性的方法。

【例 8-6】　在 Dreamweaver 中创建网页并设置网页文档的属性。　◎视频

(1) 启动 Dreamweaver 后按下 Ctrl+N 组合键，打开【新建文档】对话框，在【文档类型】列表中选择 HTML 选项，然后单击【创建】按钮，如图 8-37 所示。

(2) 选择【文件】|【页面属性】命令，打开【页面属性】对话框，在【页面字体】下拉列表框中选择【管理字体】选项，如图 8-38 所示，打开【管理字体】对话框。

图 8-37　创建网页文档

图 8-38　管理字体

(3) 在【管理字体】对话框中选择【自定义字体堆栈】选项卡，在【自定义字体堆栈】选项卡的【可用字体】列表框中选择【华文楷体】选项，然后单击 << 按钮，将该选项移动至【选择的字体】列表框中，如图 8-39 所示。

(4) 在【管理字体】对话框中单击【完成】按钮，返回【页面属性】对话框，在【页面字体】下拉列表框中选择【华文楷体】选项。

(5) 在【页面属性】对话框中选择【外观(HTML)】选项，然后在显示的【外观】选项区域中单击【背景】色块按钮，在弹出的颜色选择器中选择网页的背景颜色，然后单击【应用】按钮设置网页的背景颜色，如图 8-40 所示。

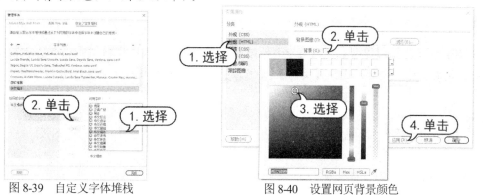

图 8-39　自定义字体堆栈　　　　图 8-40　设置网页背景颜色

(6) 参考步骤 5 的操作，在【页面属性】对话框的【外观】选项区域中单击【文本】色块按钮，在弹出的颜色选择器中设置网页文本的颜色。单击【链接】色块按钮，在弹出的颜

色选择器中设置网页链接的颜色。单击【活动链接】色块按钮█，在弹出的颜色选择器中设置活动链接的颜色，如图 8-41 所示。

(7) 在【页面属性】对话框中选择【跟踪图像】选项，显示如图 8-42 所示的【跟踪图像】选项区域。

图 8-41　设置活动链接颜色

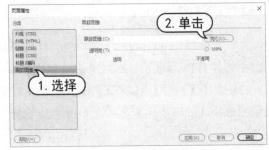

图 8-42　设置跟踪图像

(8) 单击【跟踪图像】选项区域中的【浏览】按钮，打开如图 8-43 所示的【选择图像源文件】对话框，然后在该对话框中选择一个图像文件后，单击【确定】按钮，返回【页面属性】对话框。

(9) 在【页面属性】对话框中单击【确定】按钮后，即可在网页中插入如图 8-44 所示的跟踪图像。

图 8-43　选择图像源文件

图 8-44　跟踪图像效果

(10) 使用跟踪图像功能在网页中载入跟踪图像后，用户可以借助图像的布局来制作网页的布局。完成以上操作后，选择【文件】|【保存】命令，将当前网页保存。

8.11　习题

1. 简述网页和网站的概念。

2. 网页中常用的图像文件格式有哪几种？

3. 在 Dreamweaver 中，用户可以向网页文档中添加哪些类型的声音文件？

4. 尝试使用 Dreamweaver 制作一个简单的图文混排网页。

第 9 章

图像的加工与处理

　　Photoshop(简称"PS")软件是 Adobe 公司研发的世界顶级、最著名、使用最广泛的图像处理软件之一。该软件在日常工作中应用非常广泛，平面设计、淘宝美工、数码照片处理、网页设计、UI 设计、手绘插画、服装设计、室内设计、建筑设计、园林景观设计、创意设计等都要用到它，它几乎成了各种设计的必备软件。本章将主要介绍使用 Photoshop 软件对计算机图像进行加工与处理的常用方法。

 本章重点

- ◉ 图像文件的基本操作
- ◉ 图像的基本编辑方法
- ◉ 使用选区与抠图常用工具
- ◉ 图像的绘制与修饰

 二维码教学视频

　　【例 9-1】 调整图像的颜色模式

9.1 认识 Photoshop

Adobe Photoshop 是基于 Macintosh 和 Windows 平台运行的最为流行的图形图像编辑处理应用程序。Photoshop 应用程序一直都以其界面美观、操作便捷，功能齐全的特点，在众多的图像编辑处理软件中高居榜首。使用 Photoshop 软件强大的图像修饰和色彩调整功能，可修复图像素材的瑕疵，调整素材图像的色彩和色调，并且可以自由合成多张素材从而获得满意的图像效果。目前市面上看到的各类制作精美的户外广告、店面招贴、产品包装、电影海报以及各种书籍杂志的封面插图等平面作品基本都是使用 Photoshop 软件处理完成的。

启动 Photoshop 软件后，其工作界面包括菜单栏、选项栏、工具箱、面板、文档窗口和状态栏等，如图 9-1 所示。

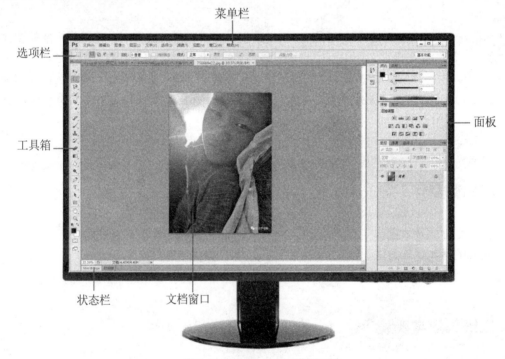

图 9-1　Photoshop 的工作界面

▽ 菜单栏：菜单栏是 Photoshop 应用程序中的重要组成部分。Photoshop CS6 应用程序按照功能分类提供了【文件】【编辑】【图像】【图层】【文字】【选择】【滤镜】【视图】【窗口】和【帮助】10 个菜单，只要单击其中一个菜单，随即会出现相应的下拉式菜单。

▽ 选项栏：选项栏在 Photoshop 应用中具有非常关键的作用，它位于菜单栏的下方，当选中工具箱中的任意工具时，选项栏就会改变成相应工具的属性设置选项，用户可以很方便地利用它来设置工具的各种属性，它的外观也会随着选取工具的不同而改变。

计算机基础与实训教材系列

▽ 工具箱：Photoshop 工具箱中总计有 22 组工具，加上其他弹出式的工具，则所有工具总计达 50 多个。其中工具依照功能与用途大致可分为选取和编辑类工具、绘图类工具、修图类工具、路径类工具、文字类工具、填色类工具以及预览类工具。

▽ 面板：面板是 Photoshop 工作区中最常使用的组成部分，通过面板可以完成图像处理时工具的参数设置，图层、路径的编辑等操作。

▽ 文档窗口：文档窗口是视图与编辑内容的所在。打开的图像文档会以选项卡模式显示在工作区中，其上方的标签会显示图像的相关信息，包括文件名、显示比例、颜色模式、位深度等。

▽ 状态栏：状态栏位于文档窗口的底部，用于显示诸如当前图像的缩放比例、文件大小以及有关当前使用工具的简要说明等信息。

9.2 图像文件的基本操作

对文件的操作是 Photoshop 的一个重要功能。在 Photoshop 中所进行的所有操作都是在一个图像文件中进行的，包括新建文件、打开指定图像文件以及在图像文件中置入新的图像等。

9.2.1 新建图像文件

启动 Photoshop 后，用户还不能在工作区中进行任何编辑操作。因为 Photoshop 的所有编辑操作都是在文档窗口中完成的，所以要进行编辑操作就需要新建图像文件。选择菜单栏中的【文件】|【新建】命令，或按 Ctrl+N 组合键打开【新建】对话框，然后在对话框中进行设置即可根据需求创建图像文件，具体如下。

(1) 启动 Photoshop，选择菜单栏中的【文件】|【新建】命令，或按 Ctrl+N 组合键，打开【新建】对话框，如图 9-2 所示。

(2) 在对话框的【名称】文本框中输入"新图像"，在【宽度】下拉列表中选中【毫米】，然后在【宽度】数值框中设置数值为 203，在【高度】数值框中设置数值为 260。在【分辨率】数值框中设置数值为 300 像素/英寸，单击【颜色模式】下拉列表，选择【CMYK 颜色】，在【背景内容】下拉列表中选择【白色】。

(3) 单击【存储预设】按钮，打开【新建文档预设】对话框，如图 9-3 所示，设置文档预设参数后单击【确定】按钮返回【新建】对话框。

图 9-2 【新建】对话框

图 9-3 【新建文档预设】对话框

(4) 在【新建】对话框中单击【预设】下拉列表可以看到刚存储的文档预设。单击【确定】按钮即可创建新文档。

9.2.2 打开图像文件

要在 Photoshop 中打开已有的图像文件,可以选择菜单栏中的【文件】|【打开】命令,或按 Ctrl+O 组合键,也可以双击工作区中的空白区域。在打开的【打开】对话框中选择需要打开的图像文件,具体如下。

(1) 启动 Photoshop 后,选择菜单栏中的【文件】|【打开】命令(或者按下 Ctrl+O 组合键),打开【打开】对话框。

(2) 在【打开】对话框中的【查找范围】下拉列表框中,可以选择所需打开图像文件的位置。

(3) 在【文件类型】下拉列表框中选择要打开图像文件的格式类型,这里选中【所有格式】选项。

(4) 单击【打开】对话框中的【查看菜单】按钮 ▦▾,在弹出的列表中选择【大图标】选项改变文件列表显示方式。

(5) 选中要打开的图像文件,然后单击对话框中的【打开】按钮,在 Photoshop 工作区中打开图像文件,如图 9-4 所示。

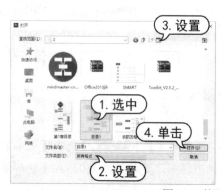
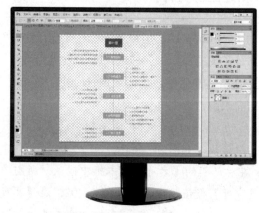

图 9-4　使用 Photoshop 打开图像文件

此外,用户可以在【打开】对话框的文件列表框中按住 Shift 键选择连续排列的多个图像文件,或是按住 Ctrl 键选择不连续排列的多个图像文件,然后单击【打开】按钮在文档窗口中打开。

9.2.3 置入图像文件

Photoshop 的置入文件功能可以实现与其他图像编辑软件之间的数据交互。选择【文件】|【置入】命令,在打开的【置入】对话框中,用户可以选择 AI、EPS 或 PDF 等文件格式的图像文件,导入 Photoshop 应用程序当前的图像文件窗口中,具体如下。

(1) 启动 Photoshop 应用程序，选择菜单栏中的【文件】|【打开】命令，打开一幅图像文件。

(2) 选择【文件】|【置入】命令，打开【置入】对话框。在对话框选中需要置入的图像文件，单击【置入】按钮即可将该图像置入当前图像中，如图 9-5 所示。

(3) 置入图像文件后，将鼠标光标放置在图像上，并按住鼠标左键拖动，可以调整置入图像的位置。将鼠标光标放置在置入图像的边框上，当光标变为双向箭头时，按住 Shift+Alt 组合键拖动鼠标，可以按比例缩小置入的图像，如图 9-6 所示。

图 9-5　【置入】对话框

图 9-6　调整置入图像的大小

9.2.4　保存图像文件

对图像所做的编辑处理，必须通过存储操作才能保存下来。在 Photoshop 中提供了【存储】和【存储为】命令存储文件。

对于第一次存储的图像文件可以选择【文件】|【存储】命令，或按 Ctrl+S 组合键，在打开的【存储为】对话框中指定保存位置、文件名和文件类型。如果是已经存储过的文件，Photoshop会直接以原来的文件名及文件格式存盘，原文件的内容会被新存入的内容覆盖。

如果想对编辑后的图像文件以其他文件格式或文件路径进行存储，可以选择【文件】|【存储为】命令，打开【存储为】对话框进行设置，在【格式】下拉列表框中选择另存图像文件的文件格式，然后单击【保存】按钮即可。

9.2.5　关闭图像文件

同时打开几个图像文件窗口会占用一定的屏幕空间和系统资源。因此，可以在文件使用完毕后，关闭不需要的图像文件窗口。

选择【文件】|【关闭】命令可以关闭当前图像文件窗口；或单击需要关闭的图像文件窗口选项卡上的【关闭】按钮；或按 Ctrl+W 组合键关闭当前图像文件窗口。按 Alt+Ctrl+W 组合键关闭全部图像文件窗口。

计算机基础与实训教材系列

9.2.6 复制图像文件

在 Photoshop 中选择【图像】|【复制】命令，在打开的对话框中单击【确定】按钮可以将当前文件复制一份，复制的文件将作为一个副本文件单独存在。

9.3 调整像素大小

在 Photoshop 中执行【图像】|【图像大小】命令，或按下 Ctrl+Alt+I 组合键，可以打开【图像大小】对话框，在该对话框的【像素大小】选项组中可以修改图像的像素大小，如图 9-7 所示。更改图像的像素大小不仅会影响图像在屏幕上的大小，还会影响图像的质量及其打印特性(图像的打印尺寸和分辨率)。

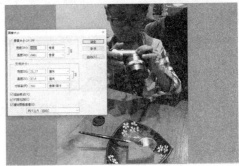

图 9-7　调整像素大小

9.4 修改画布大小

在 Photoshop 中执行【图像】|【画布大小】命令，打开【画布大小】对话框，在该对话框中可以对画布的宽度、高度、定位和背景扩展颜色进行调整，如图 9-8 所示。增大画布大小，原始图像大小不会发生变化，而增大的部分则使用选定的填充颜色进行填充；减小画布大小，图像则会被裁切掉一部分。

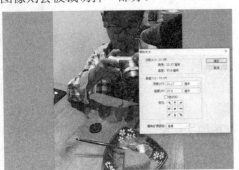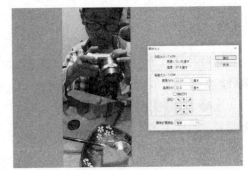

图 9-8　修改画布大小

9.5　裁剪图像

裁剪图像指的是移除图像中的一部分图像，以突出或加强构图效果。在 Photoshop 中使用【裁剪工具】可以裁剪掉多余的图像，并重新定义画布的大小。选择【裁剪工具】 后，在画面中调整裁切框，以确定需要保留的部分，如图 9-9 所示。

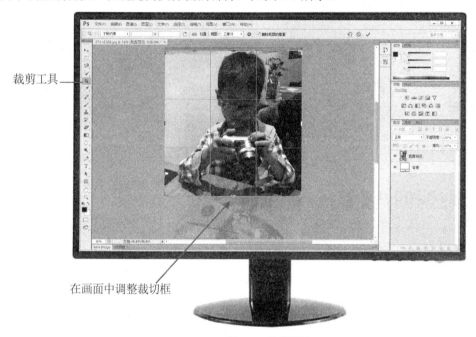

图 9-9　裁剪图片

在上图中按下 Enter 键，即可得到图 9-10 所示的图像。此外，执行【图像】|【裁切】命令，可以打开【裁切】对话框，在该对话框中用户可以设置 Photoshop 基于像素的颜色来裁剪图片，如图 9-11 所示。

图 9-10　图像裁剪结果

图 9-11　【裁切】对话框

9.6　旋转画布

在 Photoshop 中执行【图像】|【图像旋转】命令，在弹出的菜单中提供了 6 种旋转画布的

命令，如图 9-12 所示。在执行这些命令时，可以旋转或翻转整个图像，图 9-13 所示为对图像执行【水平翻转画布】命令后的效果。

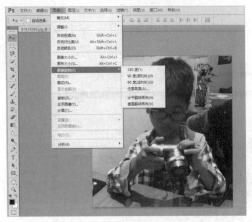

图 9-12　【图像旋转】命令

图 9-13　水平翻转画布效果

9.7　撤销/返回/恢复操作

在传统的绘图过程中，出现错误的操作只能选择擦除或覆盖。而在 Photoshop 中进行数字化编辑时，出现错误操作则可以撤销或返回所做的步骤，然后重新编辑图像，这也是数字化编辑的优势之一。

1．还原与重做

执行【编辑】|【还原】命令或按下 Ctrl+Z 组合键，可以撤销最近一次操作，将其还原到上一步操作状态；如果想要取消还原操作，可以执行【编辑】|【重做】命令。

2．前进一步与后退一步

由于【还原】命令只可以还原一步操作，而实际操作中经常需要还原多个操作，这时就需要使用到【编辑】|【后退一步】命令，或连续按下 Alt+Ctrl+Z 组合键来逐步撤销操作；如果要取消还原的操作，可以连续执行【编辑】|【前进一步】命令，或连续按下 Shift+Ctrl+Z 组合键来逐步恢复被撤销的操作。

3．恢复文件到初始状态

执行【文件】|【恢复】命令(或按下 F12 键)，可以直接将图像文件恢复到最后一次保存时的状态，或返回到刚刚打开图像文件时的状态。

4　使用【历史记录】面板还原操作

执行【窗口】|【历史记录】命令，可以打开如图 9-14 所示的【历史记录】面板。在该面板中选择一个历史记录即可将操作还原到该操作。

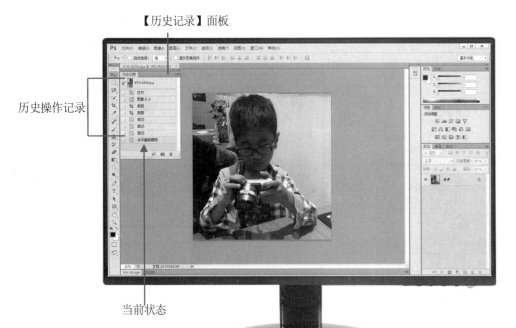

【历史记录】面板

历史操作记录

当前状态

图 9-14　　【历史记录】面板

9.8　剪切/拷贝/粘贴图像

与在 Windows 系统中执行剪切、拷贝、粘贴等命令一样，在 Photoshop 中，也可以对图像执行相同的操作，除此之外还可以执行原位置粘贴、合并拷贝等特殊操作。

1. 剪切与粘贴

在 Photoshop 中使用选区工具创建一个选区后，选择【编辑】|【剪切】命令，或按下 Ctrl+X 组合键，可以将选区中的内容剪切到剪贴板上。

此时，执行【编辑】|【粘贴】命令，或按下 Ctrl+V 组合键，可以将剪切的图像粘贴到画布中，并生成一个新的图层，如图 9-15 所示。

2. 拷贝

在图像中创建一个选区后，选择【编辑】|【拷贝】命令，或按下 Ctrl+C 组合键，可以将选中的图像拷贝到剪贴板中，然后执行【编辑】|【粘贴】命令，或按下 Ctrl+V 组合键，可以将拷贝的图像粘贴到画布中，并生成一个新的图层，如图 9-16 所示。

3. 合并拷贝

当图片文档中包含很多图层时，执行【选择】|【全选】命令，或按下 Ctrl+A 组合键，全选当前图像，然后执行【编辑】|【合并拷贝】命令，或按下 Shift+Ctrl+C 组合键，将所有可见

计算机基础与实训教材系列

图层拷贝并合并到剪贴板中。最后按下 Ctrl+V 组合键可以将合并拷贝的图像粘贴到当前文档或其他文档中。

图 9-15　剪切效果

图 9-16　拷贝效果

4. 清除图像

当在图像中使用选区工具选中一个选区后，执行【编辑】|【清除】命令，可以清除选区中的图像，如图 9-17 所示。

图 9-17　清除图像

9.9　选择与移动图像对象

移动工具 ⊹ 是最常用的工具之一，无论是在文档中移动图层、选区中的图像，还是将其他文档中的图像拖动到当前文档，都需要使用移动工具。

1. 在同一个文档中移动图像

在【图层】面板中选择要移动的对象所在的图层，然后在工具箱中单击【移动工具】 ⊹，接着在画布中拖动鼠标即可移动选中的对象，如图 9-18 所示。

2. 在不同的文档中移动图像

若要在不同的文档中移动图像，首先需要使用移动工具将光标放置在其中一个画布中，拖动到另外一个文档的标题栏上，停留片刻后切换到目标文档，接着将图像移动到画面中释放鼠标左键即可将图像拖动至文档中，同时 Photoshop 会生成一个新的图层，如图 9-19 所示。

移动工具

图 9-18　在同一个文档中移动图像

拖动

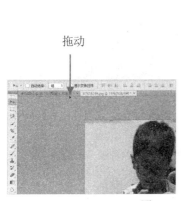

图 9-19　在不同的文档中移动图像

9.10　使用选区

在 Photoshop 中处理图像时，经常需要针对局部效果进行调整，这时就需要为图像指定一个有效的编辑区域，这个区域就是选区。通过选择特定的区域，可以对该区域进行编辑并保持未选定区域不会被改动。

9.10.1　制作选区

Photoshop 中包含多种用于制作选区的工具和命令，不同的图像需要使用不同的工具来制作选区。

1. 选框选择法

如果用户要在图像中创建比较规则的圆形或矩形选框，可以使用 Photoshop 选框工具组。选框工具组是 Photoshop 中最常用的选区工具，适用于形状比较规则的图案(如圆形、椭圆形、正方形、长方形等)，如图 9-20 所示的即为使用矩形选框工具以及椭圆选框工具创建的矩形选区和圆形选区。

使用矩形选框工具　　　　　　　　　　　使用椭圆选框工具

图 9-20　创建规则的选区

对于不规则选区，用户可以使用套索工具组。对于转折处比较强烈的图案，可以使用【多边形套索工具】来进行选择，如图 9-21 所示；对于转折比较柔和的图案可以使用【套索工具】，如图 9-22 所示。

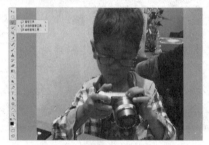

图 9-21　使用多边形套索工具　　　　　　　图 9-22　使用套索工具

2. 路径选择法

Photoshop 中的【钢笔工具】是典型的矢量工具，通过钢笔工具可以绘制出平滑或尖锐的形状路径，绘制完成后可以转换为相同形状的选区，如图 9-23 所示。

图 9-23　将路径转换为选区

9.10.2　选区的基本操作

选区作为一个非实体对象，用户也可以对其进行运算(包括新选区、添加到选区、从选区减去与选区交叉)、全选与反选、取消选择与重新选择、移动与变换、存储与载入等操作。

1. 选区的运算

如果当前图像中包含选区，在使用任何选框工具、套索工具或魔棒工具创建选区时，选项栏中就会出现选区运算的相关工具，如图 9-24 所示。

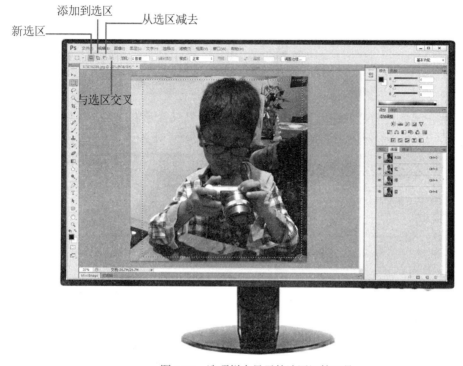

图 9-24　选项栏中显示的选区运算工具

(1) 打开图像文件后，使用矩形选框工具绘制一个选区后，在选项栏中单击【添加到选区】按钮，可以将当前创建的选区添加到原来的选区中(按住 Shift 键也可以实现相同的操作)，如图 9-25 所示。

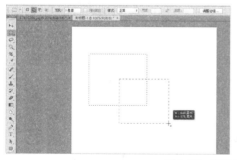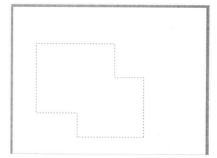

图 9-25　在选区中添加新选区

(2) 在选项栏中单击【从选区减去】按钮，可以将当前创建的选区从原来的选区中减去(按住 Alt 键也可以实现相同的操作)，如图 9-26 所示。

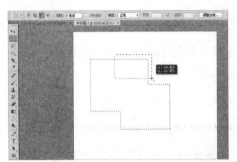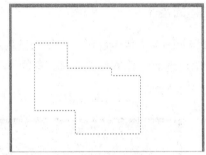

图 9-26　在选区中减去选区

(3) 在选项栏中单击【与选区交叉】按钮，新建选区时只保修原有选区与新创建选区相交的部分(按住 Shift+Alt 组合键也可以实现相同的操作)，如图 9-27 所示。

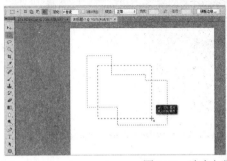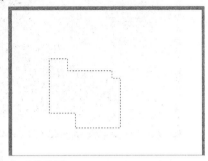

图 9-27　选中与原有选区交叉的选区

2. 全选

全选图像常用于复制整个文档中的图像。在 Photoshop 中执行【选择】|【全部】命令，或按下 Ctrl+A 组合键，可以选择当前图像文档边界内的所有图像。

3. 反选

创建选区后，执行【选择】|【反选】命令，或按下 Shift+Ctrl+I 组合键，可以选择反向的选区，也就是选择图像中没有被选择的部分。

4. 取消选择

执行【选择】|【取消选择】命令，或按下 Ctrl+D 组合键，可以取消选择的选区。

5. 重新选择

如果要恢复被取消的选区，可以执行【选择】|【重新选择】命令。

6. 隐藏与显示选区

执行【视图】|【显示】|【选区边缘】命令可以切换选区的显示与隐藏。创建选区后，执行【视图】|【显示】|【选区边缘】命令或按 Ctrl+H 组合键，可以隐藏选区(注意，隐藏选区后，选区仍然存在)；如果要将隐藏的选区显示出来，可以再次执行【视图】|【显示】|【选区边缘】命令。

7．移动选区

使用选区工具创建选区时，在释放鼠标左键之前，按住 Space 键(即空格键)拖动光标，可以移动选区。将光标放置在选区内，按住鼠标左键拖动也可以移动选区。

9.11　变换图像

移动、旋转、缩放、扭曲、斜切等是处理图像的基本方法。其中移动、旋转和缩放称为变换操作，而扭曲和斜切称为变形操作。通过执行【编辑】菜单下的【自由变换】和【变换】命令可以改变图像的形状。

1．使用【变换】命令

在【编辑】|【变换】子菜单中提供了多种变换命令。使用这些命令可以对图层、路径、矢量图形，以及选区中的图形进行变换操作。

缩放

使用【缩放】命令，可以相对于变换对象的中心点对图像进行缩放。如果不按住任何快捷键，可以任意缩放图像，如图 9-28 所示；如果按住 Shift 键，可以等比缩放图像，如图 9-29 所示；如果按住 Shift+Alt 组合键，可以以中心点为基准等比例缩放图像，如图 9-30 所示。

图 9-28　不按快捷键缩放图像　　图 9-29　按 Shift 键缩放图像　　图 9-30　按 Shift+Alt 组合键缩放图像

旋转

使用【旋转】命令可以围绕中心点转动变换对象。如果不按任何快捷键，可以任意角度旋转图像，如图 9-31 所示；如果按住 Shift 键，可以以 15°为单位旋转图像。

斜切

使用【斜切】命令可以在任意方向、垂直方向或水平方向上倾斜图像。如果不按任何快捷键，可以在任意方向上倾斜图像，如图 9-32 所示；如果按住 Shift 键，可以在垂直或水平方向上倾斜图像。

扭曲

使用【扭曲】命令可以在任意方向、垂直方向或水平方向上伸展变换对象。如果不按任何快捷键，可以在任意方向上扭曲图像，如图 9-33 所示；如果按住 Shift 键，可以在垂直或水平方向上扭曲图像。

图 9-31　旋转图像　　　　图 9-32　斜切图像　　　　图 9-33　扭曲图像

透视

使用【透视】命令可以对变换对象应用单点透视。拖动定界框 4 个角上的控制点，可以在水平或垂直方向上对图像应用透视，图 9-34 所示为应用透视效果。

图 9-34　透视图像

变形

如果要对图像的局部内容进行扭曲，可以使用"变形"命令来操作。执行该命令时，图像上将会出现变形网格和锚点，拖动锚点的方向线可以对图像进行更加自由和灵活的变形处理，如图 9-35 所示。

图 9-35　变形图像

旋转 180 度/旋转 90 度(顺时针)/旋转 90 度(逆时针)

这 3 个命令非常简单，原图如图 9-35 左图所示，执行【旋转 180 度】命令，可以将图像旋转 180°，如图 9-36 所示；执行【旋转 90°(顺时针)】命令，可以将图像顺时针旋转 90°，如图 9-37 所示；执行【旋转 90°(逆时针)】命令，可以将图像逆时针旋转 90°，如图 9-38 所示。

水平/垂直翻转

执行【水平翻转】命令，可以将图像在水平方向上进行翻转；执行【垂直翻转】命令可以将图像在垂直方向上进行翻转。

图 9-36　旋转 180°

图 9-37　顺时针旋转 90°

图 9-38　逆时针旋转 90°

2. 使用【自由变换】命令

【自由变换】命令其实也是变换中的一种，按 Ctrl+T 组合键可以使所选图层或选区内的图像进入自由变换状态。【自由变换】命令与【变换】命令十分相似，但是【自由变换】命令可以在一个连续的操作中应用旋转、缩放、斜切、扭曲、透视和变换，并且可以不必选择其他变换命令。

9.12　实例演练

本章的实例演练将指导用户使用 Photoshop 调整图像的颜色模式，使其变为灰度模式。

【例 9-1】　使用 Photoshop 调整图像的颜色模式。　　视频

(1) 启动 Photoshop 后，选择【文件】|【打开】命令，打开如图 9-39 所示的图像。

(2) 选择【图像】|【模式】|【灰度】命令，然后在弹出的【信息】对话框中单击【扔掉】按钮，如图 9-40 所示。

图 9-39　打开图像

图 9-40　扔掉所有的颜色信息

(3) 此时，图片将被转换为灰度模式。

(4) 从前面的操作可以发现，在转换灰度模式的过程中用户不能控制图像颜色的亮度。所以，在转换之前可以通过调整图像的黑白关系来控制图像的明暗效果。按下 Ctrl+Z 组合键执行

撤销操作，返回图像初始操作，然后选择【图层】|【新建调整图层】|【黑白】命令，在打开的【属性】面板中调整图像颜色的亮度，如图 9-41 所示。

图 9-41　调整图像颜色的亮度

(5) 执行【图像】|【模式】|【灰度】命令，然后在打开的对话框中单击【扔掉】按钮，可以得到调整图像黑白关系之后，图像明暗层次发生明显变化的图像。

9.13　习题

1. 如何使用 Photoshop 软件调整图像的大小？
2. 如何使用 Photoshop 软件从图像中抠图？
3. 如何使用 Photoshop 软件复制图像中的内容？
4. 尝试使用 Photoshop 软件制作一个 Logo 图片。
5. 尝试使用 Photoshop 软件将一张照片放大后变换形状。

第 10 章

信息安全技术

信息技术在迅猛发展的同时，也面临着更加严峻的安全问题，如信息泄漏、网络攻击和计算机病毒等。本章将介绍信息系统中的主要安全问题及相关的安全技术，包括加密技术、认证、访问控制、入侵检测及数字签名等，并重点讲解计算机病毒的原理及防范措施。

本章重点

- 信息安全的基本概念
- 网络安全技术
- 网络黑客与网络犯罪

- 计算机病毒的相关知识
- 网络防火墙的概念

二维码教学视频

【例 10-1】 使用 360 杀毒软件

10.1　信息、信息技术与信息安全

1. 信息

信息是知识的来源，可以被感知、识别、存储、复制和处理。随着现代社会中信息化程度的不断提高，信息已经成为一种重要的社会资源——信息资源。信息资源在政治、经济、科技、生活等各个领域中都占有举足轻重的地位。这里的信息是指具有价值的一种资产，包括知识、数据、专利和消息等。

2. 信息技术

信息技术是指获取、存储、处理、传输信息的手段和方法。现代社会中，信息的存储、处理等工作往往借助于工具来完成，如计算机。而信息的传递要依赖于通信技术。因此，计算机技术和通信技术相结合是信息技术的特点。

3. 信息安全

迅猛发展的信息技术在不断提高获取、存储、处理和传输信息资源能力的同时，也使信息资源面临着更加严峻的安全问题，因此，信息安全越来越受到关注。

信息系统包括信息处理系统、信息传输系统和信息存储系统等，因此信息系统的安全要综合考虑这些系统的安全性。

计算机系统作为一种主要的信息处理系统，其安全性直接影响整个信息系统的安全。计算机系统都是由软件、硬件及数据资源组成的。计算机系统安全是指保护计算机软件、硬件和数据资源不被更改、破坏及泄露，包括物理安全和逻辑安全。物理安全就是保证计算机系统的硬件安全，具体包括计算机设备、网络设备、存储设备等的安全保护和管理。逻辑安全涉及信息的完整性、机密性和可用性。

目前，网络技术和通信技术的不断发展使得信息可以使用通信网络来进行传输。在信息传输过程中如何保证信息能正确传输并防止信息泄露、篡改与冒用成为信息传输系统的主要安全任务。

数据库系统是常用的信息存储系统。目前，数据库面临的安全威胁主要有：数据库文件安全、未授权用户窃取、修改数据库内容、授权用户的误操作等。因此，为了维护数据库安全，除了提高硬件设备的安全性、提高管理制度的安全性、定期进行数据备份外，还必须采用一些常用技术，如访问控制技术、加密技术等保证数据的机密性、完整性及一致性。数据库的完整性包括三个方面：数据项完整性、结构完整性及语义完整性。数据项完整性与系统的安全是密切相关的，保证数据项的完整性主要是通过防止非法对数据库进行插入、删除、修改等操作，还要防止意外事故对数据库的影响。结构完整性就是保持数据库属性之间的依赖关系，可以通过关系完整性规则进行约束。语义完整性就是保证数据语义上的正确性，可以通过域完整性规则进行约束。

10.2　计算机网络安全

计算机网络安全是指利用网络管理控制和技术措施，保证在一个网络环境里，数据的保密性、完整性及可使用性受到保护。

10.2.1　网络安全技术

计算机网络是计算机技术和通信技术相结合的产物。因此，对于计算机网络的安全性既要考虑计算机的安全性，也要考虑计算机网络化之后面临的更加复杂的安全问题。

网络安全的主要目标是保护网络中信息的机密性、可用性、完整性、可控性及可审查性。

▽　机密性是指信息不会泄露给未授权的用户，确保信息只被授权用户存取。

▽　可用性是指系统中的各种资源对授权用户是可用的。

▽　完整性是指信息在存储、传输的过程中不会被未授权的用户破坏、篡改。

▽　可控性是指对信息的访问及传播具有控制能力，对授权范围内的信息流向可以控制，必须对检测到的入侵现象保存足够的信息并做出有效的反应，来避免系统受到更大的损失。

▽　可审查性是指提供记录网络安全问题的信息。

网络中信息安全面临的威胁来自很多方面：既包括自然威胁，也包括通信传输威胁、存储攻击威胁以及计算机系统软、硬件缺陷带来的威胁等。对抗自然威胁主要是增强信息系统的物理安全。通信传输威胁、存储攻击威胁来自于对信息的非法攻击，包括主动攻击与被动攻击。主动攻击是通过伪造、篡改或中断等方法改变原始消息来进行攻击的。对抗主动攻击的常用技术有：认证、访问控制与入侵检测等。被动攻击是通过窃取的方法，如在网上截获消息等方法，非法获取信息。被动攻击通常不改变消息而很难检测到，因此往往采用加密技术来对抗被动攻击，保护信息安全。

1. 加密技术

加密技术是信息安全的核心技术，可以有效地提高数据存储、传输、处理过程中的安全性。信息加密是保证信息机密性的重要方法，被广泛用于信息加密传输、数字签名等方面。

数据加密的基本过程就是对文件或数据(明文)按某种变换函数进行处理，使其成为不可读的代码(密文)。如果要恢复原来的文件或数据(明文)，必须使用相应的密钥进行解密才可以。加密/解密过程中采用的变换函数即为加密算法。密钥作为加密算法的输入参数而参与加密的过程。根据加密和解密使用的密钥是否相同，可以将加密技术分为对称加密技术和非对称加密技术。

2. 认证

认证是系统的用户在进入系统或访问不同保护级别的系统资源时，系统确认该用户是否真实、合法和唯一的手段。认证技术是信息安全的重要组成部分，是对访问系统的用户进行访问控制的前提。目前，被应用在认证的技术主要有：用户名/口令技术、令牌、生物信息等。

用户名/口令技术是最早出现的认证技术之一。根据使用口令的不同，可分为静态口令认证技术及动态口令认证技术。静态口令认证技术中每个用户都有一个用户 ID 和口令。用户访问时，系统通过用户的用户 ID 和口令验证用户的合法性。静态口令认证技术比较简单，但安全性较低，存在很多安全隐患。动态口令认证技术中采用了随机变化的口令进行认证。在这种技术中，客户端将口令变换后生成动态口令并发送到服务器端进行认证。动态口令的生成方法中比较典型的是基于挑战/应答的动态口令。在这种技术中，使用单向散列函数作为动态口令生成算法，服务器在接收到客户端发出的登录请求后，发送一个随机数给客户端，并由客户端使用随机数和口令，利用单向散列函数生成动态密码。这种认证方式相对安全，但是没有得到客户端的广泛支持。

认证令牌是一种加强的认证技术，可以提高认证的安全性。

生物信息在认证技术中的应用是指采用各种生物信息，如指纹、虹膜等作为认证信息，需要相关的生物信息采集设备来配合实现。

3. 访问控制

访问控制是对进入系统进行的控制，其作用是对需要访问系统及数据的用户进行识别，并对系统中发生的操作根据一定的安全策略来进行限制。访问控制是信息系统安全的重要组成部分，是实现数据机密性和完整性机制的主要手段。访问控制要判断用户是否有权限使用、修改某些资源，并要防止非授权用户非法使用未授权的资源。访问控制必须建立在认证的基础上，是保护系统安全的主要措施之一。

访问控制是通过对访问者的信息进行检查来限制或禁止访问者使用资源的技术，广泛应用于操作系统、数据库及 Web 等各个层面。访问控制分为高层访问控制和低层访问控制。高层访问控制是通过对用户口令、用户权限的检查和对比实现身份检查和权限确认来进行的。低层访问控制是通过对通信协议中的某些特征信息的识别、判断，来禁止或允许用户访问的措施。

访问控制系统一般包括主体、客体及安全访问策略。主体通常指用户或用户的某一请求。客体是被主体请求的资源，如数据、程序等。安全访问策略是一套有效确定主体对客体访问权限的规则。

传统的访问控制机制有自主访问控制(Discretionary Access Control，DAC)和强制访问控制(Mandatory Access Control，MAC)两种。自主访问控制中资源的拥有者可以完全控制该对象，包括自主决定资源的访问权限。自主访问控制的优势在于其控制资源权限的弹性机制。但是，自主访问控制无法控制信息的流向、不易控制权限的传递，因此很难实现统一的全局访问控制。强制访问控制通过强制用户遵守已经设定访问权限的政策来实现。在强制访问控制中可以保证数据的保密性及数据的完整性，但是由于侧重对资源的绝对控制，从而很难对系统授权等方面做进一步的管理。

传统的访问控制中直接绑定了主体与客体，因此授权工作困难，无法满足日益复杂的应用需求。而在传统访问控制机制上发展起来的基于角色的访问控制(Role-Based Access Control，

RBAC)技术可以有效地减少授权管理的复杂性并提供了实现安全策略的环境, 克服了传统访问控制的不足, 目前已经得到了广泛的应用。

4. 入侵检测

任何企图危害系统及资源的活动称为入侵。由于认证、访问控制等机制不能完全地杜绝入侵行为, 在黑客成功地突破了前面几道安全屏障后, 必须有一种技术能尽可能及时地发现入侵行为, 它就是入侵检测(Intrusion Detection)。入侵检测是通过从计算机网络或计算机系统中的若干关键点收集信息并对其进行分析, 从中发现是否有违反安全策略的行为和遭到袭击的迹象的一种安全技术。通过软件、硬件组合成进行入侵检测的系统就是入侵检测系统(Intrusion Detection System)。入侵检测作为保护系统安全的屏障, 能够尽早发现入侵行为并及时报告以减少或避免对系统的危害。

根据检测数据来源的不同可以将入侵检测系统分为基于主机的入侵检测系统、基于网络的入侵检测系统、混合分布式入侵检测系统。

基于主机的入侵检测系统通过对主机事件日志、审计记录及系统状态等进行监控以便及时发现入侵行为。基于主机的入侵检测系统能检测到渗透到网络内部的入侵活动及已授权人员的误用操作, 并能及时响应、阻止入侵活动。但其缺点是与操作系统平台相关、难以检测针对网络资源的攻击, 一般只能检测该主机上发生的入侵。

基于网络的入侵检测系统通过监控网络中的通信数据包来检测入侵行为。基于网络的入侵检测系统往往用于检测系统应用层以下的底层攻击事件, 与被检测系统的平台无关。但其缺点是无法检测网络内部攻击及内部合法用户的误操作。

混合分布式入侵检测系统综合了以上两种入侵检测系统的结构特点, 既可以发现网络中的攻击信息, 也可以从系统日志中发现异常情况。混合分布式入侵检测系统采用分布式结构, 由多个部件组成。

5. 安全审计

信息系统安全审计主要是指对与安全有关的活动及相关信息进行识别、记录、存储和分析; 审计的记录用于检查网络上发生了哪些与安全有关的活动, 谁(哪个用户)对这个活动负责。其主要功能包括: 安全审计自动响应、安全审计数据生成、安全审计分析、安全审计浏览、安全审计事件存储和安全审计事件选择等。

安全审计作为对防火墙系统和入侵检测系统的有效补充, 是一种重要的事后监督机制。安全审计系统处在入侵检测系统之后, 可以检测出某些入侵检测系统无法检测到的入侵行为并进行记录, 以便于对记录进行再现以达到取证的目的。此外, 还可以用来提取一些未知或者未被发现的入侵行为模式等。

安全审计能够记录系统运行过程中的各类事件、帮助发现非法行为并保留证据。审计策略的制定对系统的安全性具有重要影响。安全审计系统是一个完整的安全体系结构中必不可少的环节, 是保证系统安全的最后一道屏障。

计算机基础与实训教材系列

6. 数字签名

签名的目的是标识签名人及其本人对文件内容的认可。在电子商务及电子政务等活动中普遍采用的电子签名技术是数字签名技术。因此，目前电子签名中提到的签名，一般指的就是数字签名。数字签名是如何实现的呢?简单地说，就是通过某种密码运算生成一系列符号及代码来代替书写或印章进行签名。通过数字签名可以验证传输的文档是否被篡改，能保证文档的完整性、真实性。

7. 数字证书

数字证书的作用类似于日常生活中的身份证，用于证明网络中的合法身份。数字证书是证书授权(Certificate Authority)中心发行的，在网上可以用对方的数字证书识别其身份。数字证书是一个经证书授权中心数字签名的、包含公开密钥拥有者信息及公开密钥的文件。最简单的数字证书包含一个公开密钥、名称以及证书授权中心的数字签名。

10.2.2　网络安全的保护手段

1. 技术保护手段

网络信息系统遭到攻击和侵入，与其自身的安全技术不过关有很大的关系。安全系统有其自身的不完备性及脆弱性，给不法分子造成可乘之机。网络信息系统的设立以高科技为媒介，这使得信息环境的治理工作面临着更加严峻的挑战，只有采取比网络入侵者更加先进的技术手段，才能清除这些同样是高科技的产物。每个时代，高科技总有正义和邪恶的两面，两者之间的斗争永远不会结束。例如，为了维护网络安全，软件商们做出了很大的努力，生产出各种杀毒软件、反黑客程序和其他信息安全产品：防火墙产品、用户认证产品、攻击检测类产品等，来维护网络信息的完整性、保密性、可用性和可控性。

2. 法律保护手段

为了用政策法律手段规范信息行为，打击信息侵权和信息犯罪，维护网络安全，各国已纷纷制定了法律政策。1973 年，瑞士通过世界上第一部保护计算机的法律；美国已有 47 个州制定了有关计算机法规，联邦政府也颁布了《伪造存取手段及计算机诈骗与滥用法》和《联邦计算机安全法》，国会还组建了一支由警察和特工人员组成的打击计算机犯罪的特别组织。1987年，日本在刑法中增订了惩罚计算机犯罪的若干条款，并规定了刑罚措施。此外，英国、法国、德国、加拿大等国也先后颁布了有关计算机犯罪的法规。1992 年，国际经济合作与发展组织发表了关于信息系统的安全指南，各国遵循这一指南进行国内信息系统安全工作的调整。我国于1997 年 3 月通过的新刑法首次规定了计算机犯罪。同年 5 月，国务院公布了经过修订的《中华人民共和国计算机信息网络国际管理暂行规定》。这些法律法规的出台，为打击计算机犯罪提供了法律依据。

3. 管理保护手段

从管理措施上下功夫确保网络安全也显得格外重要。在这一点上，主要指加强计算机及系统本身的安全管理，如机房、终端、网络控制室等重要场所的安全保卫，对重要区域或高度机密的部门引进电子门锁、自动监视系统、自动报警系统等设备。对工作人员进行识别验证，保证只有授权的人员才能访问计算机系统和数据。常用的方法是设置口令和密码。系统操作人员、管理人员、稽查人员分别设置，相互制约，避免身兼数职的管理人员权限过大。另外，还必须注意意外事故和自然灾害的防范，如火灾、水灾等。

4. 伦理道德保护手段

道德是人类生活中所特有的，由经济关系所决定的，以善恶标准评价的，依靠人们的内心信念、传统习惯和社会舆论所维系的一类社会现象，并以其特有的方式，广泛反映和干预社会经济关系和其他社会关系。伦理是人们在各项活动中应遵循的行为规范，它通过人的内心信念、自尊心、责任感、良心等精神因素进行道德判断与行为选择，从而自觉维护社会道德。

伦理道德是人们以自身的评价标准而形成的规范体系。它不由任何机关制定，也不具有强制力，而受到内心准则、传统习惯和社会舆论的作用，它存在于每个人的内心世界。因而伦理道德对网络安全的保护力量来自于人的内在驱动力，是自觉的、主动的，随时随刻的，这种保护作用具有广泛性和稳定性的特点。

在伦理道德的范畴里，外在的强制力已微不足道，它强调自觉、自律，而无须外界的他律，这种发自内心对网络安全的尊重比外界强制力保护网络安全无疑具有更深刻的现实性。正因为伦理道德能够在个体的内心世界里建立以"真、善、美"为准则的内在价值取向体系，能够从自我意识的层次追求平等和正义，因而其在保护网络安全的领域能够起到技术、法律和管理等保护手段所起不到的作用。

网络打破了传统的区域性，使个人的不道德行为对社会产生的影响空前增大。技术的进步给人们以更大的信息支配能力，也要求人们更严格地控制自己的行为。要建立一个洁净的互联网，需要的不仅是技术、法律和管理上的不断完善，还需要网络中的每个人的自律和自重，用个人的良心和个人的价值准则来约束自己的行为。

5. 各种保护手段分析

技术、法律、管理三种保护手段分别通过技术超越、政策法规、管理机制对网络安全进行保护，具有强制性，可称为硬保护。伦理道德保护手段则通过人的内心准则对网络安全进行保护，具有自觉性，称为软保护。硬保护以强硬的技术、法律制裁和行政管理措施为后盾，对网络安全起到最有效的保护，其保护作用居主导地位；软保护则是以人的内心信念、传统习惯与社会舆论来维系，是一种发自内心深处的自觉保护，不是一种制度化的外在调节机制，其保护作用范围广、层次深，是对网络安全的最根本保护。

10.2.3　Windows 的安全机制

Windows 操作系统提供了认证、安全审核、内存保护及访问控制等安全机制。

1. 认证机制

Windows 中的认证机制有两种: 产生一个本地会话的交互式认证和产生一个网络会话的非交互式认证。

进行交互式认证时，登录处理程序 winlogon 调用 GINA 模块负责获取用户名、口令等信息并提交给本地安全授权机构(LSA)处理。本地安全授权机构与安全数据库及身份验证软件包交互信息，并处理用户的认证请求。

进行非交互式认证时，服务器和客户端的数据交换要使用通信协议。因此，将组件 SSPI(Security Support Provider Interface)置于通信协议和安全协议之间，使其在不同协议中抽象出相同接口，并屏蔽具体的实现细节。组件 SSP(Security Support Providers)以模块的形式嵌入 SSPI 中，实现具体的认证协议。

2. 安全审核机制

安全审核机制将某些类型的安全事件(如登录事件等)记录到计算机上的安全日志中，从而帮助发现和跟踪可疑事件。审核策略、用户权限指派和安全选项三项安全设置都包括在本地策略中。

3. 内存保护机制

内存保护机制监控已安装的程序，帮助确定这些程序是否正在安全地使用系统内存。这一机制是通过硬件和软件实施的 DEP(Data Execution Prevention，数据执行保护)技术实现的。

4. 访问控制机制

Windows 系统的访问控制功能可用于对特定用户、计算机或用户组的访问权限进行限制。在使用 NTFS(New Technology File System)的驱动器上，利用 Windows 中的访问控制列表，可以对访问系统的用户进行限制。

10.3　计算机病毒及防范

在计算机网络日益普及的今天，几乎所有的计算机用户都受过计算机病毒的侵害。有时，计算机病毒会对人们的日常工作造成很大的影响，因此，了解计算机病毒的特征以及学会如何预防、消灭计算机病毒是非常必要的。

10.3.1　计算机病毒的概念

所谓计算机病毒在技术上来说，是一种会自我复制的可执行程序。对计算机病毒的定义可以分为以下两种：一种定义是通过磁盘和网络等作为媒介传播扩散，能"传染"其他程序的程序；另一种是能够实现自身复制且借助一定的载体存在的具有潜伏性、传染性和破坏性的程序。

因此确切地说，计算机病毒就是能够通过某种途径潜伏在计算机存储介质(或程序)里，当达到某种条件时即被激活的具有对计算机资源进行破坏作用的一组程序或指令集合。

10.3.2　计算机病毒的传播途径

传染性是计算机病毒最显著的特点，归结起来计算机病毒的传播途径主要有以下几种。

▽　不可移动的计算机硬件设备：这种类型的计算机病毒较少，但通常破坏力极强。

▽　移动存储设备：例如 U 盘、移动硬盘、MP3、存储卡等。

▽　计算机网络：网络是计算机病毒传播的主要途径，这种类型的计算机病毒种类繁多，破坏力大小不等。它们通常通过网络共享、FTP 下载、电子邮件、文件传输、WWW 浏览等方式传播。

▽　点对点通信系统和无线通道：目前，这种传播方式还不太广泛，但在未来的信息时代这种传播途径很可能会与网络传播成为计算机病毒扩散的最主要的两大渠道。

10.3.3　计算机病毒的特点

凡是计算机病毒，一般来说都具有以下特点：

▽　传染性：计算机病毒通过自身复制来感染正常文件，达到破坏计算机正常运行的目的，但是它的感染是有条件的，也就是计算机病毒程序必须被执行之后才具有传染性，才能感染其他文件。

▽　破坏性：任何计算机病毒侵入计算机后，都会对计算机的正常使用造成一定的影响，轻者降低计算机的性能，占用系统资源，重者破坏数据导致系统崩溃，甚至会损坏计算机硬件。

▽　隐藏性：病毒程序一般都设计得非常小巧，当它附带在文件中或隐藏在磁盘上时，不易被人察觉，有些更是以隐藏文件的形式出现，不经过仔细查看，一般很难发现。

▽　潜伏性：一般计算机病毒在感染文件后并不立即发作，而是隐藏在系统中，在满足条件时才激活。一般都是某个特定的日期，例如"黑色星期五"就是在每逢 13 号的星期五才会发作。

▽ 可触发性：计算机病毒如果没有被激活，它就像其他没执行的程序一样，安静地待在系统中，没传染性也不具有杀伤力，但是一旦遇到某个特定的文件，它就会被触发，具有传染性和破坏力，对系统产生破坏作用。这些特定的触发条件一般都是病毒制造者设定的，它可能是时间、日期、文件类型或某些特定数据等。

▽ 不可预见性：计算机病毒种类繁多，病毒代码千差万别，而且新的计算机病毒制作技术也不断涌现，因此，用户对于已知的计算机病毒可以检测、查杀，而对于新的计算机病毒却没有未卜先知的能力，尽管这些新式病毒有某些计算机病毒的共性，但是它采用的技术将更加复杂。

▽ 寄生性：计算机病毒嵌入载体中，依靠载体而生存，当载体被执行时，病毒程序也就被激活，然后进行复制和传播。

10.3.4 计算机感染病毒后的"症状"

如果计算机感染上了病毒，用户如何才能得知呢？一般来说感染上了病毒的计算机会有以下几种"症状"：

▽ 平时运行正常的计算机变得反应迟钝，并出现蓝屏或死机现象。

▽ 可执行文件的大小发生不正常的变化。

▽ 对于某个简单的操作，可能会花费比平时更多的时间。

▽ 开机出现错误的提示信息。

▽ 系统可用内存突然大幅减少，或者硬盘的可用磁盘空间突然减小，而用户却并没有放入大量文件。

▽ 文件的名称或是扩展名、日期、属性被系统自动更改。

▽ 文件无故丢失或不能正常打开。

如果计算机出现了以上几种"症状"，那就很有可能是计算机感染上了病毒。

10.3.5 计算机病毒的预防

在使用计算机的过程中，如果用户能够掌握一些预防计算机病毒的小技巧，那么就可以有效地降低计算机感染病毒的概率。这些技巧主要包含以下几个方面：

▽ 最好禁止可移动磁盘和光盘的自动运行功能，因为很多病毒会通过可移动存储设备进行传播。

▽ 最好不要在一些不知名的网站上下载软件，很有可能病毒会随着软件一同下载到计算机上。

▽ 尽量使用正版杀毒软件。

▽ 经常从所使用的软件供应商那边下载和安装安全补丁。

▽ 对于游戏爱好者，尽量不要登录一些外挂类的网站，很有可能在用户登录的过程中，病毒已经悄悄地侵入了计算机系统。

▽ 使用较为复杂的密码，尽量使密码难以猜测，以防止钓鱼网站盗取密码。不同的账号应使用不同的密码。

▽ 如果病毒已经进入计算机，应该及时将其清除，防止其进一步扩散。

▽ 共享文件时要设置密码，共享结束后应及时关闭共享。

▽ 要对重要文件应形成习惯性的备份，以防遭遇病毒的破坏，造成意外损失。

▽ 可在计算机和网络之间安装使用防火墙，提高系统的安全性。

▽ 定期使用杀毒软件扫描计算机中的病毒，并及时升级杀毒软件。

10.4　网络黑客与网络犯罪

黑客是指采用各种手段获得进入计算机的口令，闯入系统后为所欲为的人，他们会频繁光顾各种计算机系统，截取数据、窃取情报、篡改文件，甚至扰乱和破坏系统。黑客程序是一种专门用于通过网络对远程的计算机设备进行攻击，进而控制、盗取、破坏信息的软件程序，它不是计算机病毒，但可任意传播计算机病毒。

计算机网络犯罪主要指运用计算机技术借助于网络实施的具有严重社会危害性的行为。网络的普及程度越高，网络犯罪的危害也就越大，而且网络犯罪的危害性远非一般的传统犯罪所能比拟。

网络的发展形成了一个与现实世界相对独立的虚拟空间，网络犯罪就滋生于此。由于计算机网络犯罪可以不亲临现场的间接性等特点，表现出形式多样的计算机网络犯罪。

▽ 网络入侵，散布破坏性病毒、逻辑炸弹或者放置后门程序犯罪：这种计算机网络犯罪行为以造成最大的破坏性为目的，入侵的后果往往非常严重，轻则造成系统局部功能失灵，重则导致计算机系统全部瘫痪，经济损失大。

▽ 网络入侵，偷窥、复制、更改或者删除计算机信息犯罪：网络的发展使得用户的信息库实际上如同向外界敞开了一扇大门，入侵者可以在受害人毫无察觉的情况下侵入信息系统，进行偷窥、复制、更改或者删除计算机信息，从而损害正常使用者的利益。

▽ 网络诈骗、教唆犯罪：由于网络传播快、散布广、匿名性的特点，而有关在互联网上传播信息的法规还没有那么严格与健全，这为虚假信息与误导广告的传播开了方便之门，也为利用网络传授犯罪手法，散发犯罪资料，鼓动犯罪开了方便之门。

▽ 网络侮辱、诽谤与恐吓犯罪：出于各种目的，向各电子信箱、公告板发送大量有人身攻击性的文章或散布各种谣言，更有恶劣者，利用各种图像处理软件进行人像合成，将攻击目标的头像与某些黄色图片拼合形成所谓的"写真照"加以散发。由于网络具有开放性的特点，发送成千上万封电子邮件是轻而易举的事情，其影响和后果绝非传统手段所能比拟。

▽ 网络色情传播犯罪：由于互联网支持图片的传输，于是大量色情资料就横行其中，随着网络速度的提高和多媒体技术的发展及数字压缩技术的完善，色情资料就越来越多地以声音和影片等多媒体方式出现在互联网上。

2011 年 8 月 29 日，最高人民法院和最高人民检察院联合发布了《关于办理危害计算机信息系统安全刑事案件应用法律若干问题的解释》。该司法解释规定，黑客非法获取支付结算、证券交易、期货交易等网络金融服务的账号、口令、密码等信息 10 组以上，可处 3 年以下有期徒刑等刑罚，获取上述信息 50 组以上的，处 3 年以上 7 年以下有期徒刑。

10.5 防火墙技术

防火墙是当前应用比较广泛的用于保护内部网络安全的技术，是实现网络安全的基础性设施。通过在内部网络与外部网络之间建立的安全控制点来实现对数据流的审计和控制。防火墙在网络中的主要作用包括：过滤网络请求服务、隔离内网与外网的直接通信、拒绝非法访问等。

当内部网络需要与外部如 Internet 连接时，通常会在它们之间设置防火墙，如图 10-1 所示。

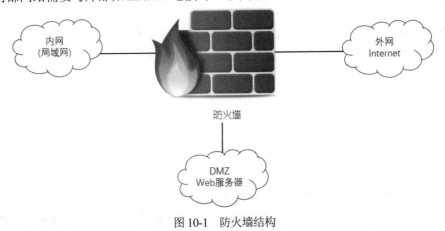

图 10-1 防火墙结构

在图 10-1 中，防火墙负责内部网络与外部网络的信息交换安全。在内部网络与外部网络的连接点设置防火墙可以将交换信息的入口点和出口点定位于防火墙。这样，防火墙可以根据设置的安全策略允许符合安全规则的信息进入内部网络。

从软、硬件形式上可以将防火墙分为：软件防火墙、硬件防火墙和芯片级防火墙。

软件防火墙需要安装在具有相应操作系统的计算机上，并进行安全策略配置后才能使用。

硬件防火墙配有特殊硬件，具有多个端口，分别用于连接内部网络、外部网络及配置管理等用途。硬件防火墙是基于 PC 架构的，仍会受到操作系统自身安全性的影响。

芯片级防火墙基于专门的硬件平台，使用专用操作系统，因此漏洞较少，但价格相对较高。

10.5.1 传统防火墙技术

防火墙技术是一种综合技术，通常包括包过滤技术(Packet Filter)、网络地址转换技术(Network Address Translation，NAT)及代理技术(Proxy)。

1. 包过滤技术

在网络上传输的信息包由两部分组成：数据部分和信息头。包过滤技术通过检测信息头来检测和限制进出网络的数据，是较早应用到防火墙中的技术。

包过滤技术中要维护一个访问控制列表(Access Control List，ACL)，不满足 ACL 的数据将被删除，满足 ACL 的数据才能被转发。包过滤器只有放置在网络入口点才能保证全部数据包被检测，实际应用中往往与边界路由器集成。根据对会话连接状态进行分类，可将包过滤技术分为有状态检测的包过滤技术和无状态检测的包过滤技术。

2. 网络地址转换技术

在内部网络中，主机的 IP 地址只能在内部网络使用，不能在互联网上使用。在数据包发送到外部网络之前，利用网络地址转换技术可以将数据包的源地址转换为全球唯一的 IP 地址。

网络地址转换技术设计的初衷是解决 IP 地址短缺的问题，但它同时实现了隐藏内部主机地址的功能，并保证内部主机可以且只能通过此技术与外部网络进行连接，因此成为实现防火墙时常用的核心技术。根据地址转换方式的不同，可将网络地址转换技术分为静态网络地址转换技术和动态网络地址转换技术。

3. 代理技术

代理服务器工作在应用层，通常针对特定的应用层协议，并能在用户层和应用协议层提供访问控制。代理服务器提供过滤危险内容、隐藏内部主机、阻断不安全的 URL(Uniform Resource Locator，统一资源定位符)、单点访问、日记记录等功能。

代理服务器通过重新产生服务请求而防止外部主机的服务直接连接到内部主机上。代理服务器作为内部网络客户端的服务器，能拦截所有请求，同时向内部网络客户端转发请求响应。

10.5.2 防火墙的体系结构

按照体系结构的不同，可以将防火墙分为：双重宿主主机防火墙、屏蔽主机防火墙和屏蔽子网防火墙。

1. 双重宿主主机防火墙

双重宿主主机防火墙结构中，在内部网络和外部网络之间设置了一台具有两块以上网络适配器的主机来完成内部网络和外部网络之间的数据交换，内部网络和外部网络之间的直接通信被禁止，而只能通过双重宿主主机来进行间接的通信。双重宿主主机防火墙是由没有安全冗余机制的单机组成的，是不完善的，但目前在 Internet 中仍有应用。

2. 屏蔽主机防火墙

屏蔽主机防火墙综合了包过滤技术、代理技术和网络地址转换技术。典型的屏蔽主机防火墙中双宿堡垒主机放在包过滤器的内部，双主机作为应用代理服务器运行于内部网络的边界。

屏蔽主机防火墙结构中，包过滤路由器位于内部网络和外部网络之间。提供安全保护的双宿堡垒主机分别与包过滤路由器和内部网络相连，在应用层提供代理服务，如 FTP 服务器、Telnet 服务等，还可以提供完善的 Internet 访问控制。这种防火墙结构比较容易实现，且便于扩充、成本较低，因此应用较广泛。但是，双宿堡垒主机是网络黑客集中攻击的目标，安全保障仍不够理想。

3. 屏蔽子网防火墙

屏蔽子网防火墙结构中，通常由双宿主机和内部、外部屏蔽路由器等安全设备集成在一起构成防火墙。此结构中，将堡垒主机和其他服务器定义为 DMZ(Demilitarized Zone，非军事区)。DMZ 与内部网络之间设置了内部屏蔽路由器，而 DMZ 通过外部屏蔽路由器与外部网络连接。

屏蔽子网防火墙建立在 Internet 和内部网络之间，安装了堡垒主机和 WWW、FTP 等 Internet 服务器。Internet 和内部网络的数据流由屏蔽子网两端的包过滤路由器控制。Internet 和内部网络的通信必须通过访问屏蔽子网来进行。这种结构的防火墙具有很强的抗攻击能力，安全性能高，但需要投入更多的设备和资金。

10.5.3　使用防火墙

在具体应用防火墙技术时，还要考虑以下两个方面：

▽ 防火墙是不能防病毒的。尽管有不少的防火墙产品声称其具有这个功能。

▽ 防火墙技术的另一个弱点在于数据在防火墙之间的更新是一个难题，如果延迟太大将无法支持实时服务请求。并且，防火墙采用滤波技术，滤波通常使网络的性能降低 50%以上，如果为了改善网络性能而购置高速路由器，会大大提高经济预算。

总之，防火墙是企业安全问题的流行方案，即把公共数据和服务置于防火墙外，使其对防火墙内部资源的访问受到限制。作为一种网络安全技术，防火墙具有简单实用的特点，并且透明度高，可以在不修改原有网络应用系统的情况下达到一定的安全要求。

10.6 实例演练

本章的实例演练将指导读者使用"360 杀毒软件"查杀计算机病毒与木马。

【例 10-1】 使用"360 杀毒软件"查杀计算机病毒与木马。 🎬视频

(1) 在计算机中安装并启动 360 杀毒软件后，在软件的主界面中单击【全盘扫描】按钮，开始扫描计算机，如图 10-2 所示。

(2) 杀毒软件在扫描计算机时，如果发现可疑链接或程序，会显示在界面的下方，如图 10-3 所示。

图 10-2　360 杀毒软件主界面

图 10-3　扫描计算机

(3) 病毒扫描完成后，在图 10-4 所示的界面中单击【立即处理】按钮，即可立即删除可疑程序并调整相应的系统设置。

(4) 完成可疑程序的处理后，单击【确定】按钮，软件会打开如图 10-5 所示的对话框提示用户再执行一次快速扫描，以清除顽固病毒。

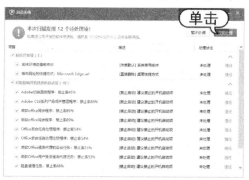

图 10-4　删除可疑程序

图 10-5　提示再次执行快速扫描

(5) 完成快速扫描后，在软件的提示下重新启动计算机即可。

10.7　习题

1. 简述计算机病毒的特点。

2. 防范计算机病毒的技巧有哪些？

3. 使用 U 盘、移动硬盘或光盘等外部存储设备备份计算机中的重要资料。

4. 使用 360 安全卫士的【木马查杀】功能对磁盘进行全盘扫描并清除扫描到的木马。

5. 使用 360 安全卫士的【开机加速】功能管理计算机的启动项。

本套教材涵盖了计算机各个应用领域，包括计算机硬件知识、操作系统、数据库、编程语言、文字录入和排版、办公软件、计算机网络、图形图像、三维动画、网页制作以及多媒体制作等。众多的图书品种可以满足各类院校相关课程设置的需要。已出版的图书书目如下表所示。

图 书 书 名	图 书 书 名
《中文版 Photoshop CC 2018 图像处理实用教程》	《中文版 Office 2016 实用教程》
《中文版 Animate CC 2018 动画制作实用教程》	《中文版 Word 2016 文档处理实用教程》
《中文版 Dreamweaver CC 2018 网页制作实用教程》	《中文版 Excel 2016 电子表格实用教程》
《中文版 Illustrator CC 2018 平面设计实用教程》	《中文版 PowerPoint 2016 幻灯片制作实用教程》
《中文版 InDesign CC 2018 实用教程》	《中文版 Access 2016 数据库应用实用教程》
《中文版 CorelDRAW X8 平面设计实用教程》	《中文版 Project 2016 项目管理实用教程》
《中文版 AutoCAD 2019 实用教程》	《中文版 AutoCAD 2018 实用教程》
《中文版 AutoCAD 2017 实用教程》	《中文版 AutoCAD 2016 实用教程》
《电脑入门实用教程(第三版)》	《电脑办公自动化实用教程(第三版)》
《计算机基础实用教程(第三版)》	《计算机组装与维护实用教程(第三版)》
《新编计算机基础教程(Windows 7+Office 2010 版)》	《中文版 After Effects CC 2017 影视特效实用教程》
《Excel 财务会计实战应用(第五版)》	《Excel 财务会计实战应用(第四版)》
《Photoshop CC 2018 基础教程》	《Access 2016 数据库应用基础教程》
《AutoCAD 2018 中文版基础教程》	《AutoCAD 2017 中文版基础教程》
《AutoCAD 2016 中文版基础教程》	《Excel 财务会计实战应用(第三版)》
《Photoshop CC 2015 基础教程》	《Office 2010 办公软件实用教程》
《Word+Excel+PowerPoint 2010 实用教程》	《AutoCAD 2015 中文版基础教程》
《Access 2013 数据库应用基础教程》	《Office 2013 办公软件实用教程》
《中文版 Photoshop CC 2015 图像处理实用教程》	《中文版 Office 2013 实用教程》
《中文版 Flash CC 2015 动画制作实用教程》	《中文版 Word 2013 文档处理实用教程》
《中文版 Dreamweaver CC 2015 网页制作实用教程》	《中文版 Excel 2013 电子表格实用教程》
《中文版 Illustrator CC 2015 平面设计实用教程》	《中文版 PowerPoint 2013 幻灯片制作实用教程》
《中文版 InDesign CC 2015 实用教程》	《中文版 Access 2013 数据库应用实用教程》
《中文版 CorelDRAW X7 平面设计实用教程》	《中文版 Project 2013 实用教程》
《电脑入门实用教程(第二版)》	《电脑办公自动化实用教程(第二版)》

(续表)

图 书 书 名	图 书 书 名
《计算机基础实用教程(第二版)》	《计算机组装与维护实用教程(第二版)》
《中文版 Photoshop CC 图像处理实用教程》	《中文版 Office 2010 实用教程》
《中文版 Flash CC 动画制作实用教程》	《中文版 Word 2010 文档处理实用教程》
《中文版 Dreamweaver CC 网页制作实用教程》	《中文版 Excel 2010 电子表格实用教程》
《中文版 Illustrator CC 平面设计实用教程》	《中文版 PowerPoint 2010 幻灯片制作实用教程》
《中文版 InDesign CC 实用教程》	《中文版 Access 2010 数据库应用实用教程》
《中文版 CorelDRAW X6 平面设计实用教程》	《中文版 Project 2010 实用教程》
《中文版 AutoCAD 2015 实用教程》	《中文版 AutoCAD 2014 实用教程》
《中文版 Premiere Pro CC 视频编辑实例教程》	《电脑入门实用教程(Windows 7+Office 2010)》
《Oracle Database 12c 实用教程》	《ASP.NET 4.5 动态网站开发实用教程》
《AutoCAD 2014 中文版基础教程》	《Windows 8 实用教程》
《Mastercam X6 实用教程》	《C#程序设计实用教程》
《中文版 Photoshop CS6 图像处理实用教程》	《中文版 Office 2007 实用教程》
《中文版 Flash CS6 动画制作实用教程》	《中文版 Word 2007 文档处理实用教程》
《中文版 Dreamweaver CS6 网页制作实用教程》	《中文版 Excel 2007 电子表格实用教程》
《中文版 Illustrator CS6 平面设计实用教程》	《中文版 PowerPoint 2007 幻灯片制作实用教程》
《中文版 InDesign CS6 实用教程》	《中文版 Access 2007 数据库应用实用教程》
《中文版 Premiere Pro CS6 多媒体制作实用教程》	《中文版 Project 2007 实用教程》
《网页设计与制作(Dreamweaver+Flash+Photoshop)》	《AutoCAD 机械制图实用教程(2018 版)》
《Access 2010 数据库应用基础教程》	《计算机基础实用教程(Windows 7+Office 2010 版)》
《ASP.NET 4.0 动态网站开发实用教程》	《中文版 3ds Max 2012 三维动画创作实用教程》
《AutoCAD 机械制图实用教程(2012 版)》	《Windows 7 实用教程》
《多媒体技术及应用》	《Visual C# 2010 程序设计实用教程》
《AutoCAD 机械制图实用教程(2011 版)》	《AutoCAD 机械制图实用教程(2010 版)》